石油化工职业技能培训教材

苯乙烯装置操作工

中国石油化工集团公司人事部
中国石油天然气集团公司人事服务中心 编

中国石化出版社

内 容 提 要

本书为《石油化工职业技能培训教材》系列之一，涵盖石油化工生产人员《国家职业标准》中，对该工种初级工、中级工、高级工、技师、高级技师五个级别的专业理论知识和操作技能的要求，主要内容包括：国内乙苯及苯乙烯装置生产的工艺原理、不同工艺的开停车、正常操作、事故判断与处理、节能降耗等。

本书是苯乙烯装置生产人员进行职业技能培训的必备教材，也是专业技术人员必备的参考书。

图书在版编目（CIP）数据

苯乙烯装置操作工／中国石油化工集团公司人事部，中国石油天然气集团公司人事服务中心编．—北京：中国石化出版社，2009
石油化工职业技能培训教材
ISBN 978－7－80229－921－4

Ⅰ．苯… Ⅱ．①中…②中… Ⅲ．苯乙烯－化工设备－技术培训－教材 Ⅳ．TQ325.2

中国版本图书馆 CIP 数据核字（2009）第 059343 号

中国石化出版社出版发行
地址：北京市东城区安定门外大街 58 号
邮编：100011　电话：(010)84271850
读者服务部电话：(010)84289974
http://www.sinopec-press.com
E-mail:press@sinopec.com.cn
金圣才文化发展（北京）有限公司排版
北京科信印刷厂印刷
全国各地新华书店经销

*

787×1092 毫米 16 开本 12.75 印张 310 千字
2009 年 6 月第 1 版　2009 年 6 月第 1 次印刷
定价：30.00 元

《石油化工职业技能培训教材》

前言

为了进一步加强石油化工行业技能人才队伍建设，满足职业技能培训和鉴定的需要，中国石油化工集团公司人事部、中国石油天然气集团公司人事服务中心联合组织编写了《石油化工职业技能培训教材》。本套教材的编写依照劳动和社会保障部制定的石油化工生产人员《国家职业标准》及中国石油化工集团公司人事部编制的《石油化工职业技能培训考核大纲》，坚持以职业活动为导向，以职业技能为核心，以“实用、管用、够用”为编写原则，结合石油化工行业生产实际，以适应技术进步、技术创新、新工艺、新设备、新材料、新方法等要求，突出实用性、先进性、通用性，力求为石油化工行业生产人员职业技能培训提供一套高质量的教材。

根据国家职业分类和石油化工行业各工种的特点，本套教材采用共性知识集中编写，各工种特有知识单独分册编写的模式。全套教材共分为三个层次，涵盖石油化工生产人员《国家职业标准》各职业(工种)对初级、中级、高级、技师和高级技师各级别的要求。

第一层次《石油化工通用知识》为石油化工行业通用基础知识，涵盖石油化工生产人员《国家职业标准》对各职业(工种)共性知识的要求。主要内容包括：职业道德，相关法律法规知识，安全生产与环境保护，生产管理，质量管理，生产记录、公文和技术文件，制图与识图，计算机基础，职业培训与职业技能鉴定等方面的基本知识。

第二层次为专业基础知识，分为《炼油基础知识》和《化工化纤基础知识》两册。其中《炼油基础知识》涵盖燃料油生产工、润滑油(脂)生产工等职业(工种)的专业基础及相关知识，《化工化纤基础知识》涵盖脂肪烃生产工、烃类衍生物生产工等职业(工种)的专业基础及相关知识。

第三层次为各工种专业理论知识和操作技能，涵盖石油化工生产人员《国家职业标准》对各工种操作技能和相关知识的要求，包括工艺原理、工艺操作、设备使用与维护、故障判断与处理等内容。

《苯乙烯装置操作工》为第三层次的教材，该教材在编写时根据国内苯乙烯工业生产的特点，对各种苯乙烯生产工艺进行了介绍。在编写顺序上具有先基础理论知识后技能操作的编写特点，并坚持了以理论知识为基础，以技能知识为核心的原则。

《苯乙烯装置操作工》教材由齐鲁石化负责组织编写，主编王明福(齐鲁石化)，参加编写的人员有：王建硕(齐鲁石化)、张建华(齐鲁石化)、李扬(广州石化)、窦华中(兰州石化)、阎卓刚(燕山石化)。本教材已经中国石油化工集团公司人事部、中国石油天然气集团公司人事服务中心组织的职业技能培训教材审定委员会审定通过，主审黎宗坚，参加审定的人员有郑久成、付成智、王梦华、岳宝荣、赵以新。审定工作得到了齐鲁石化、茂名石化、广州石化、兰州石化及燕山石化等单位的大力支持，中国石化出版社对教材的编写和出版工作给予了通力协作和配合，在此一并表示感谢。

由于石油化工职业技能培训教材涵盖的职业(工种)较多，同工种不同企业的生产装置之间也存在着差别，编写难度较大，加之编写时间紧迫，不足之处在所难免，敬请各使用单位及个人对教材提出宝贵意见和建议，以便教材修订时补充更正。

目录

第1章 概述

第2章 国内乙苯及苯乙烯生产工艺

第3章 装置开车

第4章 正常操作及控制

第5章 装置停车

第6章 事故判断与处理

第1章 概述

1.1 苯乙烯的用途及市场

苯乙烯是生产塑料和合成橡胶的重要有机原料，它是仅次于聚乙烯(PE)、聚氯乙烯(PVC)、环氧乙烷(EO)的第四大乙烯衍生产品，主要用于生产聚苯乙烯(PS)、丁苯橡胶(SBR)，也可用于生产丙烯腈－丁二烯－苯乙烯树脂(ABS)、苯乙烯－丁二烯－苯乙烯嵌段共聚物(SBS)、苯乙烯－丙烯腈树脂(SAN)和不饱和树脂，苯乙烯系列树脂的产量在合成树脂产量中仅次于聚乙烯、聚氯乙烯而位于第三位。

1.1.1 苯乙烯的用途

(1) PS

聚苯乙烯是苯乙烯最重要的衍生物，产品包括通用型聚苯乙烯(GPPS)、耐冲击型聚苯乙烯(HIPS)以及可发泡聚苯乙烯(EPS)等。

聚苯乙烯具有透明、廉价、刚性、绝缘、印刷性好等优点，广泛应用于通信器材和高频电器中，如无线电零件、高频电容器等。由于聚苯乙烯具有高度透明性，可用于生产公共建筑的透明部件、光学仪器和透明模型，如灯罩、仪器壳罩等。聚苯乙烯还大量应用于食品包装材料和日用品。

(2) ABS 和 SAN

在我国，ABS 和 SAN 树脂是仅次于聚苯乙烯的第二大苯乙烯衍生物。ABS 由丙烯腈、丁二烯和苯乙烯共聚生成，SAN 由苯乙烯和丙烯腈共聚生成。

ABS 具有较好的抗冲强度、良好的耐油性、耐水性和化学稳定性，耐寒性能良好，电性能良好，其绝缘性很少受温度、湿度的影响。

ABS 主要用于生产工程塑料制品，可以用于制作各种工业和家用电器外壳、内筒和部件，汽车(仪表板、工具舱门、车轮盖、反光镜盒等)和飞机的仪表部件；ABS 的强度很高，密度小，也可以用来制作汽车保险杠。

SAN 树脂是一种坚硬、透明的材料，具有良好的尺寸稳定性、耐候性、耐热性、耐油性、抗震动性和化学稳定性。SAN 的典型应用领域有家用电子、电器配件(插座、电器壳体、厨房器械、冰箱装置、风扇叶片、电视机底座等)、日用商品(卡带盒、打火机外壳、玩具、餐具、食品刀具等)、汽车工业(蓄电池壳、车头灯盒、反光镜、仪表盘)等。

(3) 丁苯橡胶 SBR

苯乙烯与丁二烯通过溶液聚合或乳液聚合可生产丁苯橡胶。

丁苯橡胶是目前合成橡胶中能代替天然橡胶的一种产量最多的通用橡胶，主要用于制造汽车轮胎。

(4) 不饱和聚酯树脂

不饱和聚酯树脂也是苯乙烯的一大消费领域，主要用于生产玻璃钢制品、涂料和建筑材料等。

(5) 苯乙烯系热塑性弹性体

苯乙烯系热塑性弹性体主要包括苯乙烯－丁二烯－苯乙烯嵌段共聚物(SBS)、苯乙烯－异戊二烯－苯乙烯嵌段共聚物(SIS)以及其相应的加氢产物SEBS和SEPS等，我国的产品主要为SBS产品。

SBS具有独特的物理和机械性能，在制鞋、塑料改性、沥青改性、黏合剂、防水涂料、液封材料、电线、电缆、汽车部件、医疗器械部件、家用电器以及办公自动化等方面具有广泛的应用。

(6) 其他方面

在其他方面，苯乙烯还用于生产农药、医药、离子交换树脂等。

1.1.2 苯乙烯的市场

目前世界苯乙烯的消费结构为：聚苯乙烯约占总消费量的63.2%，ABS/SAN树脂约占总消费量的14.9%，SBR及胶乳约占总消费量的9.7%，不饱和树脂约占总消费量的4.3%，苯乙烯共聚物(包括SBS、苯乙烯和丙烯腈共聚物等)约占总消费量的2.0%。

在苯乙烯主要的下游衍生物中，全球消费增长最快的领域将是ABS/SAN，其年均增长率将达到6.2%，其次是苯乙烯共聚物，消费量的年均增长率将达到5.7%。

由于苯乙烯下游产品消费的强劲增长，世界苯乙烯生产快速发展，1999年世界苯乙烯的生产能力只有21698kt/a，2006年增加到29954kt/a，2011年全球产能将达到36000kt/a。

2006年世界苯乙烯实际产量为26030kt，预计到2011年，全球苯乙烯总消费量将达到30976kt。

目前，我国约60%的苯乙烯用于生产聚苯乙烯(PS)和发泡聚苯乙烯(EPS)，17%用于生产ABS，23%用于生产其他产品。未来几年由于终端产品的合理化和PS替代产品的出现，我国PS和EPS消费增速将有所放缓，而ABS树脂和丁苯橡胶(SBR)的需求将迅速增长。预计SBR消费将以两位数速率增长，年增长率将超过25%；ABS的市场需求增长率将达8.6%。2006年我国SBR对苯乙烯的消费量约为200kt，预计2010年将增加到250kt；2006年ABS对苯乙烯的消费量约为630kt，预计2010年将超过1000kt。

由于国内需求的巨大缺口和持续强劲的增长，虽然我国苯乙烯的产能增速明显，但依然没有改变其供不应求的局面，苯乙烯的进口依存度高达60%左右，近几年我国苯乙烯的进口量见表1－1。

表1－1 2003～2008年我国苯乙烯进口统计表

年　份	2003	2004	2005	2006	2007	2008
进口量/kt	2660.6	2889.0	2812.0	2343.0	3101.4	2810.7

从长远来看，虽然世界苯乙烯的生产能力已出现了过剩的态势，但随着中国消费量的不断增加，我国苯乙烯装置的投资继续呈快速增长态势，到2010年，我国苯乙烯市场供需矛盾将得到根本缓解，供需将基本平衡或略有缺口。

1.2 乙苯及苯乙烯的主要生产技术

苯乙烯生产由乙苯生产技术和苯乙烯生产技术两部分组成。随着科学技术的发展，乙苯和苯乙烯生产工艺也在不断地进步。

1.2.1 乙苯生产技术及其发展趋势

乙苯生产的主要方法是苯与乙烯发生烷基化反应合成乙苯，该反应是主反应，在反应过程中放出热量。副反应生成多乙苯，多乙苯可以与苯发生烷基转移反应而转化为乙苯。主反应所用的催化剂为酸性催化剂。

1.2.1.1 乙苯生产技术的发展史

工业化的乙苯生产先后出现了传统 $AlCl_3$ 液相法、均相 $AlCl_3$ 液相法、C_8 分离法、Alkar 气相法、气相分子筛法、液相分子筛法及催化干气法等工艺，乙苯生产工艺主要的发展历程如下：

1935 年 Dow 化学公司开发了传统的非均相 $AlCl_3$ 法乙苯生产工艺，1974 年 Monsanto 公司开发了均相 $AlCl_3$ 法乙苯生产工艺，这两种工艺均在 $AlCl_3$ 催化剂存在的条件下，苯与乙烯发生烷基化反应生成乙苯。

1957 年 Badger 公司开发了用超精馏法从 C_8 中分离乙苯的工艺，精馏塔需要 300 ~ 400 块塔板，回流比为 25∶1 ~ 50∶1。

1960 年 UOP 公司开发了 Alkar 气相法生产乙苯的工艺并实现了工业化，乙烯与苯在气相条件下发生烷基化反应。该工艺可使用低浓度乙烯（例如催化干气）为原料，但对杂质含量要求严格。

20 世纪 70 年代 UOP 公司开发了 Ebex 法固体吸附剂连续逆流吸附进行乙苯分离的工艺，吸附剂为 X 或 Y 型沸石。

从 1990 年开始，CDTECH 公司与 Lummus 公司开始转让催化蒸馏制乙苯技术（CDTECH 工艺），该工艺使用 Y 型分子筛作为催化剂，将烷基化反应器与苯汽提塔合二为一，可同时进行催化反应和蒸馏操作。

20 世纪 70 年代 Mobil 和 Badger 公司开发了气相分子筛乙苯生产工艺，该工艺采用 ZSM－5型分子筛催化剂，完全避免了 $AlCl_3$ 催化剂带来的腐蚀及环境污染问题。

20 世纪 80 年代初 Lummus、Unocal、UOP 联合开发了以 Y 型分子筛为催化剂的液相法生产乙苯工艺。

20 世纪 80 年代，中科院大连化学物理研究所开发了择形分子筛沸石催化剂，可以用乙烯含量低的催化干气作为原料在气相条件下生产乙苯，并且催化干气不需要精制。

以上这些乙苯生产工艺的主要差别在于所使用的催化剂和能量利用率，$AlCl_3$ 法由于腐蚀性强及废水量大等缺点现已逐渐淘汰，目前国内工业化的苯乙烯装置中，乙苯生产主要采用液相分子筛、气相分子筛和催化干气法三种工艺，本书主要介绍这三种乙苯生产方法。

（1）气相分子筛工艺

气相分子筛工艺使用 ZSM－5 型分子筛催化剂，该催化剂具有良好的活性，乙苯、多乙苯的选择性可达 99.5%。烷基化反应器一般由六段催化剂床层串联组成，反应温度在 400℃ 左右，反应压力为 1.2 ~ 1.6MPa，苯与乙烯在气相条件下进行烷基化反应，苯/乙烯质量比为 18.5 左右，乙烯转化率可在 98% ~ 99% 之间。

气相分子筛催化剂有效期约为 2 年，再生周期可达 1 年以上。

气相分子筛生产乙苯工艺没有腐蚀，无污染，乙苯收率高，流程相对较短，投资较少。

（2）液相分子筛生产乙苯工艺

液相分子筛工艺采用Y型、β型或MCM型分子筛催化剂，催化剂活性高，寿命可达3年以上，选择性较好，结焦率低。

苯与乙烯在液相条件下发生烷基化反应生成乙苯，反应温度为200～270℃，反应压力为2.9～4.4MPa，苯/乙烯摩尔比为3～6，苯的单程转化率可达到30%，乙烯的转化率几乎为100%。

苯与多乙苯在烷基转移反应器中发生烷基转移反应，反应压力为2.6～3.7MPa，温度为170～275℃，苯/多乙苯摩尔比为3～15左右。

中石化石油化工科学研究院开发了具有自主知识产权的液相分子筛催化制乙苯工艺技术，该工艺采用部分反应产物循环的流程布置，保证了乙烯的溶解和床层温升的控制，催化剂活性、稳定性良好，工艺流程简单，操作方便。

液相法分子筛工艺开发成功以后，国内外的分子筛催化剂技术发展很快，20世纪90年代分子筛催化剂为UOC－4120，现在主流的烷基化催化剂为UOP公司生产的EBZ－500和中石化石油化工科学研究院开发的AEB－6烷基化催化剂。与UOC－4120催化剂相比，烷基化反应器中的苯/乙烯摩尔比由6下降到3左右。

由于AEB－1烷基转移催化剂具有良好的低温活性，烷基转移反应器中的苯/多乙苯比也显著降低，装置的物耗、能耗得以降低，同时也降低了投资和运行成本。

（3）催化干气生产乙苯工艺

在国外乙苯生产工艺中，Alkar法烷基化工艺、Monsanto公司的技术和Mobil/Badger公司的技术均可以利用催化裂化干气中的乙烯生产乙苯。这三种技术的共同特点是对原料气中的杂质含量要求严格，原料气均需经过脱硫、脱水、脱氧和深冷分离丙烯等较为复杂的精制工艺。

自20世纪80年代开始，中科院大连化学物理研究所研制了择形分子筛沸石催化剂，并开发了利用催化干气中的乙烯生产乙苯的工艺。20世纪90年代初采用该工艺在中国石油抚顺石化建成了30kt/a乙苯装置，催化干气不需精制，直接用干气中的稀乙烯与苯反应生产乙苯。反应压力为0.7～1.0 MPa，反应温度为380～420℃，乙烯的回收率可达90%以上。现在该技术已发展到第四代，原料的转化率及选择性不断提高，催化剂再生周期有所延长，乙苯产品中的二甲苯含量也显著降低。

（4）三种乙苯生产工艺的对比

气相分子筛工艺：采用高活性的ZSM－5型烷基化和烷基转移催化剂，催化剂装填量约为液相分子筛工艺的1/10，催化剂实行在线再生，催化剂寿命较长。由于烷基转移反应温度较高（435～445℃），副反应较多，二甲苯的含量在0.1%左右。

液相分子筛工艺：采用Y型、β型或MCM型分子筛，该工艺只能用于纯乙烯的烷基化反应，反应条件缓和，对原料的要求不高，装置的运转周期较长。催化剂采用器外或在线再生，与气相法相比，反应温度较低（200～250℃），异构化和裂化等副反应较少，产品的纯度较高，乙苯中二甲苯杂质含量仅为$20\times10^{-6}\sim40\times10^{-6}$，装置的能耗较低。

催化干气制乙苯工艺：原料可为催化干气，其中乙烯含量约为10%～25%；催化干气不需要精制，可直接进入反应器，反应器采用多段冷激式固定床反应器，催化干气既是原料，也是取热介质。

1.2.1.2 乙苯生产技术的发展趋势

（1）大型化

单套装置生产能力不断扩大，国内乙苯单元的最大生产能力已达500kt/a以上。

（2）低苯/烯比

通过改进催化剂性能和采用多点乙烯进料，乙苯单元的苯/烯比(摩尔)已降低到3以下。

（3）换热网络优化，装置能耗降低

通过优化换热网络和工艺条件，充分利用乙苯精馏单元塔顶气相潜热产生低压蒸汽，有效降低了装置的能耗。

（4）多点注入乙烯

采用多点注入乙烯的工艺，提高了乙烯的溶解性，显著降低了苯/乙烯摩尔比，使乙苯精馏单元能耗大幅度下降。

（5）催化干气制乙苯技术

催化干气制乙苯技术在产品成本上具有较强的竞争力，目前已经发展到第四代，技术越来越成熟。目前，我国乙烯资源产量不能满足需求，而催化裂化干气资源相对丰富，但利用率较低，利用干气生产乙苯和苯乙烯的生产技术将具有广阔的发展前景。

1.2.2 乙苯脱氢制苯乙烯生产技术及其发展趋势

苯乙烯的生产方法有催化脱氢法、乙苯－丙烯共氧化法、脱氢选择性氧化法、丁二烯合成法、热裂解汽油抽提蒸馏回收法、甲苯甲醇合成法、乙烯－苯直接偶合法、苯乙酮法、甲苯二聚法等，其中催化脱氢法生产的苯乙烯占世界苯乙烯总产量的85%，乙苯－丙烯共氧化联产法约占15%，脱氢选择性氧化法已建有工业装置。

1.2.2.1 苯乙烯的生产技术

1827年苯乙烯聚合物首次被发现，1867年Bevthlot发现乙苯通过赤热瓷管表面能生成苯乙烯，1916年美国Dow化学公司开发了乙苯绝热脱氢法生产苯乙烯工艺，并于1945年实现了苯乙烯工业化生产。

此后国外各大公司相继开发了各自的苯乙烯生产技术，各公司的技术在工艺流程上基本相同，只是在催化剂类型和反应器结构等方面存在差别。

Dow化学公司和荷兰国家矿业公司(DSM)都在开发以丁二烯为原料两步法催化合成苯乙烯的技术，将丁二烯液相催化二聚转化为乙烯基环已烯，然后液相催化氧化生成苯乙烯。

GTC技术公司开发了采用选择性溶剂抽提蒸馏生产苯乙烯的工艺，从粗热裂解汽油中直接回收苯乙烯。

日本东丽公司开发了Stex法裂解汽油萃取分离苯乙烯技术，同时开发了专用萃取剂，可分离出纯度大于99.7%的苯乙烯。

Dow化学与意大利Snamprogetti公司联合开发了ASM苯乙烯生产工艺(SNOW工艺)，该工艺的脱氢反应器为循环流化床，反应器不需要采用不锈钢，脱氢反应不需要稀释蒸汽，目前还没有工业化装置。

1985年UOP公司开发的乙苯脱氢选择性氧化技术(Styro－Plus工艺)取得了工业化的成功，此后Lummus、Monsanto、UOP三家公司合作将其与乙苯催化脱氢技术集成为一体，称为Smart工艺。

Halcon 公司于 20 世纪 70 年代将乙苯－丙烯共氧化联产环氧丙烷－苯乙烯工艺进行了工业化。

在国内的苯乙烯装置中，苯乙烯的生产主要采用 Lummus/UOP 乙苯脱氢工艺、Fina/Badger 乙苯脱氢工艺、乙苯脱氢选择性氧化工艺和乙苯－丙烯共氧化联产环氧丙烷－苯乙烯工艺，下面主要介绍这几种苯乙烯生产工艺。

（1）Lummus/UOP 乙苯脱氢工艺

该工艺的脱氢反应在脱氢反应器中进行，反应温度为 600～640℃，反应压力为 40kPa(A)左右，同时向反应器中加入蒸汽以降低苯乙烯分压，蒸汽/乙苯质量比(水比)为 1.3～1.5，乙苯转化率达 60% 以上，苯乙烯选择性可达 95% 以上。

第二脱氢反应器出口的反应产物首先将乙苯/蒸汽预热，然后产生两个压力等级的低压蒸汽。

脱氢液先经过乙苯/苯乙烯塔，从塔顶分离出苯、甲苯、乙苯等比苯乙烯轻的组分去乙苯回收塔及苯/甲苯分离塔，从塔底采出的粗苯乙烯去苯乙烯塔，然后得到苯乙烯产品。

脱氢液的分离采用四塔流程，苯乙烯经历二次加热。乙苯/苯乙烯塔采用高真空低釜温的工艺，操作压力为 12～40kPa(A)，焦油生成量少。

（2）Fina/Badger 乙苯脱氢工艺

该工艺同样采用绝热脱氢方法，反应系统、脱氢液分离、尾气压缩及洗涤等部分与 Lummus/UOP 的乙苯脱氢工艺基本相同，但废热回收换热器的型式及流程与 Lummus/UOP 乙苯脱氢工艺不同。

在 Fina/Badger 工艺中，第二脱氢反应器出口的反应产物首先在第一个换热器中将乙苯/蒸汽预热，然后进入第二换热器产生高压蒸汽，最后进入第三个换热器中，利用反应产物的余热将脱氢单元的乙苯汽化。

Fina/Badger 工艺的苯乙烯精馏工艺与 Lummus/UOP 工艺差别较大，脱氢液先经过苯/甲苯塔，从塔顶分离出苯、甲苯等比乙苯轻的组分，从塔底得到乙苯、苯乙烯等比乙苯重的组分；苯/甲苯塔底物料进入乙苯回收塔，在乙苯回收塔塔顶得到回收乙苯，塔底为含有重组分的苯乙烯；乙苯回收塔底的物料进入苯乙烯塔，去除重组分后在苯乙烯塔塔顶得到苯乙烯产品。

脱氢液的精馏虽然也采用四塔流程，但苯乙烯经历了三次加热。

（3）乙苯脱氢选择性氧化工艺(Smart 工艺)

乙苯脱氢选择性氧化工艺主要是向脱氢反应器的出口物流中加入定量的氧气及蒸汽，然后进入氧化/脱氢反应器，该反应器中装有高选择性氧化催化剂及脱氢催化剂，氧与氢反应产生的热量使反应物流升温，同时使反应物中的氢分压降低，打破了传统脱氢反应的热平衡，反应向生成苯乙烯的方向移动。选择氧化催化剂活性很高，对氢具有高选择性，同时烃损失很少。

此工艺可将乙苯单程转化率提高至 70% 以上，同时有效地利用了氢气氧化反应所放出的热量，适用于对常规苯乙烯装置改造，可使生产能力提高 30%～50%。

（4）乙苯/丙烯共氧化联产环氧丙烷/苯乙烯工艺(PO/SM 工艺)

该工艺的生产过程共分 3 个步骤，先将液态乙苯氧化，生成乙苯氢过氧化物；然后在钼催化剂作用下，丙烯与乙苯氢过氧化物发生液相反应，生成 α－苯乙醇与环氧丙烷；最后 α－苯乙醇在 $TiO_2-Al_2O_3$ 催化剂存在下进行液相或气相脱水生成苯乙烯，该工艺能同时生产苯乙烯和环氧丙烷，苯乙烯与环氧丙烷的产量比为2.5∶1。

除乙苯脱氢法外，乙苯/丙烯共氧化联产环氧丙烷/苯乙烯工艺也是目前大规模生产苯乙烯的工业方法之一。目前世界上拥有专利转让权的生产商主要有莱昂得尔(Lyondell)公司、Shell公司、Repsol公司等。该工艺流程长，投资大，但由于联产环氧丙烷，工业化装置正逐渐增多。

1.2.2.2 苯乙烯生产技术的发展趋势

(1) 单套装置生产能力不断提高

单套装置生产能力不断扩大，国内苯乙烯装置的最大生产能力已达500kt/a以上。

(2) 水比不断降低

通过改进催化剂性能，乙苯脱氢单元的水比(蒸汽/乙苯质量比)已降低到1.0左右，显著地降低了装置的能耗。

(3) 优化换热网络

通过优化换热网络和工艺条件，充分利用尾气压缩机的压缩热及乙苯回收塔的塔顶气相潜热，有效降低了装置的能耗。

(4) 苯乙烯/环氧丙烷联产工艺

苯乙烯/环氧丙烷联产工艺可同时生产苯乙烯和环氧丙烷两种化工产品，适合建设大规模生产装置。

(5) 双塔变压苯乙烯精馏

传统的粗苯乙烯塔塔釜用低压蒸汽作为再沸器的热源，塔顶气相温度在80℃左右，因温位较低，无法发生蒸汽，所以塔顶冷凝器使用循环水作为取热介质，整塔回流比在6~10左右，粗苯乙烯塔能耗较大，是苯乙烯装置的耗能大户，其低压蒸汽用量占整个装置总用量的38%左右，冷却水用量占整个装置总用量的33%左右，该塔能耗占装置总能耗的30%左右。

为了将塔顶的低温气相潜热回收利用，国内及国外均开发了粗苯乙烯的双塔变压集成节能工艺技术。该工艺将传统的粗苯乙烯塔分成两个塔，即A塔和B塔，每个塔的负荷各占50%，其中A塔操作压力较高(以下称高压塔)，B塔操作压力较低(以下称低压塔)，高压塔塔顶气相温度与低压塔塔釜温度差10℃以上。根据这一特点，高压塔冷凝器可以兼作低压塔的再沸器，从而起到节约蒸汽和循环水用量的效果。

双塔工艺与单塔工艺相比，蒸汽和循环水的消耗均有大幅度降低，蒸汽用量减少44%左右，冷却水减少34%左右，综合能耗减少36.72kg标油/t左右，但由于高压塔压力、塔釜温度较高，苯乙烯的聚合损失增加，物耗比单塔精馏工艺有所增加。

(6) 脱氢催化剂的发展趋势

① 除目前使用的圆柱形催化剂外，国外还申请了车轮型、齿轮型乙苯脱氢催化剂的专利。为降低催化剂床层的阻力，BASF公司还提出把催化剂截面做成空心圆柱体、星状、十字状和蜂窝状等构型，以提高催化剂的活性和选择性。

② 日本旭化成公司使用双层挤条技术，在催化剂的内外层之间形成浓度梯度，可以控制催化剂使用过程中的破碎与粉化。

③ 工业生产要求催化剂能够在低水比条件下操作，以减少生产过程中的蒸汽消耗，降低能耗和生产成本。

④ 催化剂的寿命向着长周期的方向发展，部分型号的催化剂已达到30个月或更长的时间。

(7) 精馏塔填料的分离效率不断提高

新型规整填料的出现，显著促进了苯乙烯精馏单元的技术进步，继 Mellapak250Y 后，苏尔寿公司开发了 Mellapak252Y，填料的流通量和每米填料理论板数大大提高，降低了苯乙烯精馏塔的塔径。

1.3 苯乙烯的性质及质量标准

1.3.1 物理性质

苯乙烯的主要物理性质见表 1-2。

表 1-2 苯乙烯的物理性质

性质	数值	性质	数值
相对分子质量	104.14	比热容(20℃)/[kJ/(kg·K)]	1.691
沸点(101.325kPa)/℃	145.2	汽化潜热(25℃)/(kJ/mol)	43.63
冰点(101.325kPa)/℃	-30.628	爆炸极限/%	1.1~6.1
密度(25℃)/(kg/m^3)	0.90122		

苯乙烯在不同温度下的物理性质见表 1-3。

表 1-3 苯乙烯的物理性质

温度/℃	密度/(kg/m^3)	黏度/Pa·s	表面张力/(N/m)	比热容/[kJ/(kg·K)]	蒸气压力/kPa	汽化潜热/(kJ/mol)
0	923.8	0.976×10^{-3}	0.0345	1.637	0.17	44.80
10	915.0	0.877×10^{-3}	0.0334	1.662	0.35	44.30
20	906.3	0.781×10^{-3}	0.0323	1.691	0.65	43.84
25	901.22	0.73×10^{-3}	0.0317	1.704	0.88	43.63
30	897.5	0.694×10^{-3}	0.0312	1.721	1.17	43.38
40	888.7	0.621×10^{-3}	0.0300	1.750	2.03	42.96
50	880.0	0.552×10^{-3}	0.0289	1.784	3.33	42.50
60	871.2	0.49×10^{-3}	0.0278	1.813	5.31	42.04
70	862.4	0.438×10^{-3}	0.0267	1.846	8.13	41.57
80	853.7	0.392×10^{-3}	0.0256	1.888	12.27	41.16
90	844.9	0.348×10^{-3}	0.0246	1.930	17.87	40.70
100	836.1	0.312×10^{-3}	0.0235	1.985	25.60	40.24
110	827.4	0.278×10^{-3}	0.0225	2.043	36.00	39.73
120	818.6	0.248×10^{-3}	0.0215	2.106	49.46	39.23
130	809.8	0.221×10^{-3}	0.0204	2.173	66.66	38.73
140	801.1	0.196×10^{-3}	0.0194	2.240	88.66	38.18
150	792.5	0.175×10^{-3}	0.0184	2.311	117.32	37.56

苯乙烯单体能完全与甲醇、乙醇、丙酮、乙醚、二硫化碳、氯化烃类、硝基烷、乙酸及乙酸乙酯混溶，它同样能溶解于醚类、醇类与酮类中。

1.3.2 化学性质

由于结构上的特殊性，苯乙烯的化学性质非常活泼。

在受热或自由基引发剂存在的条件下，苯乙烯可以自聚生成聚苯乙烯，在298.16K的温度下，聚合热约为72.85kJ/mol。聚合的诱导期随着单体纯度增高及温度增高而缩短。在聚合早期阶段的反应速度是温度的指数函数，在经过早期较快的反应以后，反应速度降低，当90%的单体聚合后反应变得非常慢。聚合物的聚合度随着聚合温度的增加而降低。

苯乙烯在长期储存时能生成聚合物，故需在低温下保存，并且在生产与储运中均需加入阻聚剂。

苯乙烯还可与丁二烯、丙烯腈、二酸酐、乙二醇等发生共聚，工业上用来生产塑料、橡胶及不饱和树脂。

1.3.3 苯乙烯的质量标准

根据GB3915—1998工业用苯乙烯国家标准，苯乙烯的质量标准见表1－4。

表1－4 苯乙烯的质量标准

序号	项目		指标			试验方法
			优等品	一等品	合格品	
1	外观		清晰透明，无机械杂质和游离水			目测[1] GB/T 12688.1
2	纯度/%	≥	99.7	99.5	99.3	GB/T 12688.2
3	聚合物/(mg/kg)	≤	10	10	50	GB/T 12688.3
4	过氧化物(以过氧化氢计)/(mg/kg)	≤	100			GB/T 12688.4
5	总醛(以苯甲醛计)/%	≤	0.01	0.02	0.02	GB/T 12688.5
6	色度(铂－钴色号)/号	≤	10	15	30	GB/T 605
7	阻聚剂(TBC)/(mg/kg)		10～15[2]			GB/T 12688.8

1）将试样置于100mL比色管中，其液层高为50～60mm，在日光或日光灯透射下目测。

2）如遇到特殊情况，可按供需双方协议执行。

1.4 苯乙烯装置原料及化学品的性质与用途

1.4.1 苯

苯是生产苯乙烯的原料之一，国内某装置要求的苯规格见表1－5。

表1－5 苯原料规格

项目	指标	项目	指标
纯度	99.8%	馏程	80.1℃(不超过±1℃)
凝固点	≥5.4℃	酸度	无游离酸
硫	$\leq 1\times10^{-6}$	外观	透明
非芳烃	<0.2%	噻吩	$\leq 2\times10^{-6}$
氯化物	$\leq 0.4\times10^{-6}$	总氮化物	$\leq 1\times10^{-6}$
甲苯	$\leq 300\times10^{-6}$	水	$<500\times10^{-6}$

苯在常温下为无色有芳香气味的液体，相对分子质量78.1136，常压沸点80.09℃，临界压力4.7967MPa，临界温度289.1℃，爆炸极限1.4%~7.1%。

苯不溶于水，溶于醇、醚、丙酮等多数有机溶剂，常用作溶剂，可用于生产香料、染料、塑料、医药、炸药、橡胶等。

1.4.2 乙烯

乙烯是生产苯乙烯的原料之一，它是烯烃中最简单的一种，由于它具有双键结构，反应能力很强。通过乙烯的聚合、氧化、加成等化学反应，可以得到很多有价值的衍生物，如塑料、乙丙橡胶、增塑剂、医药等。

乙烯常压下为无色略带香甜的气体，相对分子质量28.0538，常压沸点-103.74℃，临界压力4.9387MPa，临界温度9.19℃，爆炸极限3.1%~32%，纯乙烯在350℃以下性质稳定，高于350℃时，易分解为C、H_2。

国内某装置要求的乙烯规格见表1-6。

表1-6 乙烯原料规格

项目	指标(体积含量)	项目	指标(体积含量)
乙烯	≥99.9%	CO	$\leqslant 1\times10^{-6}$
甲烷+乙烷	$\leqslant 500\times10^{-6}$	CO_2	$\leqslant 5\times10^{-6}$
C_3和C_4以上组分	$\leqslant 10\times10^{-6}$	氯(以HCl计)	$\leqslant 1\times10^{-6}$
乙炔	$\leqslant 5\times10^{-6}$	氢	$\leqslant 5\times10^{-6}$
氧	$\leqslant 1\times10^{-6}$	醇(以甲醇计)	$\leqslant 5\times10^{-6}$
硫(以H_2S计)	$\leqslant 1\times10^{-6}$	总羰基	$\leqslant 1\times10^{-6}$
水	$\leqslant 1\times10^{-6}$		

1.4.3 乙苯

苯与乙烯发生烷基化反应生成乙苯，乙苯是苯乙烯装置最主要的中间产品，乙苯主要用来生成苯乙烯，国内某装置要求的乙苯规格见表1-7。

表1-7 乙苯规格

项目	规格指标	项目	规格指标
乙苯	≥99.8%	二甲苯	$\leqslant 50\times10^{-6}$
苯	≤0.1%	色度(铂-钴色号)	≤10号
甲苯	≤0.05%	硫	$\leqslant 5\times10^{-6}$
非芳烃	≤0.05%	异丙苯	$\leqslant 100\times10^{-6}$
二乙苯	$\leqslant 10\times10^{-6}$		

乙苯为无色带有刺鼻的芳香气味的液体，相对分子质量106.1674，常压沸点136.2℃，临界压力3.5047MPa，临界温度344.05℃，爆炸极限1.0%~6.7%。

1.4.4 甲苯

甲苯为苯乙烯装置的副产品，纯度可达到99%以上。甲苯为无色带有刺鼻的芳香气味的液体，相对分子质量92.1405，常压沸点110.63℃，临界压力4.0047MPa，临界温度318.65℃，爆炸极限1.4%~6.7%。

甲苯主要用来生产甲苯衍生物、炸药、染料、溶剂及药物等。

1.4.5 阻聚剂

苯乙烯单体具有自聚性，温度越高，聚合速度越快。为了减少精馏过程中苯乙烯单体的聚合损失，保证精馏系统正常运行，必须在精馏过程中加入抑制苯乙烯聚合的阻聚剂。

在20世纪60年代，英国的苯乙烯装置一直采用硫磺作为苯乙烯精馏阻聚剂，而在德国则采用对苯二酚作为苯乙烯精馏阻聚剂。由于这两种阻聚剂的阻聚效果差且污染严重，现在早已被淘汰。

在20世纪70～80年代，开始用2,4－二硝基苯酚(DNP)作为苯乙烯精馏阻聚剂。随着苯乙烯工业的高速发展，2,6－二硝基对甲基苯酚(DNPC)、2－仲丁基－4,6－二硝基苯酚(DNBP)、复合阻聚剂等先后被开发出来，阻聚剂正向着低毒、环保、复合、高效的方向发展，下面主要介绍工业装置上常用的阻聚剂。

(1) 2,4－二硝基苯酚(DNP)

现在国内部分装置仍在使用传统的无硫阻聚剂2,4－二硝基苯酚作为精馏阻聚剂，该阻聚剂的性质如下：

分子式：$C_6H_4N_2O_5$

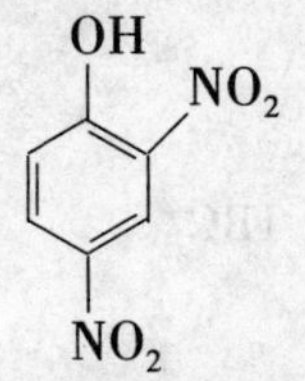

相对分子质量：184.11

CAS号：51－28－5

相对密度：1.683(24℃)

熔点：114～115℃

性状：黄色晶体。

溶解情况：微溶于水，溶于乙醇、乙醚、苯和氯仿。

2,4－二硝基苯酚热稳定性好，在苯乙烯中有一定的溶解性，但毒性大、使用量大，溶解度小，阻聚效率较低，目前已基本被新型阻聚剂代替。

(2) 2,6－二硝基对甲基苯酚(DNPC)

20世纪90年代以来，因溶解性及毒性均优于DNP，DNPC逐渐在苯乙烯装置上使用。

分子式：$C_7H_6N_2O_5$

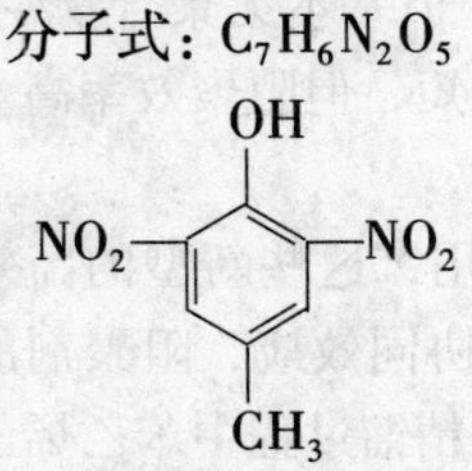

相对分子质量：198.13

CAS号：609－93－8

熔点：79.5～82.5℃

DNPC为黄色或浅棕色晶体，微溶于冷水，20℃时在水中的溶解度为0.04%，在乙苯中的溶解度为18%。

(3) 2－仲丁基－4,6－二硝基苯酚(DNBP)

2－仲丁基－4,6－二硝基苯酚是20世纪60年代由美国开发成功的一种重要精细化学品，早期用作除草剂、杀虫剂，20世纪80年代后期发现其有优异的阻聚效果，现常用作苯乙烯等单体的阻聚剂。

分子式：$C_{10}H_{12}N_2O_5$

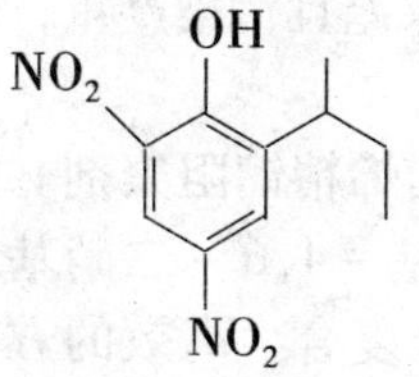

相对分子质量：240

CAS号：88－85－7

沸点：332℃

熔点 ：38℃左右

2－仲丁基－4,6－二硝基苯酚为黄色粉末状晶体，在乙苯中的溶解度大于85%，毒性小于DNPC，该阻聚剂熔点较低，生产厂家一般以乙苯溶液的形式供货。

(4) 对叔丁基邻苯二酚(TBC)

为了抑制苯乙烯在储运过程中的聚合，苯乙烯产品中需加入产品阻聚剂TBC。

分子式：$C_{10}H_{14}O_2$

相对分子质量：166.22

某苯乙烯装置要求TBC的质量指标见表1－8。

表1－8　TBC的主要规格

项　目	质量指标
外　观	白色至浅黄色结晶或黏稠状液体，无机械杂质
浓　度	≥85%甲醇溶液
阻聚效果	82℃苯乙烯引发聚合时间≥30min

(5) 真阻聚剂

真阻聚剂指聚合诱导期长的阻聚剂，在诱导期间阻聚剂被消耗，但基本无聚合物生成；诱导期结束后聚合物含量迅速上升。该种阻聚剂用量较少，使用寿命短，但阻聚效率高。

(6) 其他阻聚剂

1994年以来，一些新型的高效阻聚剂已开始在苯乙烯装置上试用，这些新型的高效阻聚剂大多是由2~3种组分复配而成，各个组分之间相互作用，产生协同效应，阻聚剂的阻聚效率成倍提高，阻聚效果明显优于单一组分的阻聚剂，从而降低了精馏过程中苯乙烯的聚合物生成量，提高了苯乙烯收率，而且由于用量较少，减少了苯乙烯生产中阻聚剂的使用量，降低了阻聚剂配制的劳动强度。

在尾气压缩机中，由于压缩热的作用，尾气的温度将显著升高，尾气中含有的苯乙烯极易在压缩机出口消音器及出口管线中发生聚合，随着生产时间的延长，聚合物会堵塞管线，造成压缩机出口压力上升，堵塞严重时需要停压缩机进行处理。为了防止苯乙烯聚合现象的发生，许多公司开发了用于尾气压缩机的阻聚剂并在部分装置中使用，通常阻聚剂被注入到尾气压缩机的入口或出口管线中。

1.4.6 缓蚀剂

乙苯在脱氢过程中，由于副反应的发生，将会有部分二氧化碳生成，二氧化碳溶解于工艺冷凝液或脱氢液中，使工艺冷凝液或脱氢液显酸性，随着运行时间的延长，酸性物质会造成工艺冷凝液汽提系统及苯乙烯精馏系统换热器及管线的腐蚀，为了控制腐蚀的发生，生产中需注入有机胺类缓蚀剂。

典型的有机胺缓蚀剂主要成分为甲氧基丙胺，该类缓蚀剂主要针对 CO_2、Cl^- 等酸性介质，缓蚀剂进入系统后，与酸作用形成易溶于水的盐类，从而将系统的 pH 值控制在 6.8 ~ 7.5，减少对设备的腐蚀，延长设备的运转周期和寿命。表 1 – 9 为国内某装置使用的缓蚀剂技术指标。

表 1 – 9　缓蚀剂的技术指标

项　目	指　标	项　目	指　标
外观与性状	澄清，无色至浅黄色带氨味液体	沸点/℃	100 ~ 116
水中溶解度	完全溶解	闪点/℃	99
密度/(kg/m^3)	980 ~ 990	冰点/℃	–20
pH	13	蒸气压(20℃)/kPa	2.63

1.5 国内苯乙烯装置简况

我国从 20 世纪 50 年代开始生产苯乙烯，第一套生产装置为前苏联援建的兰化 20kt/a 苯乙烯装置，乙苯工艺采用传统 $AlCl_3$ 液相法，苯乙烯工艺采用等温催化脱氢工艺。此后，我国自行开发建设了几套同类型装置以及 C_8 精馏装置，但技术落后，能耗、物耗较高。

20 世纪 80 年代中期，燕山、齐鲁石化分公司引进的两套苯乙烯装置，采用均相 $AlCl_3$ 液相法乙苯工艺和催化脱氢苯乙烯工艺。由于使用 $AlCl_3$ 作为烷基化催化剂，该工艺存在着设备腐蚀的问题。

20 世纪 90 年代，茂名石化分公司、扬巴公司和吉林石化分公司引进 Lummus/UOP 的液相分子筛烷基化工艺技术先后建成了 100kt/a 以上规模的苯乙烯装置。

截止到 2008 年 6 月份，我国共有苯乙烯生产装置 19 套，总生产能力为 2909kt/a。各生产装置的能力及采用的工艺见表 1 – 10，其中液相分子筛制乙苯、乙苯脱氢制苯乙烯工艺的装置有 11 套，生产能力为 1724 kt/a，约占我国苯乙烯总生产能力的 59.26%；采用 PO/SM 工艺的装置有一套，生产能力为 560kt/a，约占我国苯乙烯总生产能力的 19.25%；采用催化干气制乙苯工艺的装置有 4 套，生产能力为 320 kt/a，约占我国苯乙烯总生产能力的 11.0%；采用气相分子筛制乙苯工艺的装置有 3 套，生产能力为 305 kt/a，约占我国苯乙烯总生产能力的 10.48%；采用 Smart 工艺进行扩能改造的装置有两套，生产能力为 174 kt/a，约占我国苯乙烯总生产能力的 5.98%。

表1-10　2008年我国主要的苯乙烯生产装置情况

生产厂家	生产能力/(kt/a)	乙苯生产工艺	苯乙烯生产工艺
中海壳牌化工股份有限公司	560	PO/SM工艺	PO/SM工艺
上海赛科石化公司	500	液相分子筛工艺	UOP/Lummus
江苏利士德化工公司	300	液相分子筛工艺	国内绝热脱氢工艺
中石化齐鲁石化分公司	200	液相分子筛工艺	国内绝热脱氢工艺
中铁联合-常州东昊化工	150	气相分子筛工艺	国内绝热脱氢工艺
中石油吉林石化分公司	130	液相分子筛工艺	UOP/Lummus
扬子巴斯夫苯乙烯系列有限公司	120	液相分子筛工艺	UOP/Lummus
中石化茂名石化分公司	100	液相分子筛工艺	UOP/Lummus
中石油大连石化分公司	100	催化干气制乙苯工艺	国内绝热脱氢工艺
中石油大庆石化总厂	90	液相分子筛工艺	Badge + Smart工艺
中石化燕山石化分公司	84	液相分子筛工艺	Lummus + Smart工艺
中石化广州石化分公司	80	气相分子筛工艺	Fina/Badge绝热脱氢工艺
海南实华嘉盛化工有限公司	80	催化干气制乙苯工艺	国内绝热脱氢工艺
华北石油管理局苯乙烯装置	80	催化干气制乙苯工艺	国内绝热脱氢工艺
锦州石油化工公司	80	液相分子筛工艺	国内绝热脱氢工艺
锦西石化公司	60	液相分子筛工艺	国内绝热脱氢工艺
辽宁华锦化工(集团)有限公司	75	气相分子筛工艺	Fina/Badge绝热脱氢工艺
中石油兰州石化分公司	60	液相分子筛工艺	国内绝热脱氢工艺
中石油抚顺石化分公司	60	催化干气制乙苯工艺	国内绝热脱氢工艺
合计	2909		

通过对引进技术的消化吸收，中国石化石油化工科学研究院开发了液相分子筛烷基化工艺，与引进工艺的主要区别是增加了烷基化液的循环，提高了乙烯的溶解能力，便于灵活地控制反应温升。上海石油化工研究院、上海工程公司及华东理工大学联合开发了具有自主知识产权的乙苯脱氢工艺，反应器采用轴径向反应器，有效地提高了催化剂的利用率；苯乙烯精馏单元采用高真空精馏工艺，可以降低焦油产生量。

燕山石化分公司苯乙烯装置分别采用液相分子筛烷基化工艺和氧化脱氢工艺对装置进行了改造，在第一、第二脱氢反应器之间增加了氧化脱氢反应器，生产能力由60kt/a增加到84kt/a。

2004年，齐鲁石化分公司苯乙烯装置采用国内自主开发的技术，将装置由60kt/a扩建为200kt/a。

2005年上海赛科石化公司采用Lummus/UOP工艺新建了500kt/a苯乙烯装置。

2006~2007年，我国又有多套苯乙烯装置建成投产，其中包括中海油与壳牌化学公司合资在广东惠州建设的一套560kt/a苯乙烯装置，江苏利士德化工公司(江苏双良集团)在江阴建成的两套150kt/a生产装置，中石油锦州石油化工公司建成的一套80kt/a生产装置，海南实华嘉盛化工有限公司80kt/a生产装置，华北石油管理局80kt/a生产装置。

另外，天津石化分公司500kt/a、镇海炼化600kt/a、独山子320kt/a、华锦集团盘锦乙烯工业公司150kt/a等苯乙烯装置正在建设之中。

目前我国的苯乙烯装置中，乙苯的生产主要采用UOP/Lummus液相分子筛工艺、国内自主开发的液相分子筛工艺、Fina/Badger气相分子筛工艺和国内自主开发的催化干气制乙苯四种工艺；苯乙烯的生产主要采用的工艺有UOP/Lummus乙苯催化脱氢工艺、Fina/Badger乙苯催化脱氢工艺和国内自主开发的乙苯催化脱氢工艺。

各种苯乙烯生产技术在工艺上各有其特点，各种工艺生产方法的主要技术经济指标对比情况见表1－11所示。

表1－11　我国苯乙烯生产工艺的主要技术经济指标对比①

项目名称	广州石化	齐鲁石化	茂名石化	兰州石化	燕山石化
乙苯工艺	气相分子筛	液相分子筛	液相分子筛	液相分子筛	液相分子筛
苯乙烯工艺	绝热脱氢	绝热脱氢	绝热脱氢	绝热脱氢	绝热脱氢 Smart工艺
高压蒸汽消耗/(t/t)	1.92	2.1	2.16	3.74	1.81
中压蒸汽消耗/(t/t)	0.68	1.1	0	0.61	1.83
电/(kW·h/t)	94	115	85.5	132.9	125.8
燃料/(t/t)	0.114	0.04	0.0323	0.017	0.059
综合能耗/(kg标油/t)	393	282.7	267.3	461.6	444.2
苯耗/(kg/t)	788	804	782	812.8	807.1
乙烯耗/(kg/t)	283	285	279	294.4	291.1
总物耗/(kg/t)	1071	1089	1061	1107.2	1098.2

① 表中数据摘自2008年12月乙苯/苯乙烯行业月报，为2008年累计平均数据。

由于UOP/Lummus液相分子筛工艺和国内的液相分子筛工艺的主要差别为国内工艺含有部分烷基化液的循环流程；UOP/Lummus乙苯催化脱氢工艺、Fina/Badger乙苯催化脱氢工艺和国内自主开发的乙苯催化脱氢工艺的主要差别为反应器的结构和废热回收换热器的流程不同，其他差别不大，因此，本书将主要对部分烷基化循环的液相分子筛生产乙苯工艺、气相分子筛生产乙苯工艺和乙苯催化脱氢工艺作详细的介绍。

1.6　苯乙烯装置有关的基础概念及计算

1.6.1　反应转化率

（1）基本概念

在化学反应中，反应所消耗的原料量与该种原料的投入量之比称为转化率。

（2）计算方法

$$乙苯单程转化率=\frac{进第一反应器的乙苯流率-出第二反应器的乙苯流率}{进第一反应器的乙苯流率}\times100\%$$

（3）例题

乙苯脱氢反应分析结果如下：

进料乙苯的组成为：乙苯98.8%，苯乙烯0.8%

反应器出口物料的组成为：乙苯59.5%，苯乙烯38.5%

计算反应过程中乙苯的转化率。

解答：该反应过程中乙苯转化率为：100%×(98.8－59.5)/98.8＝39.78%

1.6.2 反应选择性

(1) 基本概念

选择性指生成目的产物所消耗的原料量与所消耗的总原料量之比。

(2) 计算方法

$$苯乙烯选择性=\frac{出反应器的苯乙烯流率-进反应器原料中的苯乙烯流率}{进反应器的乙苯流率-出反应器的乙苯流率}\times 100\%$$

(3) 例题

脱氢反应分析结果如下：

进料乙苯的组成为：乙苯98.8%，苯乙烯0.8%

反应器出口物料的组成为：乙苯59.5%，苯乙烯38.5%

计算反应过程中催化剂对苯乙烯的选择性。

解答：催化剂对苯乙烯的选择性为：100%×(38.5－0.8)/(98.8－59.5)＝95.93%

1.6.3 空速

(1)基本概念

空速指单位时间、单位体积催化剂中原料的体积流量。

(2)计算方法

空速＝进料量/反应器有效体积

(3)例题

某反应器有效的催化剂体积为80m^3，若进料量为40t/h(密度0.9t/m^3)，反应空速是多少？

解答：(40/0.9)/80＝0.56h^{-1}

1.6.4 水比

(1) 基本概念

水比指进入脱氢反应器的蒸汽量与乙苯量之比，根据计算基准不同，可分为质量比和摩尔比。

(2) 计算方法

水比(质量比)＝蒸汽的质量流量/乙苯的质量流量

水比(摩尔比)＝蒸汽的摩尔流量/乙苯的摩尔流量

其中蒸汽的流量＝进入蒸汽过热炉的主蒸汽流量＋一次蒸汽流量。

(3) 例题

乙苯脱氢反应过程中，乙苯进料量为38 m^3/h，主蒸汽流量为34t/h，一次蒸汽量为8.5 t/h，乙苯排放到脱氢液/工艺冷凝液分离罐的量为0.5 t/h。若乙苯密度为0.75 t/ m^3，计算反应器的反应水比。

解答：反应水比为(34＋8.5)/(38×0.75－0.5)＝1.52(质量比)

或：水比为[(34＋8.5)/18]/[(38×0.75－0.5)/106]＝8.94(摩尔比)

1.6.5 过剩空气系数

（1）基本概念

加热炉中实际入炉空气量与理论空气量之比叫做过剩空气系数，通常以α表示。

（2）例题

苯乙烯装置脱氢单元蒸汽过热炉过剩空气系数为1.20，理论需要空气量为7t/h，试计算实际需进入蒸汽过热炉的空气量。

解答：由α=实际空气量/理论空气量，得出：

实际进入蒸汽过热炉的空气量=$\alpha\times$理论空气量=$1.2\times7=8.4$(t/h)

即实际进炉空气量应为8.4t/h。

1.6.6 加热炉热效率

（1）概念

加热炉的热效率指加热炉的有效吸热量与燃料总放热量之比。

（2）计算方法

η=有效吸热量/总放热量$\times100\%$

（3）例题

苯乙烯装置脱氢单元蒸汽过热炉的热效率为90.5%，要达到反应所需温度，蒸汽需要的热量为17.5×10^3kW，如要满足生产需求，试计算该过热炉燃烧所放出的总热量应为多少？

解答：已知热效率为90.5%，蒸汽所需热量即为有效吸热量，由公式η=有效吸热量/总放热量$\times100\%$，得出：

该炉燃烧所放出的总热量=有效吸热量/η=$17.5\times10^3/90.5\%=19.34\times10^3$(kW)

即如要满足生产需求，该炉燃烧所放出的总热量应为19.34×10^3 kW。

1.6.7 物耗

（1）概念

物耗指原料消耗量与苯乙烯产量之比，可分为苯耗、乙烯消耗和总物耗。

（2）计算方法

苯耗=苯消耗量/苯乙烯生产量

乙烯消耗=乙烯消耗量/苯乙烯生产量

总物耗=苯耗+乙烯消耗

（3）例题

某苯乙烯产品生产量为7688t，消耗苯6161t，消耗乙烯2223t，计算该苯乙烯装置的苯耗与乙烯消耗。

解答：苯耗$=\dfrac{\text{苯消耗量}}{\text{苯乙烯生产量}}=\dfrac{6161}{7688}=801.3$(kg/t苯乙烯)

乙烯消耗$=\dfrac{\text{乙烯消耗量}}{\text{苯乙烯生产量}}=\dfrac{2223}{7688}=289.15$(kg/t苯乙烯)

苯乙烯装置苯耗为801.38kg/t苯乙烯，乙烯耗为289.15kg/t苯乙烯。

1.6.8 能耗

(1) 概念

能耗指生产每吨产品所消耗的能量，实际计算中一般折算为标油。

(2) 计算方法

能耗=生产消耗的总能量/产品产量

根据GB/T 50441—2007《石油化工设计能耗计算标准》，常用的几种能源折算系数见表1-12。

表1-12 苯乙烯装置能源消耗折算系数

序号	能源名称	折算系数
1	3.5MPa蒸汽	88kg标油/t
2	1.0MPa蒸汽	76kg标油/t
3	0.3~0.6MPa蒸汽	66kg标油/t
4	循环水	0.1kg标油/t
5	氮气	0.15kg标油/Nm^3
6	仪表风	0.038标油/Nm^3
7	工业风	0.028标油/Nm^3
8	电	0.26标油/(kW·h)
9	新鲜水	0.15kg标油/t
10	脱盐水	2.3kg标油/t
11	燃料气	1000kg标油/t
12	燃料油	1000kg标油/t

(3) 例题

某装置4月份消耗原料苯5992t，生产苯乙烯产品7255t，消耗的能源种类、数量如下：

3.5MPa蒸汽：16507t

1.0MPa蒸汽：12409t

循环水：1080000t

氮气：345000Nm^3

仪表风：300000Nm^3

电：761680kW·h

请计算该装置的能耗。

解答：

(1) 将消耗的各种能源换算成标油

$W_{HS}=16507\times88=1452616$(kg标油)

$W_{MS}=12409\times76=943084$(kg标油)

$W_{循环水}=1080000\times0.1=108000$(kg标油)

$W_{氮气}=345000\times0.15=51750$(kg标油)

$W_{仪表风}=300000\times0.038=11400$(kg标油)

$W_{电}=761680\times0.26=198036.8$(kg标油)

(2) 装置的总能耗

$$
\begin{aligned}
W_{总} &= W_{HS} + W_{MS} + W_{循环水} + W_{氮气} + W_{仪表风} + W_{电} \\
&= 1452616 + 943084 + 108000 + 51750 + 11400 + 198036.8 \\
&= 2764886.8 (\text{kg 标油})
\end{aligned}
$$

(3) 生产每吨苯乙烯产品的能耗

$$
能耗 = \frac{W_{总}}{苯乙烯产品产量} = \frac{2764886.8}{7255} = 381.10 (\text{kg 标油/t 苯乙烯})
$$

该装置生产每吨苯乙烯产品的能耗为381.10kg标油。

第2章 国内乙苯及苯乙烯生产工艺

2.1 国内乙苯生产工艺

2.1.1 苯和乙烯生成乙苯的反应原理及影响因素

2.1.1.1 烷基化反应的反应原理及影响因素

(1) 烷基化反应原理

在一定温度、压力下，乙烯与苯在酸性催化剂上进行烷基化反应生成乙苯，其化学方程式如下：

$$C_2H_4 + C_6H_6 \longrightarrow C_2H_5C_6H_5$$

上述反应是强放热反应，乙烯和苯的反应热约为1072.6kJ/ kg乙苯，生成的乙苯还可以进一步与乙烯反应生成多乙苯，化学方程式如下：

$$C_2H_4 + C_2H_5C_6H_5 \longrightarrow (C_2H_5)_2C_6H_4$$

$$C_2H_4 + (C_2H_5)_2C_6H_4 \longrightarrow (C_2H_5)_3C_6H_3$$

从理论上讲，从二乙苯一直到六乙苯都可以生成，从动力学上分析，由于苯环上乙基不断地增加，生成四乙苯、五乙苯、六乙苯的难度逐渐加大。这一方面是因为苯环上乙基之间位阻增大；另一方面是因为多乙苯的分子结构越大越妨碍其在催化剂颗粒内的扩散，发生进一步反应的机会就越少。所以，实际上生成的四乙苯很少，而五乙苯、六乙苯几乎没有。

除生成多乙苯的副反应外，少量的乙烯在催化剂床层上发生齐聚反应生成丙烯和丁烯，苯进料中的非芳烃在催化剂床层上发生反应也可产生丙烯和丁烯；丙烯和丁烯与苯反应产生丙苯和丁苯。丙苯和丁苯与苯和乙烯进一步发生反应产生重组分，如二苯基甲烷、二苯基乙烷和其他双环化合物；催化剂床层内发生的氢转移反应还产生少量的联环化合物(萘和甲基萘)。

乙苯发生歧化反应可生成少量二甲苯，相似的反应还产生甲苯。丙苯和丁苯容易发生反应导致催化剂内孔结焦，使催化剂缓慢失活。

(2) 烷基化反应的影响因素

① 苯/烯比。苯/烯比是指反应原料苯与乙烯的摩尔比或质量比。苯/烯比越大，乙苯选择性越高，多乙苯选择性越低；反之，则乙苯选择性下降，多乙苯选择性增加，增加的多乙苯虽然可通过烷基转移反应转化为乙苯，但烷基转移反应器处理量将增大。苯/烯比过低，将使生成的重质物增多。因此，苯/烯比的大小将直接影响装置的能耗和反应结果。

② 反应温度。反应温度是影响反应的重要因素。在较低温度下，乙苯选择性高，但是催化剂的活性较低；随着反应温度升高，催化剂的活性增加，但乙苯选择性下降。反应温度过高，将使重质物增多，乙苯收率下降。

通常控制烷基化反应器的温升在规定值以内，以保证催化剂活性的有效发挥。烷基化反应开始时主要发生在较短的一段催化剂床层上，表现为在这段催化剂上，反应温度有明显上升，在催化剂床层上有一最高温度点(热点)。在该点之后，催化剂床层的温度则相差不大。随着时间延长，催化剂逐渐失活，催化剂床层上的最高温度将缓慢向上移动，直至达到催化剂床层的最高点，表明催化剂已全部失活。因此，可以根据反应器上各段的温度指示，来判断催化剂是否失活。

③ 空速。乙烯空速低，有利于提高乙苯的选择性，但催化剂用量大，生产成本高。应根据催化剂的性能，确定适宜的乙烯空速。

④ 水含量的影响。反应物中少量的溶解水对维持催化剂活性稳定性是有益的，但如果长期使催化剂处于高水含量的反应物中，对催化剂的寿命极为不利。烷基化催化剂要求反应物中最佳的水含量是$(150 \sim 300) \times 10^{-6}$。

⑤ 反应压力。生产工艺不同，反应压力也不相同。对于液相分子筛生产乙苯工艺，反应压力高有利于乙烯的溶解，但也不宜太高，否则会增加投资和能耗。因此，应根据维持反应系统完全处于液相状态的要求，确定合适的反应压力。

⑥ 原料中的杂质。原料杂质对烷基化反应的影响主要表现在对催化剂寿命的影响，乙烯和苯中的碱性物质如胺、甲醇、氧化剂及腈类会与催化剂的酸性中心发生反应，造成不可恢复的催化剂失活，极大地减少催化剂的寿命。

乙烯中的乙炔和二烯烃杂质也会使催化剂缓慢失活，增加催化剂表面的积炭，堵塞催化剂的活性中心，因此要严格控制原料中的杂质。

2.1.1.2 烷基转移反应的原理及影响因素

(1) 烷基转移的反应机理

烷基转移反应是在一定的温度、压力条件下，在酸性催化剂的作用下，多乙苯转化成为乙苯的反应。其主要方程式如下：

$$C_6H_6 + (C_2H_5)_2C_6H_4 \rightleftharpoons 2C_6H_5C_2H_5$$

$$C_6H_6 + (C_2H_5)_3C_6H_3 \rightleftharpoons C_6H_5C_2H_5 + (C_2H_5)_2C_6H_4$$

烷基转移反应是可逆的二级反应，接近热力学平衡。由于烷基转移反应的热效应很小，因此反应器催化剂床层中几乎没有温升。

同烷基化反应一样，烷基转移反应也是发生在分子筛催化剂的酸性活性中心上。除了生成乙苯外，还可生成重质化合物，从而导致物耗增加，乙苯收率下降，因此应最大可能地减少副反应的发生。

对于烷基转移反应，增加反应时间、提高进料中苯的流量和反应温度，有助于提高多乙苯的转化率。由于催化剂是逐渐失活的，故可通过逐步提高温度的方法，保持催化剂的活性。

(2) 烷基转移反应的影响因素

① 苯与多乙苯比。进料中苯量增加可以获得较高的多乙苯转化率和乙苯选择性。但过多的苯在系统中循环将增加苯塔的负荷，增加能量消耗。

② 反应温度。反应温度是控制催化剂活性的主要工艺参数之一。温度越高，催化剂活性越高，通常根据烷基转移反应器多乙苯的单程转化率来判断催化剂的失活情况，如果催化剂逐渐失活，烷基转移反应器多乙苯的单程转化率将下降。通过逐步提高温度，催化剂的活性可以恢复。虽然提高温度可以提高烷基转移反应的速率，但如果升温速度太快，将导致催化剂失活速度加快，因此必须严格控制反应温度和升温速度。

③ 水含量。反应进料中水含量的控制很重要，它直接影响催化剂的寿命。在反应初期，催化剂活性较高，如不加以控制，将生成多环重质芳烃等物质，对催化剂的活性，稳定性影

响很大。正常操作时，烷基转移催化剂要求水含量为$(50\sim150)\times10^{-6}$。

④ 空速。由于烷基转移反应是热力学平衡控制，降低空速，增加反应的停留时间有利于提高多乙苯的转化率。但空速也不宜过低，否则催化剂用量过多，增加了成本。

⑤ 反应压力。生产工艺不同，烷基转移反应的压力也不相同，如液相烷基转移反应压力是根据维持全液相反应来确定的，它对烷基转移反应的结果没有明显影响。

2.1.2 液相分子筛生产乙苯工艺及主要设备

在国内的苯乙烯生产装置中，乙苯生产所采用的液相分子筛工艺主要有3种：UOP/Lummus液相分子筛工艺、Mobil/Badger液相分子筛工艺及石油化工科学研究院开发的国产化液相分子筛工艺，三种工艺最主要的区别在于国内开发的液相分子筛乙苯生产工艺增加了部分烷基化液的循环流程，本书主要介绍国内的液相分子筛乙苯生产工艺。

2.1.2.1 工艺流程

液相分子筛生产乙苯的装置主要分为以下几部分：烷基化反应部分、烷基转移反应部分和乙苯精馏部分。

在烷基化反应部分，乙烯和苯在分子筛催化剂的作用下发生烷基化反应生成乙苯、多乙苯等物质。在烷基转移反应部分，苯、多乙苯在分子筛催化剂的作用下发生烷基转移反应，生成乙苯。

烷基化反应和烷基转移反应产物中含有乙苯、多乙苯、重质物及未反应的原料苯，都被送到乙苯精馏部分的苯塔(或预分馏塔)。

根据生产规模不同，烷基化反应器的数量也不同，规模小的装置一般有2个烷基化反应器，生产规模大的装置一般有3个烷基化反应器；同样，床层数量和乙烯注入点数也随装置规模的不同而不同，有的装置有2段床层，有的装置有6段床层，部分装置还设有保护床。

新建装置的乙苯精馏部分通常由苯塔、乙苯塔、多乙苯塔、脱非芳塔4个塔组成，改造装置的乙苯精馏部分通常由预分馏塔、苯塔、乙苯塔、多乙苯塔、脱非芳塔5个塔组成。预分馏塔、苯塔、乙苯塔、多乙苯塔的作用是将反应产物分离成苯、乙苯、多乙苯和残油，其中苯返回到烷基化反应器和烷基转移反应器，多乙苯返回到烷基转移反应器。脱非芳塔则用于脱除进料和反应过程中生成的非芳等轻烃组分和水。采用液相分子筛工艺生产乙苯的工艺流程见图2-1。

(1) 烷基化反应系统

该系统的主要设备有：乙烯压缩机、开/停工加热器、烷基化反应器、烷基化原料苯换热器和出料冷却器。

在液相分子筛生产乙苯工艺中，反应温度一般在200~250℃，为了维持反应在全液相下进行，反应压力一般为2.9~3.5MPa。由于压力的原因，裂解装置送出的乙烯一般不能直接进入反应器中，必须用乙烯压缩机增压。

乙烯首先进入乙烯缓冲罐，经乙烯压缩机增压到规定压力后，按一定的比例分多股加入反应器中。其中部分乙烯送到混合器，与反应物在混合器中充分混合，然后进入反应器中；另有部分乙烯直接加入反应器中部，通过内部的枝状乙烯分布器实现乙烯在反应器床层上的均匀分布。乙烯压缩机出口压力由旁路循环调节阀控制，循环的这部分乙烯经过旁路冷却器冷却后返回乙烯缓冲罐的入口。

来自苯塔回流罐的烷基化反应原料苯，用高速泵增压至规定压力后，在烷基化原料苯换

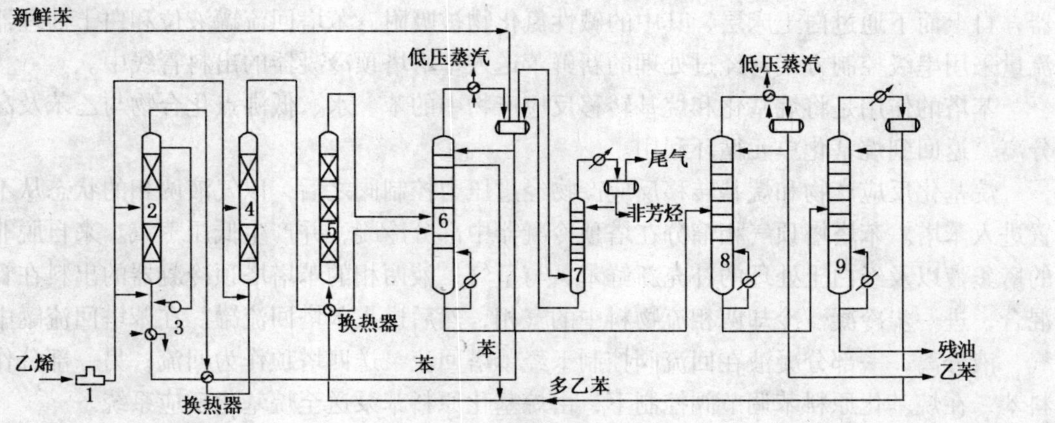

图 2－1　液相分子筛生产乙苯的工艺流程图

1—乙烯压缩机；2—第一烷基化反应器；3—烷基化液循环泵；
4—第二烷基化反应器；5—烷基转移反应器；6—苯塔；
7—脱非芳塔；8—乙苯塔；9—多乙苯塔

热器中与反应器出料换热。换热后的物料温度如果未达到反应进料温度，则需在开/停工加热器中用蒸汽进一步加热，然后直接进入混合器。烷基化反应器的部分出料作为循环物料，经循环泵增压后，与原料苯和乙烯在混合器中充分混合，然后进入烷基化反应器。

进入烷基化反应器底部的物料自下而上通过催化剂床层并发生反应，反应物流在反应器的中部与进入的冷乙烯混合后，继续通过上段催化剂床层并发生反应。反应器的温升通过乙烯加入量控制，一般控制各段床层的温升均相同。

烷基化反应器的出料，经过烷基化原料苯换热器与原料苯换热、再经出料冷却器冷却后，进入后续的烷基化反应器。最后一个烷基化反应器顶部的出料用于加热烷基转移反应的原料，然后在压力控制下送入苯塔（或预分馏塔），整个反应系统的压力由反应器出口的调节阀来控制，保证烷基化反应器中的物料完全处于液相状态。

苯及反应产物串联通过所有的反应器床层，而乙烯则分多股进入相应的床层中。

（2）烷基转移反应系统

烷基转移反应器的进料包括来自多乙苯塔的循环多乙苯、苯塔侧线抽出的烷基转移反应原料苯。多乙苯流量由进料流量调节阀控制，苯的流量由另一调节阀控制，通过调节苯的流量，控制苯/多乙苯流量比值在要求的范围之内。苯与多乙苯经混合器混合后，在烷基转移反应原料换热器中与烷基化产物换热至所需的温度，然后进入烷基转移反应器。烷基转移催化剂在生产过程中将缓慢失活，需要不断提高反应温度以维持其活性，烷基转移的反应温度由烷基化反应器的出料温度控制。

反应物料自下而上经过催化剂床层进行烷基转移反应，整个床层的温度几乎相同。烷基转移反应器的出料在压力调节阀控制下送入苯塔（或预分馏塔），通过压力调节阀控制反应压力，保证烷基转移反应器中的物料完全处于液相状态。

（3）苯塔系统

该系统的主要设备有白土处理器、苯塔、苯塔再沸器、苯塔冷凝器、苯塔回流罐、烷基化原料苯进料泵、烷基转移反应原料苯进料泵和回流泵。

由于原料苯中含有的杂质（特别是碱性氮化物）对催化剂活性稳定性的影响很大，为消除苯中杂质的影响，装置内设有白土处理器。来自苯罐的新鲜苯，用泵提压后送到白土处理器，自上而下通过白土床层，其中的碱性氮化物被吸附。苯塔回流罐液位和白土处理器出料流量采用串级控制方式，经过处理的新鲜苯送入苯塔塔顶冷凝器的出料管线中。

苯塔的作用是将烷基化和烷基转移反应产物中的苯、水、低沸点化合物与乙苯及高沸物分离，返回到烷基化单元循环利用。

烷基化反应产物和烷基转移反应产物经过压力控制阀之后，以气液两相的状态从不同位置进入苯塔。苯塔塔顶气相馏分在塔顶冷凝器中部分冷凝，并产生低压蒸汽。来自脱非芳塔的塔釜液以及经白土处理的补充新鲜苯，与呈气、液两相的苯塔塔顶冷凝器的出料在管线中混合，进一步冷凝、冷却两相流物料中的气相，然后进入苯塔回流罐。在苯塔回流罐中进行气、液分离，一部分凝液在回流阀控制下经苯塔回流泵送回塔顶作为回流；另一部分作为原料苯，在烷基化原料苯调节阀控制下，由烷基化原料苯泵送至烷基化反应系统。

苯塔回流罐设有分水包，以收集非正常状况下分离出的游离水，收集的污水可适时排放到污水处理系统。

由于塔顶回收苯中水含量超过了烷基转移反应工艺的要求，故烷基转移反应所需的进料苯从苯塔侧线抽取。侧线抽出的苯由烷基转移反应原料苯泵经流量调节阀送入烷基转移反应系统。

苯塔塔顶的压力由苯塔塔顶冷凝器壳程发生的低压蒸汽压力来控制。通过设定低压蒸汽的压力，调节冷凝器内的温度和传热量，使未冷凝蒸气量与脱非芳塔的进料量相同。生产实践表明：脱非芳塔的进料量可以对苯中的含水量有一定的调节作用，提高脱非芳塔的进料量，可以降低苯中的含水量。

苯塔再沸器用高压蒸汽加热，加热蒸汽冷凝后流入苯塔再沸器液位罐，然后排入凝液系统，该塔采用灵敏板温度控制器与塔釜再沸器加热蒸汽流量串级调节的控制方式。通过调节加热蒸汽量，控制灵敏板的温度。苯塔塔釜液位由塔釜出料流量调节阀控制，塔底物料送至乙苯塔。

（4）脱非芳塔系统

该部分的主要设备有脱非芳塔、脱非芳塔冷凝器、回流罐、回流泵和塔釜泵。

脱非芳塔的作用是从循环苯中脱除轻非芳烃和低沸点化合物，以防积累。该塔只有精馏段。

来自苯塔回流罐的蒸汽在流量调节阀控制下进入脱非芳塔的底部。脱非芳塔塔顶蒸气在塔顶冷凝器中用冷却水冷凝冷却，流出物进入脱非芳塔回流罐，从罐中分出的不凝气排至火炬。因含有少量的游离水，冷却至40℃的液体将分为油相和水相，聚集在分水包中的水，在界面控制下排入污水处理系统。回流罐油相中的大部分物料经脱非芳塔塔顶泵在回流罐液位调节阀控制下，送回塔内作回流；少量的物料送至罐区的储罐，以防止系统中非芳烃积累。塔底物料经塔底泵送至苯塔回流罐。

塔顶压力采用分程控制器控制，通过控制向火炬的排放气量或补充氮气来保持塔压稳定。

（5）乙苯塔系统

该部分的主要设备有乙苯塔、乙苯塔塔顶冷凝器、回流罐、回流泵。

乙苯塔的作用是回收乙苯产品，将乙苯与二乙苯及高沸物分离，精馏出中间产品——乙苯。

苯塔塔底物料以气、液两相的状态进入乙苯塔，塔顶气相馏分在乙苯塔塔顶冷凝器中全部冷凝，并产生低压蒸汽。冷凝下的乙苯进入乙苯塔回流罐，经乙苯塔顶泵升压后，一部分物料作为回流返回乙苯塔塔顶；另一部分作为乙苯产品，直接送到乙苯脱氢单元作为脱氢反应器的进料，或经乙苯产品冷却器冷却后进入罐区的乙苯产品罐。

乙苯塔再沸器用高压蒸汽加热，蒸汽凝液直接排入凝液管网，乙苯塔采用灵敏板温度与塔釜加热蒸汽流量串级调节的方式，控制灵敏板的温度稳定。乙苯塔塔釜液位和塔釜出料流量串级控制，塔底物料送至多乙苯塔。

乙苯塔采用分程控制器控制塔顶压力，通过控制向火炬的排放气量或补充氮气来保持塔压稳定。

(6) 多乙苯塔系统

该部分的主要设备有多乙苯塔、多乙苯塔冷凝器、多乙苯塔回流罐、回流泵、真空泵、残油冷却器。

多乙苯塔的作用是将乙苯塔塔底液中的多乙苯与残油、高沸物分离开来，回收的多乙苯作为烷基转移反应的原料。

乙苯塔塔底物料呈气、液两相方式进入多乙苯塔，大多数装置的多乙苯塔是减压塔，由真空泵产生真空，真空泵以多乙苯作为密封介质。塔顶压力采用分程控制器控制，通过调节从真空泵出口返回真空泵入口的循环流量或补充氮气来控制多乙苯塔的压力。多乙苯塔真空泵分离罐分离的气相物流经真空密封罐排放到蒸汽过热炉中或排放到大气中，液相物流主要成分是多乙苯，该部分液相物流返回多乙苯塔塔顶泵的入口。

多乙苯塔塔顶气相馏分在多乙苯塔塔顶冷凝器中冷凝后，未凝气相继续在多乙苯塔塔顶尾气冷凝器中被冷凝冷却，冷凝液进入多乙苯塔回流罐。部分多乙苯经回流泵增压后返回多乙苯塔作回流；其余的多乙苯经泵增压后进入烷基转移反应系统，或经多乙苯冷却器冷却后送至罐区的多乙苯罐。

多乙苯塔再沸器是降膜式蒸发器。塔底物料由多乙苯塔塔底泵增压后，一部分物料在流量控制下进入多乙苯塔再沸器，用高压蒸汽进行加热，在再沸器中物料的汽化率约为20%，蒸汽凝液排入凝液系统。塔釜液位与再沸器液位罐液位串级控制，控制塔釜液位恒定。另一部分塔底物料通过残油冷却器冷却后，送至残油罐，塔釜残油出料流量与灵敏板温度组成串级调节系统。

2.1.2.2 主要工艺条件及关键工艺控制点

以国内某套乙苯单元采用液相分子筛工艺的装置为例，装置采用DCS系统控制，操作人员能在控制室内的操作站上进行流程画面集中监视和控制。由于用DCS取代了常规仪表，提高了控制和生产管理水平。装置还设有ESD系统，当工艺条件及设备发生异常时，能够及时切断物料使系统处于安全状态，保证了装置能长周期、平稳、连续、安全、可靠地运行。

烷基化/烷基转移反应系统主要工艺条件见表2-1。

表2-1 烷基化/烷基转移反应系统主要工艺条件

项目	工艺条件	项目	工艺条件
苯/烯比摩尔比	3.5	苯/多乙苯摩尔比	15
烷基化反应器入口温度/℃	200	烷基转移反应器入口温度/℃	170~240
烷基化反应器温升/℃	40		
烷基化反应器出口压力/MPa	3.5	烷基转移反应器出口压力/MPa	2.9

乙苯精馏系统主要工艺条件见表2-2。

表2-2 乙苯精馏系统主要工艺条件

项目	工艺条件	项目	工艺条件
苯塔塔顶压力/MPa	0.5	乙苯塔塔顶温度/℃	165
苯塔塔顶冷凝器发生蒸汽压力/MPa	0.21	乙苯塔塔底温度/℃	226
苯塔塔顶温度/℃	152	乙苯塔提馏段灵敏板温度/℃	205
苯塔提馏段灵敏板温度/℃	188	乙苯塔回流比	1.0
苯塔回流温度/℃	149	多乙苯塔塔顶压力(A)/kPa	20
脱非芳塔塔顶压力/MPa	0.12	多乙苯塔塔底压力(A)/kPa	26
脱非芳塔塔底压力/MPa	0.14	多乙苯塔塔顶温度/℃	134
脱非芳塔塔顶温度/℃	100	多乙苯塔塔底温度/℃	221
脱非芳塔塔底温度/℃	110	多乙苯塔灵敏板温度/℃	187
乙苯塔塔顶压力/MPa	0.11	多乙苯塔回流比	1.0
乙苯塔塔底压力/MPa	0.15		

2.1.2.3 主要分析控制指标

以国内某套苯乙烯装置的典型设计工艺条件为例说明如下。

(1) 常规分析

液相分子筛生产乙苯工艺常规分析项目见表2-3。

表2-3 液相分子筛生产乙苯工艺常规分析项目

序号	分析项目	控制指标	采样地点	分析频率
1	苯塔回流	乙苯<0.5% H_2O：$(150\sim300)\times10^{-6}$	苯塔回流泵出口	3次/d
2	苯塔塔釜	苯<0.08%	苯塔釜出料管线	3次/d
3	脱非芳塔釜	非芳<3.0%	脱非芳塔釜泵出料管线	3次/d
4	脱非芳塔回流	非芳<43%	脱非芳塔回流泵出料管线	3次/d
5	中间产品乙苯	二乙苯$<10\times10^{-6}$	乙苯塔回流泵出料管线	3次/d
6	乙苯塔釜	乙苯<1%	乙苯塔釜出料管线	3次/d
7	多乙苯塔釜	四乙苯<4.5%	残油泵出料管线	3次/d
8	多乙苯回流	二苯乙烷$<200\times10^{-6}$	多乙苯塔回流泵出口	3次/d
9	烷基转移苯进料	乙苯<0.5% H_2O：$(50\sim150)\times10^{-6}$	烷基转移苯进料泵出口	3次/d

(2) 在线分析

苯乙烯生产装置现场设置工业色谱在线分析小屋，内置工业色谱及相关配套设备，乙苯单元的主要在线分析项目为乙苯中的二乙苯含量。分析项目见表2-4。

表2-4 在线分析项目

分析项目	控制指标	采样地点
中间产品乙苯	二乙苯$<10\times10^{-6}$	乙苯塔回流泵出料管线

2.1.2.4 主要设备简介

以国内某套苯乙烯装置的典型设计为例，主要设备见表2-5。

表2-5 液相分子筛生产乙苯工艺主要设备一览表

序号	设备名称	介质	材质	温度/℃		压力/MPa	
				设计	操作	设计	操作
1	第一烷基化反应器	乙烯、苯、乙苯等	16MnR	285	239	4.9	4.25
2	第二烷基化反应器	乙烯、苯、乙苯等	16MnR	285	249	4.5	3.85
3	第三烷基化反应器	乙烯、苯、乙苯等	16MnR	285	257	4.2	3.55
4	烷基转移反应器	苯、乙苯、多乙苯	16MnR	285	245	3.6	2.9
5	白土处理器	苯	16MnR	80	31	1.6	1.1
6	苯塔	苯、乙苯、多乙苯	16MnR	250	228	0.75	0.5
7	乙苯塔	乙苯、多乙苯等	16MnR	250	226	0.33	0.11
8	多乙苯塔	多乙苯等	16MnR	240	221	0.2	-0.0796
9	脱非芳塔	苯、非芳烃	16MnR	130	100	0.75	0.12

（1）液相烷基化反应器

作用：在催化剂存在的条件下，乙烯与苯在液相条件下发生烷基化反应生成乙苯。

液相烷基化反应器是烷基化单元的主要设备，根据装置的生产规模不同，反应器中的床层数量不尽相同，部分反应器内设置枝状乙烯分布器。各床层处于绝热状态，进入反应器底部的物料自下而上通过催化剂床层并发生反应，烷基化反应器的外形结构与烷基转移反应器类似。

附属设备：混合器、开停工加热器、烷基化反应原料苯换热器。

烷基化反应器的日常维护应注意以下事项：

① 定期检查人孔、阀门、法兰等密封点有无泄漏。

② 定期检查压力表、取样管线、热电偶、安全阀等设施是否灵活好用。

③ 严禁设备超温、超压或超负荷。

④ 反应器开、停工过程中应严格遵守有关的操作规程，升温、降温时注意控制速度。

⑤ 定期检查外部保温状况，如有保温保护层变色等状况，及时测量温度，并及时处理。

（2）液相烷基转移反应器

作用：在催化剂存在的条件下，苯与多乙苯发生烷基转移反应生成乙苯。烷基转移反应一般内置多段床层，反应物料自下而上经过催化剂床层进行烷基转移反应。液相烷基转移反应器的外形结构见图2-2。

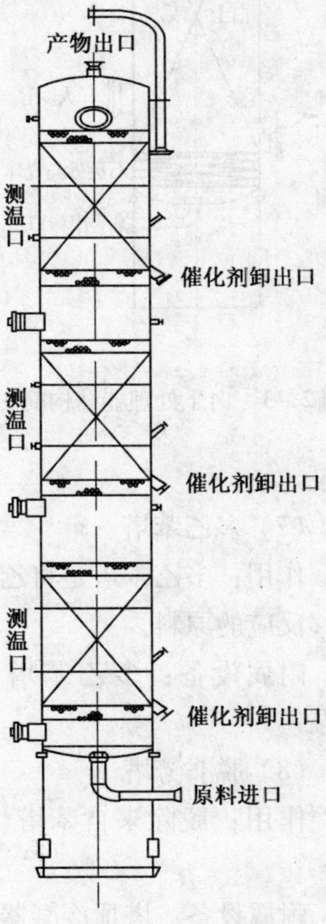

图2-2 烷基转移反应器简图

附属设备：混合器、烷基转移反应器进料换热器。

液相烷基转移反应器的日常维护注意事项与烷基化反应器类似。

（3）乙烯压缩机

作用：乙烯压缩机一般为往复式压缩机，把来自界外的乙烯压缩到规定压力后，进入烷基化反应器。

附属设备：润滑油系统、冷却水系统、氮气密封系统。

（4）白土处理器

作用：白土处理器用来去除新鲜苯中的碱性氮化物，延长烷基化单元催化剂的寿命。来自罐区的新鲜苯被泵输送到白土处理器，自上而下通过白土床层。白土处理器为立式、筒状容器，在顶部装有进料分布器，底部装有出口收集器。内部自上而下装填白土、石英砂和瓷球等。

白土处理器的外形结构见图 2-3。

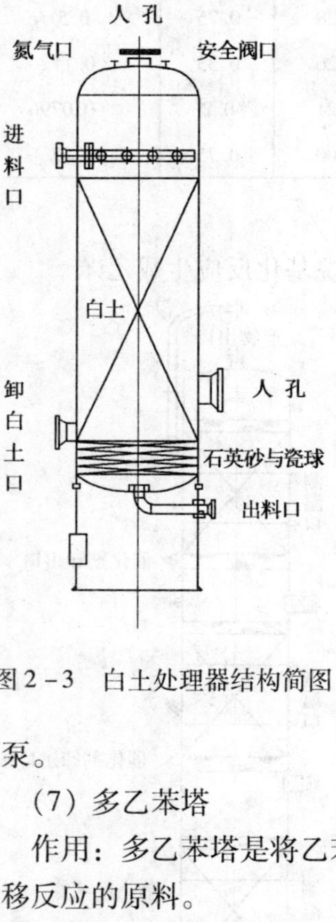

图 2-3　白土处理器结构简图

白土处理器的日常维护：

① 定期分析经处理后苯的质量，如果碱性氮化物超标，应切换到备用的设备，更换白土。

② 检查人孔、阀门、法兰等密封点。

③ 定期检查安全阀是否灵活好用，有无泄漏发生。

④ 严禁设备超温、超压或超负荷。

（5）苯塔

作用：苯塔一般是浮阀塔，用于将烷基化反应产物和烷基转移反应产物中的苯分离出来，返回到烷基化反应器和烷基转移反应器进行循环利用。

附属设备：苯塔再沸器、苯塔冷凝器、烷基化反应苯进料泵、烷基转移反应苯进料泵、回流罐和回流泵。

（6）乙苯塔

作用：乙苯塔为筛板塔，把来自苯塔塔底物料的乙苯分离出来作为中间产品，乙苯送到脱氢单元作为反应的进料。

附属设备：乙苯塔再沸器、乙苯塔冷凝器、回流罐和塔顶泵。

（7）多乙苯塔

作用：多乙苯塔是将乙苯塔塔底液中的多乙苯与残油分离开来，回收的多乙苯作为烷基转移反应的原料。

附属设备：多乙苯塔再沸器、多乙苯塔冷凝器、回流罐和塔顶泵、真空泵、塔釜泵。

（8）脱非芳塔

作用：脱除来自苯塔（或预分馏塔）的循环苯中的轻非芳烃和低沸点化合物，以防积累。

附属设备：塔顶冷凝器、塔顶罐、塔顶泵、塔底泵。

（9）高速泵

作用：为烷基化单元的进料提供所需的压力，如烷基化原料苯泵、烷基转移原料苯泵、多乙苯进料泵等。

高速泵一般由泵头、增速箱、润滑系统、电机、底座及其附件组成。电机的转速经增速箱增速后可达到9000～11000r/min，扬程可达470m。国内某装置使用的高速泵的结构见图2－4。

高速泵日常维护：

① 检查流量、扬程、电流、油温、油压、增速箱振动、密封泄漏情况及有无异常现象，并认真填写记录。

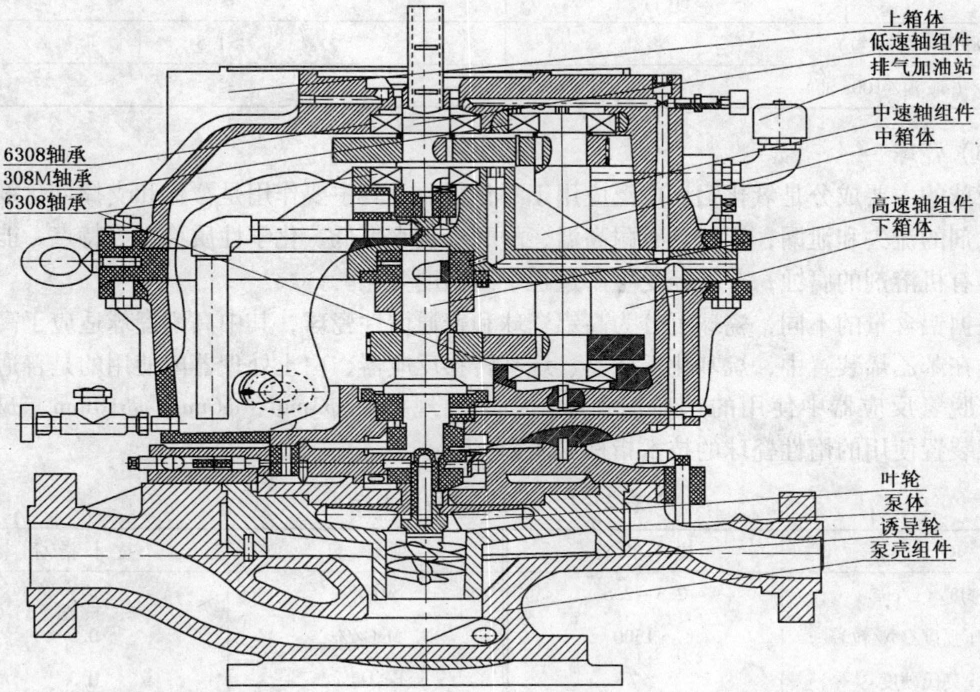

图2－4　高速泵结构简图

② 滤油器和润滑油每半年更换一次，严格执行《石油化工设备润滑管理制度》。

③ 油冷器和润滑油冷却器每半年清洗一次水垢等杂质。

④ 按照工艺操作规程进行巡检维护，消除缺陷。

2.1.2.5　液相分子筛催化剂及助剂

（1）烷基化和烷基转移反应催化剂

烷基化和烷基转移反应催化剂为具有酸性活性中心的分子筛催化剂。烷基化反应及烷基转移反应发生在其酸性活性中心上。此种催化剂比较稳定，不需要经常再生。随着装置运转时间的增长，催化剂上的积炭将使其活性下降，直至失活。失活后的催化剂需要进行再生，再生后的催化剂性能与新鲜催化剂基本相同。

（2）白土

由于原料苯中含有碱性氮化物等微量杂质，为了减少原料杂质对催化剂寿命的影响，在原料苯进入反应系统前须用白土进行预处理。白土用天然膨润土矿经化学处理加工而成，对碱性氮化物具有良好的吸附性能，国内某装置使用的白土规格见表2－6。

表 2-6　白土规格

项目		指标
比表面积/(m^2/g)		≥350
pH 值		4~5
堆密度/(g/cm^3)		0.74~0.90
水含量(120℃)/%		≤8.0
颗粒度/%	20~60 目	≥95
	>60 目	≤5
颗粒压碎强度/(N/粒)		≥1.5
初活性/(mg 溴/100g 油)		≤5

(3) 瓷球

瓷球的主要成分是氧化铝，广泛应用于石化行业，其主要作用是覆盖和支撑催化剂，防止催化剂的流失和泄漏，瓷球具有耐高温、耐磨、吸水率低、化学性质稳定等特点，能经受酸碱等有机溶剂的腐蚀，并能经受生产过程中的温度变化。

根据铝含量的不同，瓷球可分为高铝瓷球和普通惰性瓷球，其中高铝瓷球适应于高温环境中。在苯乙烯装置中，烷基化反应器、烷基转移反应器、白土处理器内使用的是普通惰性瓷球，脱氢反应器中使用的是高铝瓷球。瓷球的规格有 ϕ3mm、ϕ6mm、ϕ10mm、ϕ13mm 等，某装置使用的惰性瓷球的技术指标见表 2-7。

表 2-7　惰性瓷球技术指标

项目	技术指标	项目	技术指标
密度/(g/cm^3)	2.3~2.5	SiO_2/%	3~17
抗压强度/(N/粒)	>1500	MgO/%	0.5
莫氏硬度	≥7	Fe_2O/%	0.3
吸水率/%	<1	CaO/%	0.2
Al_2O_3/%	80~90	Na_2O/%	0.1

2.1.2.6　液相分子筛生产乙苯工艺的特点和难点

与其他乙苯生产工艺相比，液相分子筛生产乙苯工艺具有以下特点和难点；

① 采用固定床液相循环烷基化工艺，反应条件缓和，催化剂再生周期在 2 年以上。

② 烷基化反应采用乙烯多点加入、部分反应物循环的工艺，增大了反应原料对乙烯的溶解能力，使乙烯不会在催化剂上齐聚结焦；同时由于大量流体的冲刷作用，也会使一些积炭前期物被溶解或带走，有利于催化剂长期保持良好的活性和稳定性。苯/烯比低，乙苯收率高，乙苯产品中二甲苯含量小于 100×10^{-6}。

③ 烷基化反应和烷基转移反应催化剂腐蚀性小，对运行设备无特殊要求。

④ 装置使用的原料是苯、乙烯等，属于有毒有害的危险品，对人体有一定的危害，发生泄漏后，易造成人员中毒，污染环境。

⑤ 大部分设备的操作温度在原料的正常沸点以上，苯、乙苯等的闪点低、爆炸极限宽，气态密度比空气大，不易扩散，一旦发生泄漏，现场将充满苯蒸气，有发生着火爆炸的危险。

⑥ 再沸器使用高压蒸汽作为热源，压力及温度均较高，容易发生泄漏，易烫伤操作人员。

2.1.3　气相分子筛生产乙苯工艺及主要设备

2.1.3.1　工艺流程

气相分子筛生产乙苯系统包括烷基化反应系统、烷基转移反应系统、精馏系统和反应器再生系统(见图2-5)。

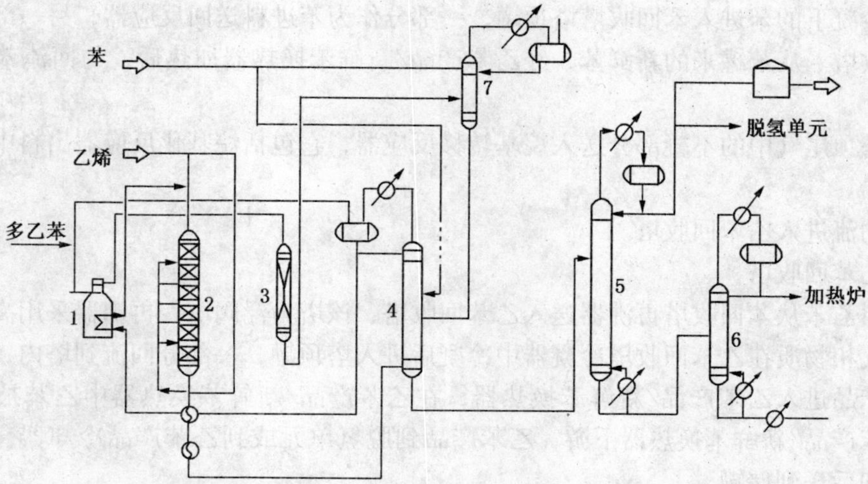

图2-5　气相分子筛生产乙苯工艺流程简图

1—加热炉；2—烷基化反应器；3—烷基转移反应器；

4—苯回收塔；5—乙苯回收塔；6—多乙苯回收塔；7—稳定塔

在烷基化反应器中，苯和乙烯发生烷基化反应生成乙苯。反应器出料分别经过反应器进料/出料换热器和苯回收塔再沸器，冷却后的反应器出料进入苯回收塔。苯回收塔塔顶产生精制循环苯和塔尾气，而塔底产生粗乙苯。循环苯和新鲜苯送回反应器，粗乙苯送入乙苯回收塔。

在乙苯回收塔中，塔顶的乙苯产品作为馏出物送至苯乙烯单元或罐区。塔底物料送入多乙苯回收塔。

多乙苯回收塔顶馏出物为多乙苯，塔底馏出物为残油。

(1) 烷基化反应器

罐区来的新鲜苯、精馏单元回收的循环苯和界区来的乙烯进入烷基化反应器，在进入反应器前，苯在进料汽化器中用高压蒸汽汽化，在反应器进料/出料换热器中与热的反应器出料换热。过热后的苯分成主物流和急冷物流，主物流进入反应器进料加热炉被加热到反应温度。在烷基化反应器中，苯与乙烯发生烷基化反应产生乙苯。

(2) 烷基转移反应器

循环的多乙苯(PEB)与加热炉对流盘管加热的苯回收塔尾气混合后进入烷基转移反应器进料/出料换热器，被烷基转移反应器出料完全汽化，然后进入加热炉的第二对流盘管加热，加热后的物料蒸气进入气相烷基转移反应器。在气相烷基转移反应器中，多乙苯发生烷基转移反应生成乙苯。烷基转移反应器出料经烷基转移反应器进料/出料换热器和烷基转移反应器出料蒸气发生器冷却后，再进入稳定塔。

（3）苯回收塔

苯回收系统把苯从重组分和乙苯中分离出来，产生一股液态苯进入烷基化反应系统，一股气态苯尾气进入烷基转移系统，塔底粗乙苯到后续的塔继续处理。烷基化反应器的苯进料中乙苯的含量较低，以减少多烷基芳烃的生成。

苯回收塔为浮阀塔，分离所需的能量由反应器出料提供。苯回收塔再沸器是一个釜式再沸器，反应器出料走管程。

塔顶蒸汽在苯回收塔冷凝器中被高压冷凝液和锅炉给水冷凝，产生的次中压蒸汽用于脱氢单元。冷凝下的苯进入苯回收塔塔顶罐，一部分作为苯进料送回反应器，另一部分作为回流去苯回收塔。从苯罐来的新鲜苯，经乙苯产品/新鲜苯换热器加热后，与回流苯混合后送入塔顶。

苯塔塔顶尾气中的不凝部分送入烷基转移反应器，它包括烷基化反应器出料中大部分未反应的乙烯。

塔底物流进入乙苯回收塔。

（4）乙苯回收塔

热的粗乙苯从苯回收塔再沸器送入乙苯回收塔，该塔为浮阀塔，再沸器采用高压蒸汽加热。塔顶气相物质在乙苯回收塔冷凝器中冷凝后进入塔顶罐，一部分回流到塔内，另一部分作为乙苯产品进入乙苯产品/新鲜苯换热器，在乙苯产品/新鲜苯换热器中乙苯被新鲜苯冷却。在乙苯产品/新鲜苯换热器下游，乙苯产品到脱氢单元或到乙苯产品冷却器，由冷却水进一步冷却后送到储罐。

塔底的物流进入多乙苯回收塔。

（5）多乙苯回收塔

多乙苯回收系统将多乙苯与双环化合物（如二苯基甲烷）分离开，多乙苯的主要成分是二乙苯和三乙苯，多乙苯中的双环化合物含量高于设计值会导致烷基转移催化剂过早失活。

多乙苯回收塔为浮阀塔，再沸器用高压蒸汽加热。塔底产物是多乙苯残液，送到脱氢单元的吸收/汽提系统作为贫油补充，或经多乙苯残液冷却器冷却后用泵送入混合残液罐。

多乙苯塔塔顶气相物料进入塔顶冷凝器，由锅炉给水冷凝，产生超低压蒸汽。冷凝的多乙苯进入多乙苯缓冲罐，未冷凝的气相进入多乙苯塔尾气冷凝器进一步冷却。一部分多乙苯作为回流进入多乙苯塔，其余的多乙苯经加热炉对流段炉管加热后进入烷基转移反应器。多乙苯中的乙苯含量应尽可能地低，以降低烷基转移反应器进料中的乙苯浓度，提高反应器中多乙苯对乙苯的转化率。

（6）苯稳定塔

稳定塔的作用是从烷基转移反应器出料中汽提出 C_5 和较轻物质，苯和较重组分作为塔底产物回收。

稳定塔中有两段 Norton IMTP#25（或等效）填料，从烷基转移反应器蒸汽发生器来的大部分出料从两段填料中间进入稳定塔，稳定塔再沸器用高压蒸汽加热。热的塔底物料用泵送到苯回收塔。塔顶气相组分在稳定塔冷凝器用锅炉给水冷凝，同时产生超低压蒸汽。

塔进料中含有轻烃等组分，这部分组分在稳定塔冷凝器中冷凝，冷凝液进入稳定塔回流罐，该回流罐有集水器，其中的水在自身的压力下进入脱氢单元，回流罐中的有机物作为回流回到稳定塔。

进料中超过 90% 的戊烯和轻物质被脱除，实际上稳定塔塔底的轻组分含量难以测量，脱除的程度不是关键的，只要每次通过的大部分轻组分被除去即可。

2.1.3.2 主要工艺条件及关键控制点

以国内某80kt/a苯乙烯装置为例，装置采用DCS系统进行控制，操作人员能在带键盘和CRT屏幕的操作站进行画面集中监控，保证装置长期平稳、连续、安全、可靠地运行。

烷基化反应器主要工艺条件见表2-8。

表2-8 烷基化反应器主要工艺条件

项　目	第一床	第二床	第三床	第四床	第五床	第六床
空速/h^{-1}	221	227	223	225	223	135
入口温度/℃	404	404	404	405	405	403
出口温度/℃	422	422	422	422	422	422
乙烯分配比例/%	12	14	15	17	19	23

烷基转移反应器主要工艺条件见表2-9。

表2-9 烷基转移反应器主要工艺条件

项　目	工艺条件	项　目	工艺条件
催化剂堆密度/(kg/m^3)	500	入口温度/℃	445
二乙苯转化率/%	50.0	床层上方铝球高度/mm	19
入口压力/kPa	689	床层下方铝球高度/mm	6
空速/h	33		

加热炉主要工艺条件见表2-10。

表2-10 加热炉主要工艺条件

项　目	工艺条件	项　目	工艺条件
热效率期望值/%	86	苯过热温度/℃	408
热效率保证值/%	84	末期负荷流量的余量/%	10

苯回收塔主要工艺条件见表2-11。

表2-11 苯回收塔主要工艺条件

项　目	工艺条件	项　目	工艺条件
塔盘数	40块	塔底苯组成/%	0.17
塔盘型号	浮阀	塔顶压力/kPa	1050
塔顶乙苯组成/%	0.8	塔底压力/kPa	1108

乙苯回收塔主要工艺条件见表2-12。

表2-12 乙苯回收塔主要工艺条件

项　目	工艺条件	项　目	工艺条件
塔盘数	60块	塔底乙苯组成/%	7.5
塔盘型号	浮阀		
塔顶异丙苯组成/10^{-6}	50	乙苯中总的二甲苯浓度/10^{-6}	750

多乙苯回收塔主要工艺条件见表2-13。

表 2－13　多乙苯回收塔主要工艺条件

项　目	工 艺 条 件	项　目	工 艺 条 件
塔盘数	16 块	塔底三乙苯组成/%	10
塔盘型号	浮阀	塔顶压力(A)/kPa	22.3
塔顶联(二)苯组成/10^{-6}	50	塔底压力(A)/kPa	34.3

稳定塔主要工艺条件见表 2－14。

表 2－14　稳定塔主要工艺条件

项　目	工 艺 条 件	项　目	工 艺 条 件
上层填料高度/mm	4500	塔顶压力/kPa	420
下层填料高度/mm	4500	塔底压力/kPa	424

2.1.3.3　主要分析控制指标

主要分析控制指标见表 2－15。

表 2－15　气相分子筛生产乙苯工艺的主要控制指标

序　号	分析项目	控制指标	采样地点	分析频次
1	苯	99.9%	乙苯产品/新鲜苯进料换热器下游流量调节阀	2 次/周
	甲苯	≤500×10^{-6}		
	非芳烃	≤1000×10^{-6}		
	水	≤1000×10^{-6}		
2	乙苯	≤0.8%	反应器进料泵出口	2 次/d
	水	≤150×10^{-6}		
3	乙苯	16.6%	苯回收塔再沸器旁路调节阀	2 次/d
	二甲苯	0.01%		
4	二甲苯	9%～11.5%	稳定塔塔底泵出口	2 次/d
	乙苯	20.5～22.5×%		
5	乙烯	27%～40%(摩)	稳定塔尾气线压力调节阀出口	3 次/周
	乙烷	5%～6%(摩)		
	C_3、C_4、C_5	35%～45%(摩)		
6	苯	≤0.2%	苯回收塔塔底物流量调节阀出口	1 次/d
	甲苯	0.1%		
7	乙苯	99.58%	乙苯产品回流泵出口	3 次/d
	苯	0.21%		
	甲苯	0.13%		
	邻二甲苯	0.01%		
8	乙苯	≤10.0%	乙苯回收塔塔釜流量调节阀出口	1 次/d
9	乙苯	10.0%	多乙苯循环物流出口	2 次/d
	联(二)苯	50×10^{-6}		
10	三乙苯	≤10%	多乙苯残油泵	1 次/d

2.1.3.4 主要设备简介

以乙苯单元采用气相分子筛烷基化工艺的国内某 80kt/a 的苯乙烯装置为例，设备一览表见表 2 - 16。

表 2 - 16　气相分子筛生产乙苯工艺的主要设备

序号	设备名称	介质	材质		设计温度/℃	操作温度/℃	设计压力/MPa	操作压力/MPa
1	气相烷基化反应器	乙烯、苯、乙苯等	SA38711 - 2		538	480/422	2.7	1.69
2	气相烷基转移反应器	苯、乙苯多乙苯等	SA38711 - 2		538	480/445	1.15	0.69
3	苯进料汽化器	苯	壳体	SA - 516 - 70N	300	260	2.7	2.1
			管子	SA - 214	370	300	4.5FV	3.5
4	苯回收塔	苯、乙苯	KCSSA - 516 - 70		295/295	188/267	1.285/1.285	1.076/1.108
5	乙苯塔	乙苯、多乙苯等	KCSSA - 516 - 70		255/100	166/218	0.4/0.103	0.11/0.157
6	多乙苯塔	多乙苯等	KCSSA - 516 - 70		250/250	132/221	0.35/0.35	0.0236/0.034
7	稳定塔	苯、乙苯等	KCSSA - 516 - 70		220/220	142/159	0.85/0.85	0.424/0.42

(1) 烷基化反应器

作用：乙烯和苯在反应器中反应生产乙苯，乙烯的转化率接近 100%。

烷基化反应器是一个垂直柱塞流反应器，包括 6 个催化剂床层，反应器结构与液相分子筛工艺的反应器类似。

每个催化剂床层包括以下部分：

① 床层支承网，用不锈钢制成；

② ϕ6mm 铝球，厚度为 150mm；

③ 金属丝网，防止催化剂移动到下一层铝球内；

④ 沸石分子筛烷基化反应催化剂，厚度各床层不同；

⑤ 金属丝网，防止催化剂移动到下一层铝球内；

⑥ ϕ19mm 铝球，厚度为 150mm；

⑦ 压紧网，材质为 304 不锈钢。

反应器的主进料是乙烯与苯的蒸气混合物，主进料进入反应器顶部，向下通过催化剂床层。在进入五个床层之前，各有一股苯与乙烯的气相混合物与其上一床的出料在气体分布器中混合。使用急冷苯流量控制每个床层的进料温度，乙烯分多股进入相应的床层中。这种乙烯逐渐增加的进料方法可使反应器中乙烯的浓度最低，提高了对乙苯反应的选择性，减少了二乙苯等重烷基苯的生成。

附属设备：再生系统。

(2) 气相烷基转移反应器

作用：使气相烷基化反应产生的二乙苯、三乙苯和苯在反应器中发生烷基转移反应生产乙苯。气相烷基转移反应器的结构和气相烷基化反应器相似，但只有一个床层。

附属设备：再生系统。

(3) 苯进料汽化器

作用：苯进料汽化器是釜式换热器，高压蒸汽走管程，汽化全部的苯(主物流和急冷物流)进料。

(4) 反应器进料加热炉

作用：加热烷基化反应器的苯进料，加热烷基转移反应器的苯和多乙苯进料。

进料加热炉是一个垂直圆筒型加热炉，内有横向排列的对流盘管，用来加热烷基化反应器的苯进料、烷基转移反应器苯进料和多乙苯进料，后者与苯蒸气在烷基转移反应器进料/出料换热器上游混合组成烷基转移反应器的进料。进料苯在一段对流盘管和一段保护盘管中预热，然后进入辐射段被加热到过热状态，加热烷基转移反应进料的盘管位于这两段盘管之间，加热多乙苯的盘管在对流段的顶部。加热炉使用低 NO_x 的气/油烧嘴，设计的最低效率为84%。

(5) 苯回收塔

作用：苯回收系统把苯从乙苯等重组分中分离出来，产生一股液态苯循环进入烷基化反应系统，一股气态苯尾气进入烷基转移反应系统，塔底粗乙苯到下游工艺。

附属设备：塔顶冷凝器、塔顶回流罐和苯进料泵。

(6) 乙苯回收塔

作用：把乙苯产品从塔顶分离出来，塔釜的多乙苯和重组分送到多乙苯塔进行分离。

附属设备：塔顶冷凝器、塔顶回流罐和产品泵。

2.1.3.5 气相分子筛烷基化工艺使用的催化剂

(1) 烷基化催化剂

烷基化催化剂为具有酸性活性中心的分子筛催化剂。烷基化反应就发生在其酸性活性中心上。催化剂的主要成分是硅-铝酸盐，外观白色。随着装置运转时间增长，催化剂上的积炭将使其活性下降，直至失活。失活后的催化剂需要通入工业风进行烧焦再生。

在操作中，气相分子筛烷基化催化剂需要注意以下因素：

① 原料中的杂质。控制好原料中的硫、氯含量，减少催化剂中毒的机率。

② 反应温度。稳定反应温度能延长催化剂的使用寿命，因此需要注意以下几点：

a. 开车时控制升温速度不要超过28℃/h，如果升温速度过快，则易导致催化剂因热膨胀速度过快而破裂损坏；

b. 停车降温速度不要超过28℃/h，如果降温速度过快，则易导致催化剂因热收缩速度过快而破裂损坏；

c. 控制原料乙烯温度稳定，如果乙烯温度升降过快，则容易导致反应温度变化过大，从而导致催化剂温度的大幅波动；

d. 稳定主物流出炉温度，从而保证反应器进料温度及床层温度的稳定；

e. 严格按照再生升温曲线进行操作，避免床层飞温情况的出现；

f. 控制反应器的床层温升在规定值，温升过大易导致催化剂选择性降低，重组份增加。

③ 苯/烯比。控制反应进料苯/烯比为18:1，使反应物料中的乙烯维持在较低浓度，可以减少齐聚作用，减少二甲苯生成量，降低二乙苯、三乙苯在反应出料中的含量，从而减少催化剂表面焦炭的生成。

④ 水含量。生产操作中，要防止液态苯或水进入反应器，因苯或水突然汽化易导致催化剂破裂。

⑤ 进入反应器原料中的乙苯含量控制在指标范围内。塔顶乙苯含量不要超过0.8%，过多的乙苯进入反应器会降低反应器的转化率，也增加了乙苯与部分乙烯进一步反应生成多乙苯的机率，从而导致重组分增加、催化剂结焦速度加快。

⑥ 控制烷基化反应器各床层乙烯的流量分配在规定值。每个床层入口的乙烯浓度尽可能相等。沿着反应器向下，物料流量逐渐增加，最佳乙烯分布是沿着反应器向下，乙烯流量也逐渐增加。乙烯逐渐增加的进料方法可使反应器中的乙烯、乙苯浓度最低，因此提高了反应的选择性，减少了二乙苯等重烷基苯副产品的产生。

⑦ 严格控制好反应器入口温度，避免进料温度与流量的大幅度波动。温度与流量波动会直接导致反应效果的大幅下降，增加重组分产生的机率。但随着生产时间的延长，催化剂会因结焦而逐渐失活，为了维持较高的转化率，就必须提高反应器的入口温度，提高反应温度同时会导致反应选择性降低，重组分浓度变大、催化剂结焦速度增加。

（2）烷基转移催化剂

与烷基化催化剂类似，烷基转移催化剂为具有酸性活性中心的分子筛催化剂。烷基转移反应就发生在其酸性活性中心上。催化剂的主要成分是硅－铝酸盐，外观白色。随着装置运转时间增长，催化剂上的积炭将使其活性下降，直至失活。失活后的催化剂需要通入工业风进行烧焦再生。

在操作中，气相分子筛烷基转移催化剂需要注意以下因素：

① 原料中的杂质。控制好原料中的硫、氯含量，减少催化剂中毒的机率。

② 水含量。防止液态苯或水进入反应器突然汽化而导致催化剂破裂。

③ 苯/多乙苯比。严格烷基转移反应的操作，保证反应温度稳定在要求值上；保证进料中苯与循环多乙苯的质量比在2.0～3.0之间。运转末期，烷基转移反应器的苯进料流量要尽量大，以使多乙苯的转化率尽可能高。高的苯/多乙苯比能降低催化剂微孔中的结焦速度，延长运转周期。末期较高的进料温度可以提高多乙苯的转化率，但也会增加二甲苯的生成，最佳入口温度在运转初期为435℃，运转末期要及时提高到440～445℃。超过450℃时，连续操作会大大缩短催化剂的寿命。

④ 控制好乙苯回收塔塔釜乙苯的浓度。控制乙苯回收塔塔釜的乙苯含量小于7.5%，防止过多的乙苯进入烷基转移反应器，影响转化率。

2.1.3.6 气相分子筛生产乙苯工艺的特点和难点

① 气相分子筛生产乙苯工艺具有收率高、没有连续的含水废液排出等优点，反应生成的副产物少。

② 工艺过程采用高活性的ZSM－5型分子筛作为催化剂，反应器的尺寸较小，催化剂装填量少，并且催化剂易装、易卸、易再生，气相反应使得反应物有较好的混合。

③ 气相分子筛生产乙苯工艺有最佳的能量利用，超过95%的反应热和工艺过程产生的热量被回收。

④ 在工艺过程中没有腐蚀性的化学品，不存在氯离子腐蚀问题，装置大部分设备材质为碳钢。

⑤ 气相分子筛生产乙苯工艺使用的催化剂对环境无污染。

⑥ 由于不允许液体苯进入气相分子筛，开车过程较复杂。

2.2 国内苯乙烯生产工艺

2.2.1 乙苯脱氢生产苯乙烯的反应原理及影响因素

2.2.1.1 乙苯脱氢反应原理

乙苯脱氢反应主要是利用催化剂，在蒸汽存在的条件下，乙苯发生脱氢反应，生成苯乙烯。

主反应式： $C_6H_5CH_2CH_3 \rightleftharpoons C_6H_5CH=CH_2 + H_2\uparrow - Q$

这是一个强吸热可逆增分子反应，反应向哪个方向进行，取决于反应器的操作条件，反应进行的最大程度由乙苯和苯乙烯间的平衡决定。在蒸汽存在的条件下，该可逆反应的平衡常数 K_p 可表达为：

$$K_p = PX^2/(1-X)/(1+X+n_S/n_{EB})$$

式中 P——反应系统总压；

X——乙苯的平衡转化率；

n_S/n_{EB}——蒸汽/乙苯摩尔比。

该反应的反应热、自由能及平衡常数随温度而变化的情况见表 2 - 17。

表 2 - 17 乙苯脱氢反应的反应热、自由能变化及平衡常数同温度的关系

温度/℃	25	127	227	327	427	527	627	727
反应热 ΔH_r/(kJ/mol)	118.1	119.9	121.6	122.9	123.8	124.5	124.9	125.2
自由能变化 ΔF/(kJ/mol)	83.75	71.23	58.94	46.19	33.31	20.36	7.34	-5.79
平衡常数 K_p/atm①	2.6×10^{-15}	5.1×10^{-10}	7.1×10^{-7}	9.7×10^{-5}	3.3×10^{-3}	4.7×10^{-2}	3.8×10^{-1}	2.00

注：1atm = 101.3μp。

在反应器中除了发生上述主反应外，还发生热裂解、氢化裂解等副反应，其中两个主要的副反应是：

$$C_6H_5CH_2CH_3 \longrightarrow C_6H_6 + C_2H_4$$
$$\Delta H = 105.51 kJ/mol$$
$$C_6H_5CH_2CH_3 + H_2 \longrightarrow C_6H_5CH_3 + CH_4$$
$$\Delta H = -54.68 kJ/mol$$

工业化的生产表明：乙苯在蒸汽存在下进行的催化脱氢，除生成目的产物苯乙烯外，同时还生成氢气、苯、甲苯、甲烷、乙烯、二氧化碳、一氧化碳等副产物。

在乙苯脱氢过程中，原料乙苯中的化学杂质也发生反应，生成物还会进一步发生反应，故最终生成物中还含有其他的副产物，如二甲苯裂解、异丙苯脱氢可以生成 α - 甲基苯乙烯、聚苯乙烯及焦油等副产物。

2.2.1.2 乙苯脱氢反应的影响因素

(1) 反应温度

乙苯脱氢生成苯乙烯的反应为吸热反应，所以乙苯的平衡转化率随着反应温度的升高而增加。

另外，当反应温度提高后，虽然提高了乙苯转化率，但副反应也将加剧，生成苯乙烯的选择性将降低，因而反应温度不宜过高。反应温度过高也会使能耗升高、催化剂寿命缩短。因此在保证苯乙烯单程收率的前提下，应尽量采用较低的反应温度。工业上乙苯绝热脱氢反应的进口温度一般为 615 ~ 645℃。

（2）反应压力

由于乙苯脱氢生成苯乙烯是增分子的反应，对于给定的反应温度和水比，乙苯的转化率随着反应压力的降低而显著增加。在相同的乙苯液体空速和水比下，随着反应压力降低，反应温度可相应降低，而苯乙烯的单程收率维持不变，苯、甲苯等副产物也明显减少，苯乙烯选择性获得提高。

此外，苯乙烯是容易聚合的物质。反应压力高，将有利于苯乙烯自聚，生成聚苯乙烯，聚苯乙烯会造成管道、设备的堵塞，对装置正常运转十分不利；降低反应系统压力，在一定程度上可抑制苯乙烯聚合。

综合考虑以上两点，负压操作有利于提高苯乙烯的单程收率，因此，苯乙烯工业生产普遍采用负压脱氢工艺。脱氢反应器一般采用径向反应器（或轴径向反应器），催化剂床层薄，阻力小，有利于在反应区域形成负压操作条件。工业上负压脱氢反应的操作压力（A）通常为 40 ~ 60kPa。

（3）蒸汽/乙苯比（水比）

在脱氢反应中，蒸汽的作用主要有如下三点：

① 蒸汽进入反应系统后，降低了反应物和反应产物的分压，使反应向着有利于生成苯乙烯的方向进行，提高了乙苯的转化率和苯乙烯的选择性。

② 蒸汽可与催化剂表面的积炭发生水煤气变换反应生成一氧化碳和二氧化碳，清除催化剂表面的积炭，延长催化剂的寿命；蒸汽还可防止催化剂的活性成分还原为金属，也有利于延长催化剂寿命。

③ 对于绝热脱氢工艺来说，过热蒸汽更是供给反应热的载热体，过热蒸汽提供了乙苯脱氢所需的能量。

在恒定的反应温度和压力下，提高蒸汽/乙苯比可使乙苯转化率提高。在相同的乙苯液体空速和反应压力下，随着水比的降低，为维持一定的苯乙烯单程收率，就需要升高反应温度，此时脱氢液中苯和甲苯含量明显增加，苯乙烯选择性下降。

尽管加入蒸汽有许多好处，但蒸汽加入量受到反应系统允许压降和能耗这两个因素的制约。过多加入蒸汽将增大反应物料的体积流量，增加系统压降，不利于降低反应压力。此外，增加蒸汽加入量，必将增加能耗。目前，先进的乙苯脱氢工艺均追求以较低的水比获得较高的苯乙烯收率。降低水比已成为衡量乙苯脱氢工艺和催化剂是否先进的重要评价指标之一。

工业上乙苯脱氢反应的水比随着所采用工艺技术路线的不同而有很大差异，目前世界上负压绝热脱氢工艺的水比为 1.02 ~ 1.5（质量比）；负压等温脱氢工艺的水比为 1.0 ~ 1.2（质量比）；常压绝热脱氢工艺的水比为 2.4 ~ 2.8（质量比）。

（4）乙苯液体空速（LHSV）

乙苯液体空速是指单位体积催化剂、每小时通过的乙苯液体体积。

对于乙苯脱氢反应，在相同的反应压力、反应温度和水比条件下，随着乙苯液体空速（LHSV）增大（即乙苯和蒸汽投料量按比例同时增大，反应物料在反应器中停留时间缩短），乙苯单程转化率逐渐下降，苯乙烯单程收率也下降。欲维持苯乙烯单程收率不变，就必须升高反应温度。

液体空速是催化剂性能的重要评价参数之一。液体空速大，意味着反应器单位体积的生产能力大。因此，在相同的反应条件(温度、压力和水比等)下，在工艺允许范围内，追求用较大的液体空速进行生产。工业上，负压绝热脱氢工艺的乙苯液体空速一般为$0.35 \sim 0.5h^{-1}$。

(5) 催化剂

乙苯脱氢反应是在催化剂存在下，在615～640℃的高温下发生的催化脱氢反应。催化剂的性能除了脱氢活性之外，生成苯乙烯的选择性要高，并且在高温和蒸汽存在的条件下稳定性要好，使用寿命要长。

如果反应器有液态水存在，将引起催化剂中钾等活性组分的流失，影响催化剂的活性和寿命，所以催化剂床层中不能有游离水。

催化剂吸水受潮后，机械性能大大下降，催化剂容易粉化，粉尘聚集在一起容易形成大块，增大床层的压降。

(6) 原料乙苯中杂质的影响

脱氢催化剂的毒物是氯离子，氯离子容易与催化剂中的钾形成氯化钾分子，氯化钾分子附着在催化剂表面，在高温下容易升华，使助催化剂钾大量流失，降低了催化剂的效能，缩短了催化剂的寿命，因此必须控制催化剂床层进料中的氯离子含量小于1.0×10^{-6}。

乙苯进料中的二乙苯在脱氢反应器中发生反应生成二乙烯基苯，二乙烯基苯极易发生聚合反应，造成催化剂中毒失效，堵塞容器、管道等系统，对装置的长周期运行造成不利影响，因此必须控制乙苯进料中的二乙苯含量小于10×10^{-6}，以免催化剂中毒失效。

在高温条件下，乙苯进料中的苯、甲苯、苯乙烯等杂质容易裂解生成焦炭，尤其是苯乙烯更容易发生结焦反应，使催化剂表面积炭，降低催化剂活性和选择性。

乙苯原料中的异丙苯在乙苯脱氢工艺条件下也发生脱氢反应，生成α－甲基苯乙烯。脱氢反应的目的产物是苯乙烯，要求脱氢产物中的α－甲基苯乙烯尽可能少，原料乙苯的异丙苯含量要小于50×10^{-6}。

乙苯中含有微量的二甲苯，部分二甲苯在高温下裂解，未裂解的二甲苯跟随脱氢液进入苯乙烯精馏单元，用一般的分离方法很难将少量的二甲苯从苯乙烯中分离出来，尤其是邻二甲苯，所以最终二甲苯将进入苯乙烯产品中，影响苯乙烯产品质量，因此必须控制乙苯中的二甲苯含量小于60×10^{-6}。

(7) 催化剂颗粒大小

催化剂的物理结构也对催化剂的性能有着显著的影响，从而影响脱氢反应。由于氧化铁系催化剂的活性很高，乙苯脱氢速度通常受内扩散阻力控制，采用小颗粒催化剂，有利于提高脱氢反应的选择性和转化率；但颗粒过小又会增加物料流经催化剂床层的阻力，造成反应压力升高，对生产不利。现在由于普遍采用了压降较小的新型径向反应器，催化剂的直径已减小到3mm，另外还可通过改变催化剂的外观来克服内扩散阻力，减少压降。

2.2.1.3 氧化脱氢反应的原理

国内部分苯乙烯装置设有氧化脱氢反应器，在氧化脱氢反应器中装填氧化催化剂和脱氢催化剂。在氧化床层中，脱氢反应产生的副产物氢气与氧气发生反应，释放出大量的热量(239kJ/mol)，使反应物温度升高到所需的温度，同时降低氢气分压，然后进入脱氢催化剂床层进一步发生脱氢反应。由于氢气分压大大降低，可以显著提高乙苯的转化率。

反应如下：

乙苯脱氢反应 $C_6H_5C_2H_5 \longrightarrow C_6H_5C_2H_3 + H_2\uparrow - Q$

氧化反应 $2H_2 + O_2 \longrightarrow 2H_2O + Q$

氧化催化剂虽然对氢气燃烧有很高的选择性，但同时也发生以下的副反应：

芳烃燃烧

$$2C_6H_5C_2H_5 + 21O_2 \longrightarrow 16CO_2 + 10H_2O$$

$$C_6H_5C_2H_3 + 10O_2 \longrightarrow 8CO_2 + 4H_2O$$

当操作条件不稳定及氧化催化剂使用后期，可能导致氧气穿透床层，发生剧烈的芳烃燃烧反应，使反应器超温。

2.2.1.4 氧化反应的影响因素

（1）稀释蒸汽/氧气的比值

为了确保反应器安全运行，稀释蒸汽/氧气摩尔比必须保持在安全值以内。较低的蒸汽/氧气比可导致烃/氧气/蒸汽混合物处于爆炸范围内。此外，分布不均的氧气可能在氧化床上游以无法控制的势态发生反应，导致氢气选择性差。

由于蒸汽温度低于脱氢反应物的温度，如果蒸汽/碳氢化合物的比值增大，混合后温度下降将较大，需要增加氢气燃烧的量以使反应物加热到所需的反应温度。此外，大量蒸汽的存在可使反应流出物温度不至于下降太快，保持混合物温度在反应温度范围内。稀释蒸汽可以降低反应物的分压，改善乙苯脱氢反应动力学。

总之，如果蒸汽/氧气比太低，可能造成蒸汽/氧气喷嘴处着火或氢气燃烧不好。如果比率较高，有利于乙苯反应，但将使装置的能耗和氧耗增加。

（2）氧化催化剂

当氧化催化剂活性下降以至于达不到需要的床层出口温度时，可能发生氧气穿透。如果这种情况发生，未转化的氧气会离开氧化床层进入脱氢床层，氧气将氧化脱氢催化剂表面的铁，引起乙苯脱氢催化剂暂时失活。如果氧气穿透终止，则脱氢催化剂能够还原恢复活性。

发生穿透后氧气将无选择地消耗其他反应物，减少产品产量。

（3）氢气燃烧

氢气的消耗量由氧化催化剂床层上游氧气的注入量决定，氧气注入量是氧化床层所需温升的函数。在正常情况下，氢气的消耗量占总氢气量的40%～75%，此时乙苯和苯乙烯的副反应很少，产品产量没有明显损失。

（4）杂质

进料中的杂质可能会占据催化剂的活性中心，引发副反应，产生更多的杂质。

硫是氧化催化剂的毒物，它可以吸附在氧化催化剂表面，使氧化催化剂中毒，失去活性。

2.2.2 Lummus/UOP 苯乙烯生产工艺及主要设备

在国内苯乙烯装置中，苯乙烯的生产主要有四种工艺，传统的 Lummus/UOP 苯乙烯生产工艺、Badger 苯乙烯生产工艺、氧化脱氢生产工艺和国内的苯乙烯生产工艺。国内的苯乙烯生产工艺与 Lummus/UOP 的苯乙烯生产工艺主流程相同，主要区别在于脱氢反应器的结构不同、苯乙烯精馏工艺条件不同、焦油中苯乙烯的回收工艺不同；

Badger 的苯乙烯生产工艺与 Lummus/UOP 苯乙烯生产工艺差别较大；氧化脱氢工艺主要用于装置的扩能改造。

2.2.2.1 工艺流程

Lummus/UOP 的苯乙烯生产工艺主要包括乙苯脱氢单元和苯乙烯精馏单元，脱氢单元主要包括蒸汽过热炉、乙苯蒸发及脱氢反应、废热回收、工艺凝液处理及汽提、尾气压缩及吸收等系统；苯乙烯精馏单元主要包括粗苯乙烯塔、乙苯塔、精苯乙烯塔、苯/甲苯塔、阻聚剂系统等部分。以国内常见的乙苯脱氢制苯乙烯生产单元为例，其工艺流程见图 2-6。

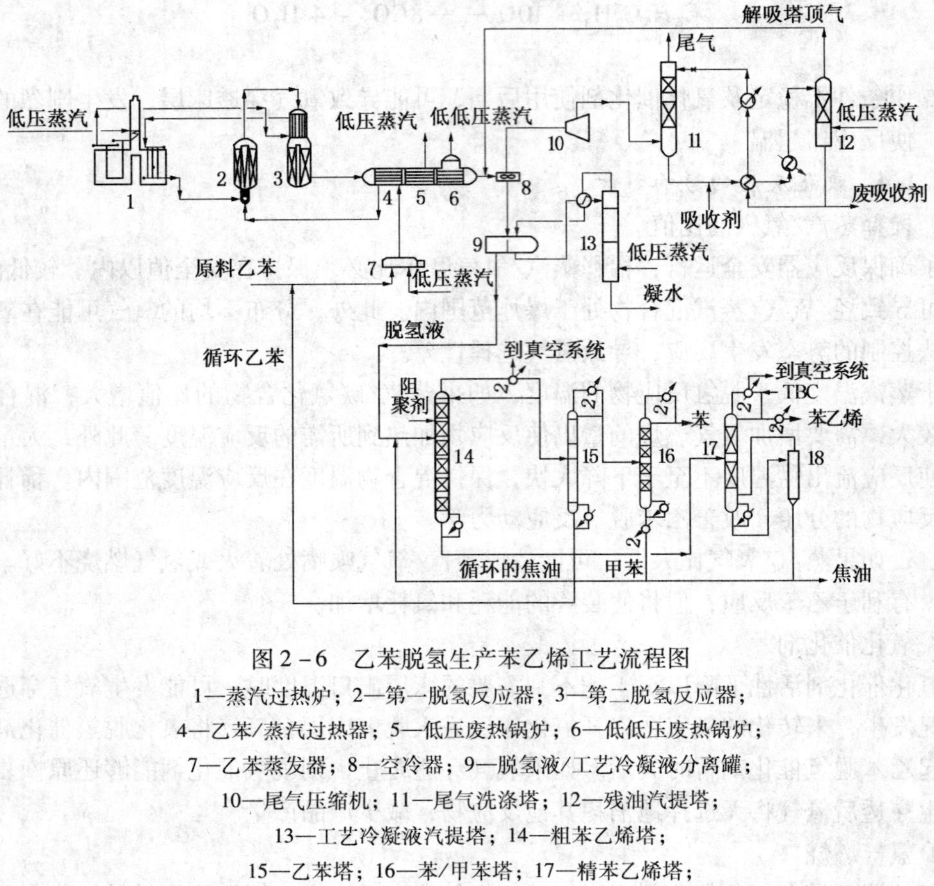

图 2-6　乙苯脱氢生产苯乙烯工艺流程图

1—蒸汽过热炉；2—第一脱氢反应器；3—第二脱氢反应器；
4—乙苯/蒸汽过热器；5—低压废热锅炉；6—低低压废热锅炉；
7—乙苯蒸发器；8—空冷器；9—脱氢液/工艺冷凝液分离罐；
10—尾气压缩机；11—尾气洗涤塔；12—残油汽提塔；
13—工艺冷凝液汽提塔；14—粗苯乙烯塔；
15—乙苯塔；16—苯/甲苯塔；17—精苯乙烯塔；
18—焦油闪蒸罐

脱氢单元以过热蒸汽为热载体，采用具有级间二次加热的两级串联负压径向固定床反应器。第一反应器进口设有静态混合器，第二反应器内部设置中间换热器，高温蒸汽与反应物料间接换热补充热量。设有一组三级组合废热回收换热器，回收反应器流出物料的热量并发生蒸汽。脱氢反应温度为 615～645℃，脱氢反应压力(A)为 40～60kPa。脱氢液在苯乙烯精馏单元作进一步加工，获得主产品苯乙烯、副产品苯和甲苯，并回收未转化的乙苯。脱氢液分离为四塔流程，苯乙烯经历两次加热。

(1) 蒸汽过热炉系统

蒸汽过热炉是一台管式加热炉，它的作用是加热蒸汽，为脱氢反应器提供热量，使脱氢反应器入口达到规定的温度，它由两个分开的辐射室(A 室和 B 室)和一个共同的对流室组成。

来自蒸汽总管的主蒸汽经蒸汽分液罐分离出液体后，被送进对流段和 A 辐射室加热到指定温度，通过调节进入A辐射室的燃料气压力来控制主蒸汽的出口温度。从A辐射室出来的主蒸汽用来把第二脱氢反应器的进料加热到所需的温度。

主蒸汽与第二脱氢反应器的进料换热后，流回到B辐射室，主蒸汽在B辐射室被加热到指定温度，通过调节进入B辐射室的燃料气压力来控制B辐射室出口的温度，再热的主蒸汽与来自乙苯/蒸汽过热器的乙苯和蒸汽混合，以获得一段反应器所要求的入口温度。

(2) 乙苯脱氢系统

乙苯进料主要包括罐区来的冷乙苯和精馏单元来的热乙苯，在流量控制下，乙苯与来自界外的低压蒸汽同时进入乙苯蒸发器壳程，被管程低压蒸汽间接加热后蒸发，获得温度约98℃的乙苯/蒸汽混合物，进入乙苯/蒸汽过热器壳程，管程为乙苯脱氢反应器流出的反应物，乙苯/蒸汽被加热后进入第一脱氢反应器底部的静态混合器，与来自蒸汽过热炉B辐射室的过热主蒸汽混合，混合均匀后进入反应器的导流器。导流器使反应器进料混合物沿反应器入口轴向均匀分布并径向流过反应器内侧的催化剂支撑分配器和催化剂床层。在催化剂床层上，乙苯在负压绝热条件下发生脱氢反应。

当反应混合物离开第一脱氢反应器时，大约41%的乙苯被转化，出口温度下降到530～559℃。

通过控制蒸汽过热炉B辐射室出口的蒸汽温度使第一脱氢反应器入口温度达到615～640℃，在正常操作中，需要控制乙苯转化率，乙苯转化率的控制是由控制反应器入口温度来实现的。

第二脱氢反应器上部设有一台中间换热器，由蒸汽过热炉A辐射室出来的主蒸汽进入该换热器的壳程，将第一脱氢反应器流出的反应物加热，使第二脱氢反应器入口温度达617～647℃。从换热器出来的主蒸汽进入蒸汽过热炉B辐射室，在这里再次被加热，然后进入第一脱氢反应器的底部与乙苯/蒸汽过热器的乙苯和蒸汽混合后，进入第一脱氢反应器底部的静态混合器。

第二脱氢反应器出口的物料温度为564～594℃，乙苯的转化率可达67%。第二脱氢反应器出口温度设置高－高报警器，并设有联锁，用来指示反应器内可能由空气泄漏引起的燃烧。

第一、第二脱氢反应器的入口压力、床层压降，分别由压力计和压差计测量，正常操作过程中，应仔细观察压降的变化，了解催化剂床层下沉或粉化情况。

二段床层出口压力是一个主要的控制变量，应保持尽量低，以产生较好的苯乙烯反应的选择性，这个压力通过调节尾气压缩机吸入压力来控制。

(3) 反应物废热回收及冷凝系统

反应产物离开反应器后，通过乙苯/蒸汽过热器、低压废热锅炉和低低压废热锅炉的管程，低压废热锅炉和低低压废热锅炉利用反应产物的余热产生低压蒸汽和低低压蒸汽。

低压废热锅炉由汽包提供液体循环，汽包设有高－低液位预停车报警器，另有低－低液位开关触发联锁，以防止下游设备超温，在操作过程中要定期排放废热锅炉底部的液体，目的是除去来自系统中的悬浮固体。

经过三台换热器的管程后，物料的温度约为120℃，然后再经急冷器和主冷器冷却至57℃，未冷凝的气体进入后冷器，用冷却水把这部分气体进一步冷却到约38℃，冷凝后的物料都进入脱氢液/工艺冷凝液分离罐(油水分离罐)，未凝气体进入压缩机吸入罐，在进入压缩机前除去尾气中夹带的液体。

油水分离罐收集来自主冷器、后冷器、压缩机吸入罐、尾气冷却器、压缩机排出罐、吸收塔塔底、汽提塔冷凝器和乙苯蒸发器的物料，在油水分离罐中，脱氢液和水依靠重力不同进行分离，脱氢液从溢流堰上部溢流进入油室，然后用脱氢液泵输送到粗苯乙烯塔或脱氢液储罐。水室的工艺冷凝液用冷凝液泵送入聚结器，进一步实现油/水分离，物料相(油相)由聚结器顶部溢出，返回油水分离罐；水相工艺凝液自聚结器底部排出后，进入工艺冷凝液汽提系统。

(4) 工艺冷凝液汽提系统

工艺冷凝液汽提系统从工艺冷凝液中汽提出溶解的有机物，过滤掉其中的固体杂质，使出水水质达到要求。汽提塔处于负压操作工况，负压由尾气压缩机产生。

来自聚结器的工艺冷凝液进入汽提塔冷凝器的管程，在此被工艺冷凝液汽提塔的塔顶蒸汽预热，然后通过汽水混合器使之被蒸汽加热到规定温度，再进入汽提塔顶部的塔板。汽提塔是筛板塔，在它的底部通入40kPa的低低压蒸汽，通过蒸汽的汽提作用，脱除自塔顶流下的工艺凝液中的烃类物质，塔顶含有机物的蒸气混合物经冷凝器冷凝，产生的冷凝液进入油、水分离罐，未冷凝的气体进入后冷器继续冷凝。

40kPa蒸汽在流量控制下直接加到汽提塔底部塔盘，在正常操作过程中，蒸汽流量与汽提塔进料量使用比例调节器调节。

汽提后的工艺凝液从塔底排出，经汽提塔釜液泵增压后，进入工艺水处理器脱除固体杂质，处理后的大部分工艺凝液排至界外，小部分则进入工艺凝液冷却器的壳程，经冷却水冷却后分为两股，一股进入空冷器前的急冷器作为急冷水，另一股进入尾气压缩机入口管线作为急冷水。

(5) 尾气压缩系统

尾气压缩机由蒸汽透平带动，主要作用是维持第二脱氢反应器出口压力为负压，以提高乙苯转化率和苯乙烯收率。

后冷器出来的尾气，首先进入压缩机吸入罐除去夹带的液体，然后进入尾气压缩机。通过调节蒸汽透平速度来控制压缩机吸入压力，压缩机吸入压力为分程控制器，正常时通过调节透平速度来控制系统压力在规定值。当透平达到最小允许速度时，通过将压缩机出口的部分气体返回到压缩机入口来维持压力，防止压缩机喘震。

压缩机吸入罐与尾气密封罐连接，压缩机吸入罐上的放空管线浸入到尾气密封罐水密封里(水液面以下)。在压缩机启动前或在压缩机吸入压力超过一定值后，尾气将通过尾气密封罐排入火炬系统(或放空)。所以在没有启动压缩机的情况下，装置也可以进行生产，但负荷只有正常的50%。正常时应保证尾气密封罐水位的稳定，防止空气进入压缩机。

压缩机排出的气体进压缩机出口缓冲罐，在压缩机出口缓冲罐中进行气、液分离，液体进入油水分离罐中。从压缩机排出罐出来的气体进入尾气冷凝器，用冷却水冷却到规定温度。

尾气冷凝器出口的尾气管线上有三台氧分析仪，用来监测空气泄漏情况。

(6) 尾气洗涤系统

尾气冷凝器出来的尾气进入残油吸收塔，残油吸收塔是填料塔，作用是用残油将尾气中的芳烃化合物回收。

来自解吸塔塔底并经吸收剂换热器和吸收剂冷却器冷却到规定温度的吸收剂从吸收塔的顶部向下喷淋，将进料物流中夹带的芳烃物质吸收，吸收后的尾气送至界外。

吸收塔底部收集的吸收了芳烃物质的残油被吸收塔釜液泵抽出，先后流经吸收剂换热器和吸收剂加热器，被加热到110℃左右，进入解吸塔顶部。解吸塔的底部通入40kPa的低低压蒸汽，把吸收剂在吸收塔中吸收的芳烃解吸出来，所得芳烃和蒸汽的混合气体从解吸塔塔顶排至空冷器前的管线中，与来自脱氢反应系统的反应产物汇合后进入急冷器。

解吸后的残油被解吸塔釜液泵抽吸出来，并先后经吸收剂换热器和吸收剂冷却器被冷却到规定温度，然后返回到吸收塔塔顶，再次喷淋下来吸收尾气中的芳烃物质。

在解吸塔釜液泵的出口管线上分别接出支线，用来从界外补充新鲜吸收剂和将废吸收剂排至焦油储罐；吸收塔塔底的含油水排放到油水分离器。

(7) 粗苯乙烯塔

脱氢液、循环焦油(内含精馏阻聚剂)和新鲜阻聚剂在进料混合器处混合，经过滤器进入粗苯乙烯塔中上部。

粗苯乙烯塔是一座在负压条件下操作的分馏塔，采用高效规整填料。脱氢液在该塔中脱除沸点比苯乙烯低的乙苯、甲苯、苯及更轻的组分。这些比苯乙烯轻的组分从塔顶馏出，进入粗苯乙烯塔冷凝器壳程，冷凝产生的凝液排至粗苯乙烯塔回流罐。然后用回流泵抽出凝液，一部分凝液作为回流液返回塔顶；一部分凝液作为液环式真空泵的工作液；其余的液体排到乙苯回收塔作进一步分离。

冷凝器壳程中未冷凝的气体进入深冷器的壳程，被管程冷冻水进一步冷却到规定温度，产生的凝液进入真空泵密封罐并实现气、液分离，然后凝液进入回流泵的进口管线；未冷凝的少量尾气经真空泵增压后，进入尾气冷凝器的壳程，经冷冻水冷却后，不凝气排到蒸汽过热炉燃烧或排放到大气中。

粗苯乙烯塔塔底液体(苯乙烯和沸点比苯乙烯高的组分)被釜液泵抽吸出来，排向精苯乙烯塔作进一步加工处理。

粗苯乙烯塔塔底设有立式热虹吸再沸器，它包括再沸器和凝水罐等设备，再沸器采用低压蒸汽加热。

回流罐和真空泵密封罐均设有集水器，系统积累的含油水排到脱氢单元的油水分离器。

(8) 乙苯回收塔

来自粗苯乙烯塔回流泵的物流进入乙苯回收塔中部。该塔是筛板塔，主要作用是实现乙苯与沸点比它低的苯、甲苯的分离。釜液经乙苯回收塔釜液泵增压后送至脱氢反应系统作为乙苯蒸发器的进料。

乙苯塔顶的馏出物进入乙苯回收塔冷凝器的壳程，同管程的冷却水换热而被冷却冷凝。凝液排至乙苯回收塔回流罐，实现气、液分离。分离出的不凝性气体在压力调节下排到火炬系统，而分离下来的凝液(苯和甲苯)则经乙苯回收塔回流泵增压，然后分成二股：一股作为回流液返回至乙苯回收塔塔顶，另一股物流送至苯/甲苯分离系统。

回流罐底部带有集水器，系统累积的含油污水也排至脱氢单元的油水分离器。

(9) 精苯乙烯塔

精苯乙烯塔是一座处于负压工况的高效填料塔，采用金属规整填料。该塔的主要作用是实现苯乙烯与重组分的分离，来自粗苯乙烯塔釜的物料进入精苯乙烯塔填料层的中部，塔顶馏出物进入精苯乙烯塔冷凝器的壳程，同管程的冷却水换热而被冷却到规定温度，凝液排入回流罐。回流罐中的液体经精苯乙烯塔回流泵增压后分成二股：一股物流作为精苯乙烯塔的回流液；另一股物流通过成品过冷器管程，被冷冻水冷却到5℃左右，作为苯乙烯产品送到苯乙烯中间罐。

精苯乙烯塔冷凝器排放的未冷凝气体进入精苯乙烯塔深冷器的壳程，被冷冻水进一步冷却冷凝，凝液排至精苯乙烯塔回流罐。

精苯乙烯塔深冷器壳程的未冷凝气体被精苯乙烯塔真空泵抽吸，使精苯乙烯塔在要求的真空度下操作。

精苯乙烯塔塔底设置立式热虹吸再沸器，在壳程通入低压蒸汽，加热管程的循环釜液，釜液在精苯乙烯塔塔底和再沸器之间自然循环，壳程的凝液排放至蒸汽冷凝液管网。

精苯乙烯塔的釜液经釜液泵增压后进入焦油加热器的管程，经加热后进入闪蒸罐，回收其中的苯乙烯。在闪蒸罐中，顶部闪蒸出的气态苯乙烯等返回到精苯乙烯塔的下部，闪蒸罐底部收集的焦油经焦油泵增压后，分为三股：一部分作为循环液返回焦油闪蒸系统，一部分作为阻聚剂循环进料送至粗苯乙烯塔，另一股作为副产品焦油排放到焦油储罐。

国内部分装置使用薄膜蒸发器回收焦油中的苯乙烯，精苯乙烯塔的釜液从薄膜蒸发器的顶部进入，内部的转子把物料甩到内壁表面，并形成一层薄膜。夹套中用蒸汽加热，将易挥发的苯乙烯和 α－甲基苯乙烯蒸发出去，返回到精苯乙烯塔的底部，剩下的苯乙烯焦油流到缓冲罐，并用焦油泵抽出后，一部分作为循环阻聚剂返回到粗苯乙烯塔，另一部分作为副产品焦油排放到焦油储罐。

（10）苯/甲苯分离塔

来自乙苯回收塔回流泵的物流进入苯/甲苯塔中部。该塔的作用是实现甲苯与苯的分离。釜液经塔釜液泵压送至甲苯冷却器的壳程，经管程的冷却水冷却后被排至甲苯储罐。

塔顶的馏出物进入苯/甲苯塔冷凝器的壳程，同管程的冷却水换热而被冷却冷凝。凝液排至苯/甲苯塔回流罐。不凝性气体在压力调节下排到火炬系统；凝液（苯）则经苯/甲苯塔回流泵增压，然后分成二股：一股作为回流液返回至苯/甲苯塔塔顶，另一股被送至原料苯罐循环利用。

（11）阻聚剂配制系统

阻聚剂配制系统主要包括 TBC 配制系统和精馏阻聚剂配制系统。

TBC 配制系统包括 TBC 溶解罐和 TBC 输送泵。TBC 溶解罐内设搅拌器，用来批量配制2%的 TBC 溶液（TBC/苯乙烯＝2/98）。配制好的溶液用 TBC 输送泵连续地送到精苯乙烯塔顶冷凝器气相管线。

精馏阻聚剂配制系统包括阻聚剂溶解罐和阻聚剂输送泵。阻聚剂溶解罐内设搅拌器，用来配制规定浓度的精馏阻聚剂溶液，然后用阻聚剂输送泵连续地加入粗苯乙烯塔。

2.2.2.2 主要工艺条件及关键控制点

以国内某套苯乙烯装置的典型设计工艺条件为例，脱氢单元及苯乙烯精馏单元采用 DCS 系统控制，操作人员能够在控制室内的操作站上进行流程画面集中监视和控制。由于用 DCS 取代了常规仪表，提高了控制和生产管理水平。装置还设有 ESD 系统，当工艺条件及设备发生异常时，能够及时切断物料使系统处于安全状态，保证了装置能够长周期、平稳、连续、安全、可靠地运行。

蒸汽加热炉及脱氢反应器主要工艺条件见表 2－18。

表 2-18　蒸汽加热炉及脱氢反应器主要工艺条件

项　　目	工艺条件	项　　目	工艺条件
主蒸汽温度/℃	134.6	第二脱氢反应器入口温度/℃	617~647
主蒸汽压力/kPa	310	第二脱氢反应器出口温度/℃	564~594
A 辐射室蒸汽温度/℃	815	中间换热器入口蒸汽温度/℃	815~830
B 辐射室蒸汽温度/℃	818	中间换热器出口蒸汽温度/℃	576~595
第一脱氢反应器入口温度/℃	615~640	第一脱氢反应器压力(A)/kPa	61~75
第一脱氢反应器出口温度/℃	530~559	第二脱氢反应器压力(A)/kPa	45~60

废热回收及冷凝系统主要工艺条件见表 2-19。

表 2-19　废热回收及冷凝系统主要工艺条件

项　　目	工艺条件	项　　目	工艺条件
乙苯/蒸汽过热器管程入口温度/℃	564~594	低低压废热锅炉管程出口温度/℃	120
乙苯/蒸汽过热器壳程出口温度/℃	500	乙苯蒸发器壳程出口温度/℃	98
乙苯/蒸汽过热器管程出口温度/℃	364	第二脱氢反应器出口压力(A)/kPa	45~60
低压废热锅炉管程出口温度/℃	160	尾气压缩机吸入口压力(A)/kPa	28

工艺冷凝液汽提系统主要工艺条件见表 2-20。

表 2-20　工艺冷凝液汽提系统主要工艺条件

项　　目	工艺条件	项　　目	工艺条件
油水分离器工艺冷凝液温度/℃	52	汽提塔塔底压力(A)/MPa	0.052
工艺冷凝液进汽提塔温度/℃	73	汽提蒸汽流量	工艺冷凝液进料量/19
汽提塔塔顶压力(A)/MPa	0.042		

尾气压缩及回收系统主要工艺条件见表 2-21。

表 2-21　尾气压缩及回收系统主要工艺条件

项　　目	工艺条件	项　　目	工艺条件
尾气压缩机吸入口压力(A)/MPa	0.028	尾气吸收塔气体出口温度/℃	13.1
压缩机排出口压力/MPa	0.063	解吸塔塔顶流出蒸汽温度/℃	103.9
压缩机入口温度/℃	38	残油吸收塔塔底压力/MPa	0.053
压缩机排出口温度/℃	82	残油吸收塔塔顶压力/MPa	0.043
尾气吸收塔气体入口温度/℃	38	残油解吸塔塔顶压力(A)/MPa	0.046
去残油解吸塔的残油温度/℃	110	残油循环流量	脱氢尾气流量×6.98
去残油吸收塔的残油温度/℃	10		

粗苯乙烯塔主要工艺条件见表 2-22。

表 2-22　粗苯乙烯塔主要工艺条件

项　　目	工艺条件	项　　目	工艺条件
粗苯乙烯塔塔顶蒸汽温度/℃	71	粗苯乙烯塔塔顶压力(A)/kPa	12
粗苯乙烯塔塔釜温度/℃	95.6	粗苯乙烯塔塔釜压力(A)/kPa	21
粗苯乙烯塔回流温度/℃	44.6	塔顶回流量	塔顶产品流量×6.87

乙苯回收塔主要工艺条件见表2-23。

表2-23 乙苯回收塔主要工艺条件

项目	工艺条件	项目	工艺条件
乙苯回收塔进料温度/℃	45	乙苯回收塔塔顶压力/kPa	56
乙苯回收塔塔顶温度/℃	120	乙苯回收塔塔釜压力/kPa	95
乙苯回收塔塔釜温度/℃	162.2	塔顶回流量	塔顶产品流量×16.5

精苯乙烯塔主要工艺条件见表2-24。

表2-24 精苯乙烯塔主要工艺条件

项目	工艺条件	项目	工艺条件
精苯乙烯塔塔顶蒸汽温度/℃	80	精苯乙烯塔塔釜压力(A)/kPa	16
去储罐的苯乙烯温度/℃	5	塔顶回流量	塔顶产品流量×0.8
釜液温度/℃	95	产品苯乙烯中TBC含量/10^{-6}	10~20
精苯乙烯塔塔顶压力(A)/kPa	12		

苯/甲苯分离塔主要工艺条件见表2-25。

表2-25 苯/甲苯分离塔主要工艺条件

项目	工艺条件	项目	工艺条件
苯/甲苯分离塔进料温度/℃	114.1	苯/甲苯分离塔塔顶压力/kPa	130
苯/甲苯分离塔塔顶蒸汽温度/℃	110	苯/甲苯分离塔塔釜压力/kPa	159
苯/甲苯分离塔塔顶冷凝液温度/℃	40	苯/甲苯分离塔塔顶回流量	塔顶产品流量×3.545
苯/甲苯分离塔塔底物流温度/℃	147		

2.2.2.3 主要分析控制指标

以国内某套苯乙烯装置的典型设计工艺条件为例说明。

(1)常规分析项目。

Lummus/UOP苯乙烯生产工艺常规分析项目见表2-26。

表2-26 Lummus/UOP苯乙烯生产工艺常规分析项目

序号	分析项目	控制指标	采样地点	分析频率
1	乙苯进料	二乙苯<10×10^{-6}	乙苯蒸发器出口	1次/周
2	水比	水比≥1.3	脱氢反应器出口	1次/周
3	粗苯乙烯塔釜	苯乙烯≥99.7%	粗苯乙烯塔塔釜泵出口	3次/d
4		阻聚剂(0.1~0.15)%		
5	粗苯乙烯塔顶	苯乙烯<1%	粗苯乙烯塔塔顶泵出口	3次/d
6	乙苯回收塔釜	甲苯<0.69%	乙苯回收塔釜泵出口	3次/d
7	乙苯回收塔顶	乙苯<0.05%	乙苯回收塔塔顶泵出口	3次/d
8	精苯乙烯塔顶	苯乙烯≥99.7%	苯乙烯成品冷却器出口	3次/d
9		TBC含量(10~20)×10^{-6}		
10	苯/甲苯塔釜	苯<0.4%	苯/甲苯塔塔底泵出口管线	3次/d
11	苯/甲苯塔顶	甲苯<0.1%	苯/甲苯塔塔顶泵出口管线	3次/d

（2）在线分析

苯乙烯生产装置现场设置在线分析小屋，内置工业色谱及相关配套设备，苯乙烯单元的主要在线色谱分析项目为粗苯乙烯塔顶的苯乙烯含量、精苯乙烯塔顶物料中的乙苯含量。另外蒸汽过热炉氧含量、尾气氧含量的在线分析结果均引入 DCS 系统。

在线分析项目见表 2－27。

表 2－27　Lummus/UOP 苯乙烯生产工艺在线分析项目

序　号	分析项目	控制指标	采样地点
1	粗苯乙烯塔顶	苯乙烯＜1%	粗苯乙烯塔塔顶泵出口
2	精苯乙烯塔顶	乙苯＜1500×10^{-6}	精苯乙烯塔塔顶泵出口
3	炉膛氧含量	氧含量(2～4)%	蒸汽过热炉炉膛
4	脱氢尾气	氧含量＜0.5(体)%	尾气冷却器出口

2.2.2.4　主要设备简介

（1）蒸汽过热炉

作用：蒸汽过热炉是本装置的主要设备之一，它向两个脱氢反应器提供热源(高温过热蒸汽)。该炉是个典型的双面辐射立管式箱式炉，具有两个辐射室、一个对流室和一个烟囱，蒸汽过热炉结构见图 2－7。

过热炉大致可分为以下几个部分，即：炉体、辐射室、对流室、燃烧器、吹灰器和通风系统。

（2）脱氢反应器

作用：在催化剂存在的条件下，乙苯蒸气沿径向通过脱氢反应器的床层，在反应器中发生脱氢反应生成苯乙烯。

第一、第二脱氢反应器是苯乙烯装置的关键设备，脱氢反应器为径向或轴径向反应器。反应器的中心为一近似于锥形筒的分布器，在内圆筒和外圆筒之间是催化剂床层，内圆筒和外圆筒具有多孔结构，使催化剂既不会漏出，又能让气体通过催化剂床层。第一脱氢反应器结构见图 2－8。

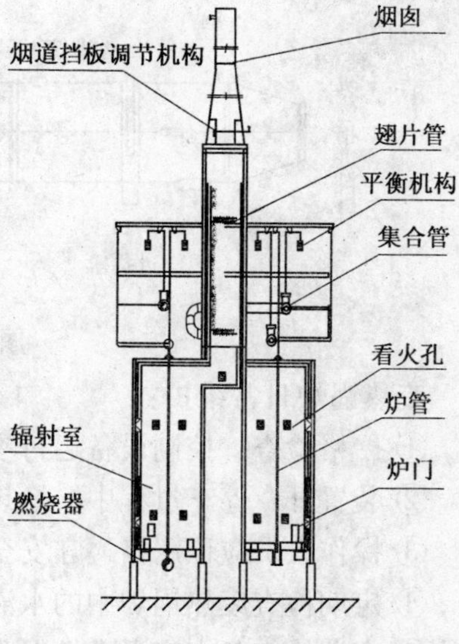

图 2－7　蒸汽过热炉结构简图

附属设备：膨胀节、静态混合器、中间换热器。

第二脱氢反应器结构见图 2－9。

脱氢反应器日常维护：

① 定期检查人孔、阀门、法兰等密封点。

② 定期检查各膨胀节状况，有无裂纹等。

③ 定期检查催化剂的床层压降，检查反应器温度有无异常。

④ 严禁设备超温、超压或超负荷。

⑤ 反应器开停工过程中应严格遵守有关的操作规程，控制升、降温速度在规定范围之内。

⑥ 定期检查外部保温状况，如有保温铁皮变色等状况，及时测量温度，根据情况处理。

⑦ 开停车过程中随时检查各连接管线及反应器膨胀节的变形情况。

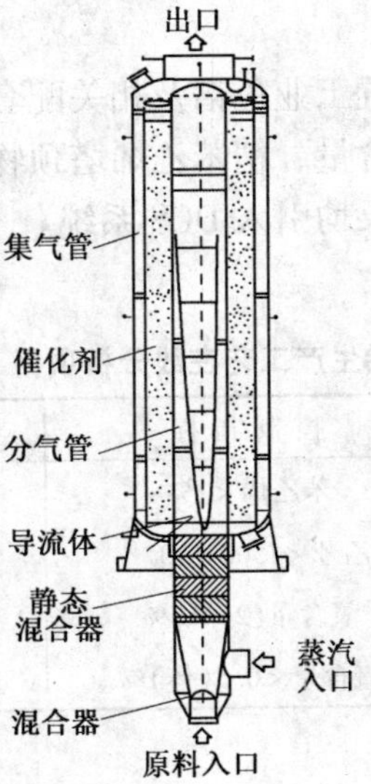

图2-8　第一脱氢反应器结构简图

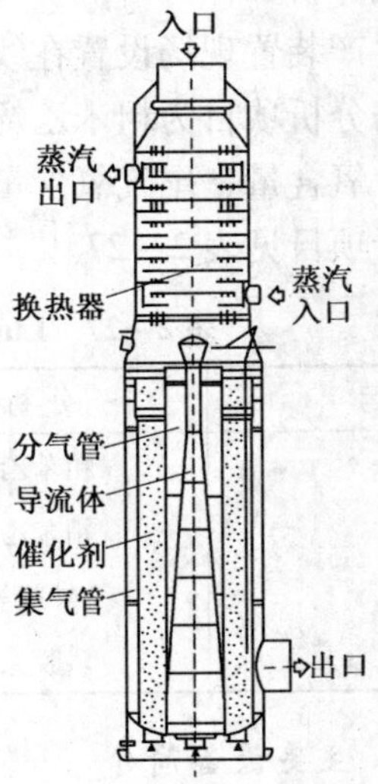

图2-9　第二脱氢反应器结构简图

(3) 废热锅炉

作用：废热锅炉主要是冷却脱氢反应产物，回收热量，加热工艺物流，产生低压蒸汽。

附属设备：汽包。

废热锅炉的外型见图2-10。

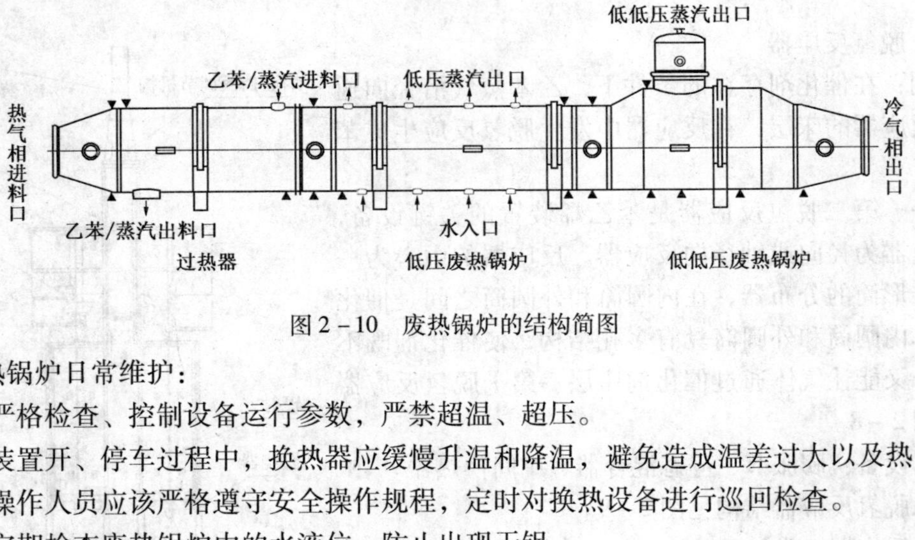

图2-10　废热锅炉的结构简图

废热锅炉日常维护：

① 严格检查、控制设备运行参数，严禁超温、超压。

② 装置开、停车过程中，换热器应缓慢升温和降温，避免造成温差过大以及热冲击。

③ 操作人员应该严格遵守安全操作规程，定时对换热设备进行巡回检查。

④ 定期检查废热锅炉中的水液位，防止出现干锅。

⑤ 定期检查各支座滑动情况和膨胀节变形情况。

(4) 空冷器

作用：空冷器用来冷却冷凝急冷器出口的脱氢反应产物。

附属设备：集水器、气液分离器。

(5) 油水分离罐

作用：经冷却冷凝产生的脱氢液和水进入油水分离罐，由于存在密度差，脱氢液和水在油水分离罐中分离，油相经内部的溢流挡板进入油室。

附属设备：脱氢液泵、工艺冷凝液泵。

（6）工艺冷凝液汽提塔

作用：使用低压蒸汽，将工艺冷凝液中的有机物汽提出来，使工艺冷凝液水质达到要求。

附属设备：汽提塔冷凝器、汽水混合器、塔釜泵、无烟煤处理器。

（7）蒸汽透平机

作用：蒸汽透平机主要是用来将高压蒸汽的热能转变为机械能，驱动尾气压缩机。

结构：蒸汽透平机主要由壳体、转子、密封系统、轴承及支撑、调速系统、紧急事故阀等组成，蒸汽透平机的结构简图见图2－11。蒸汽透平机壳体由水平分开的上下两部分组成。蒸汽透平机转子为装配式，叶轮热装并用键固定在轴上。转子由两个主要轴承承载，一个为蒸汽端轴承，另一个为排放端轴承，两个轴承均为内衬巴氏合金的精密钢套。另外在蒸汽端还装有一套止推轴承，以防止蒸汽透平机转子的位移超出设计的范围。在蒸汽透平机的两端装有石墨环填料密封，并配备一套抽汽密封系统，以防止蒸汽泄漏至空气中，蒸汽透平机的转速由转速调节器来控制。

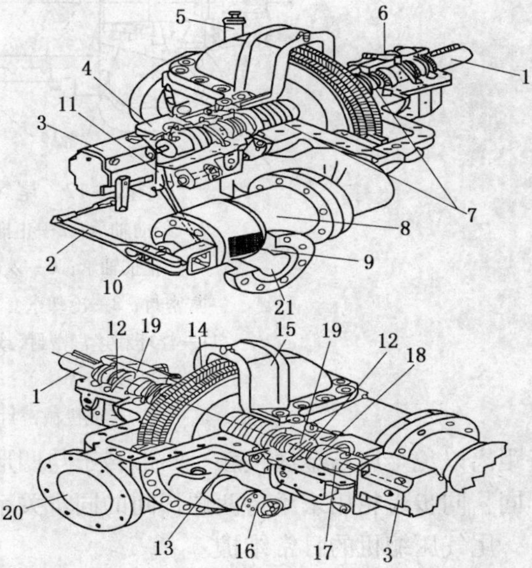

图2－11　蒸汽透平机结构简图

1—汽轮机轴；2—调节器杆；3—调节器；4—蒸汽端轴承壳；5—警戒阀；6—排放端轴承壳；7—石墨真料环；8—蒸汽室；9—蒸汽粗滤器；10—调节器阀杆；11—跳闸杆；12—油环；13—填料壳漏泄口；14—汽轮机轮；15—透平壳体；16—手动阀；17—紧急过速调节器；18—止推轴承；19—主轴承；20—出口；21—入口

蒸汽透平机的日常维护：

① 保持机体清洁、保温层完整。

② 各零部件齐全完整，指示仪表灵敏可靠。

③ 检查轴瓦温度和油压，检查高压蒸汽、蒸汽室蒸汽、出口蒸汽的温度、压力是否正常。

④ 检查各运转部件是否有异常振动和声响。

⑤ 定期做油质分析，检查润滑油箱液位并及时补充。

⑥ 定期检查、清洗油过滤器，保持油压稳定，必要时更换滤芯。

（8）尾气压缩机

作用：为乙苯脱氢反应提供负压，同时将脱氢尾气压缩后输送至尾气洗涤系统回收尾气中夹带的芳烃。

附属设备：润滑油系统、氮气密封系统、消音器、盘车器。

尾气压缩机是苯乙烯装置的关键动设备，由于尾气中成分复杂，含有部分液体，在压缩过程中易产生聚合物，压缩机一般为无油喷水螺杆式机组，结构见图2－12。

尾气压缩机为双螺杆、轴向流动、回转容积式压缩机。凸形转子与凹形转子在密封机壳中相互平行啮合，两端由轴承支持，旋转时不会互相接触。转子与转子、转子与机壳之间保

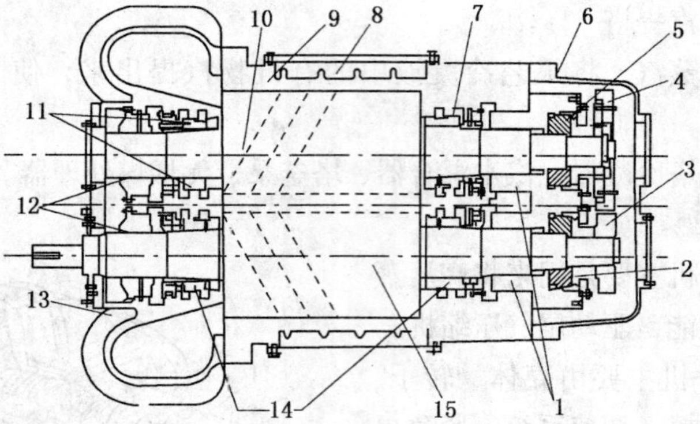

图 2-12　尾气压缩机结构简图

1—径向轴承；2—止推轴承；3、4—同步齿轮；
5—止推轴承；6—入口壳体盖；7—浮环和迷
宫密封；8—冷却水套；9—壳体；10—阴转子；
11—浮环和迷宫密封（或机械密封）12—径向轴承；
13—入口壳体盖；14—浮环和迷宫密封
（或机械密封）；15—阳转子

持距离以免金属与金属接触。凸形转子与凹形转子外径相同，叶片数不同。两个转子的转速不同，同步齿轮用来维持两螺杆间的同步关系。

尾气压缩机的日常维护

① 定时巡检，严格控制机组进出口压力、进出口温度、润滑油压力、润滑油温度等主要操作指标，并做好记录。

② 定期进行设备状态监测，建立监测数据库，如发现不正常声响或振动值明显增大，应及时采取措施或停机检查、排除故障。

③ 定期检查密封气、冷却水和润滑油的温度和压力，过滤器前后压差超过规定值，要及时切换或更换滤芯。

④ 严格执行设备润滑油管理制度，定期从系统中取样进行分析，必要时更换润滑油。

⑤ 检查油冷却器、加热器是否运行正常，检查油罐与集油罐液位，通过视窗观察油的流动情况。

⑥ 定期检查机组密封、润滑油管线、进出口阀门有无漏点，及时消除漏点。

⑦ 经常保持机组与现场清洁，及时清理机座下的积液，保持机体安全罩完整，无腐蚀损坏。

（9）尾气洗涤塔（残油洗涤塔）

作用：尾气洗涤塔是填料塔，内装鲍尔环填料，用残油将脱氢尾气中的有机物洗涤下来回收利用，降低尾气中的有机物含量。

附属设备：釜液泵、残油冷却器、残油热交换器。

（10）残油解吸塔

作用：残油解吸塔是填料塔，内装鲍尔环填料，用低压蒸汽将残油中的轻组分汽提出来，残油循环利用。

附属设备：残油解吸塔塔釜液泵、残油加热器、残油热交换器。

(11) 粗苯乙烯塔

作用：粗苯乙烯塔是填料塔，内装高效波纹板填料，该塔将苯、甲苯及乙苯等轻组分与苯乙烯、焦油等重组分分开。它采用高真空低温精馏工艺，降低了塔釜温度，较大程度地减少了苯乙烯的聚合损失；同时，可以增加乙苯和苯乙烯之间的相对挥发度。

附属设备：粗苯乙烯塔塔顶泵、回流罐、真空泵、深冷器、塔釜泵、冷凝器和再沸器。

(12) 乙苯塔

作用：乙苯塔是筛板塔，作用是分离乙苯与苯/甲苯，其中乙苯送到乙苯脱氢单元循环利用，苯/甲苯进入苯/甲苯塔进一步分离。

附属设备：冷凝器、再沸器、回流罐、塔顶泵和塔釜泵。

(13) 精苯乙烯塔

作用：精苯乙烯塔是填料塔，塔内件采用孔板波纹填料。主要作用是在真空条件下，实现苯乙烯与重组分的分离。

附属设备：真空泵、塔顶冷凝器、再沸器、回流罐、塔顶泵、塔釜泵、焦油加热器、焦油闪蒸罐、苯乙烯成品深冷器。

(14) 苯/甲苯塔

作用：苯/甲苯塔的作用是实现苯与甲苯的分离，苯返回到烷基化单元循环利用。

附属设备：泵、冷凝器、再沸器。

(15) 薄膜蒸发器

作用：主要作用是实现苯乙烯、α－甲基苯乙烯与重组分的分离，减少焦油中的苯乙烯含量，苯乙烯和α－甲基苯乙烯返到到精苯乙烯塔。

附属设备：物料缓冲罐、焦油泵。

薄膜蒸发器主要由刮板和加热夹套组成，结构简图见图2－13。夹套内通加热蒸汽，刮板装在可旋转的轴上，刮板和内壁的间隙很小，物料由蒸发器上部沿切线方向进入蒸发器，在重力和旋转刮板的作用下，物料在内壁形成下旋薄膜，在下降过程中不断被蒸发浓缩，焦油由底部排出，苯乙烯蒸气由顶部进入粗苯乙烯塔。

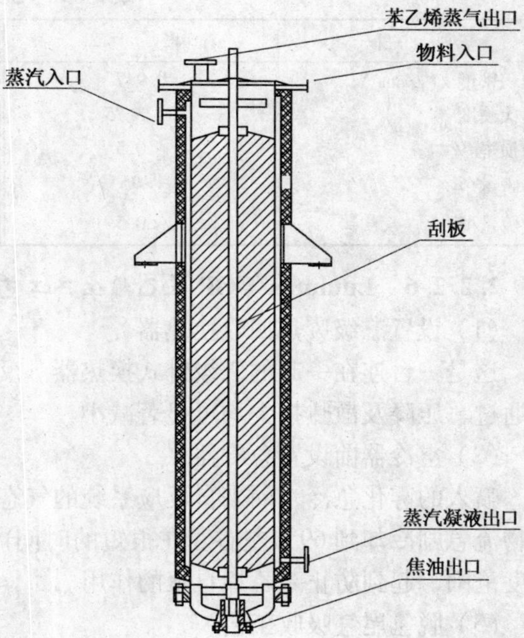

图2－13　薄膜蒸发器简图

薄膜蒸发器日常维护：

① 检查运转是否平稳，无异常振动和噪音。

② 检查机械密封有无泄漏，机械密封冲洗液流量、压力有无波动，如有异常要适当调整。

③ 控制加热蒸汽压力不得低于规定值，定期检查疏水器的疏水能力。

2.2.2.5 乙苯脱氢系统催化剂及助剂

(1) 乙苯脱氢催化剂

乙苯脱氢催化剂是氧化铁系催化剂，一般以铁、钾化合物为主要组分，其中铁化合物是主活性组分，钾化合物是主要助催化剂，它能促进水煤气反应，使催化剂自动再生，同时它还能大幅度提高脱氢活性并抑制苯的生成。铈(Ce)、钼(Mo)等氧化物作为助催剂加入，使脱氢催化剂的活性和选择性得到提高。

脱氢催化剂应达到以下要求：

① 具有良好的活性和选择性。在化学平衡允许的范围内，要求能在较低温度下操作，能够有选择性地加快脱氢反应速度，对分解反应没有或很少有催化作用。

② 热稳定性好。催化剂能够耐受较高的操作温度。

③ 化学稳定性好。由于脱氢反应产物中有氢存在，要求所用的氧化物能耐受还原气氛，不致被还原为金属态，并要求在大量蒸汽存在的条件下，长期操作时催化剂能够保持足够的机械强度，不致于崩解。

④ 抗结焦性能好和容易再生。催化剂表面上不易迅速发生焦炭沉积，结焦后可以用蒸汽自动再生。

在国内的苯乙烯装置中，主要使用的脱氢催化剂为 Styromax 系列和 GS 系列脱氢催化剂。

(2) 无烟煤

无烟煤外观呈多棱形、机械强度高、抗压耐磨性能强，具有合理的孔隙结构和良好的过滤性能，易于反洗再生，用于脱氢单元汽提后工艺冷凝液的净化处理。

典型的无烟煤规格为 ϕ1.0mm ~ ϕ1.6mm，表 2－28 为国内某苯乙烯装置使用的无烟煤技术指标。

表 2－28 无烟煤技术指标

项目	指标	项目	指标
堆积密度 /(g/cm^3)	0.947	空隙率/%	>53
莫氏硬度	3 ~ 3.75	灰粉/%	<6
磨损率/%	<0.5	盐酸可溶率/%	<3.5
含碳量/%	>96	含泥量/%	<0.3
含硫量/%	<0.5		

2.2.2.6 Lummus/UOP 苯乙烯生产工艺的特点和难点

(1) 设置三级废热回收换热器

这是一台连在一起的三级卧式换热器。反应器流出的高温物料以最短的途径从它们的管程通过，压降及散热损失均可显著减小。

(2) 空冷器前设置急冷器

喷入的雾化急冷水同来自反应系统的气态物流按顺流方向直接混合，使 120℃左右的气态物流急剧冷却到 69℃左右。在很短的时间内，苯乙烯急速越过了最容易发生自聚反应的温度范围，起到防止苯乙烯自聚的作用。

(3) 脱氢尾气吸收工艺

在吸收塔中用多乙苯残油作吸收剂，吸收脱氢尾气中的芳烃物质。吸收塔底所得富含芳烃的吸收剂经加热进入解吸塔，用蒸汽在较高温度和负压下，使吸收剂中的芳烃析出。所得解吸气返回上游急冷器冷却，从而回收脱氢尾气中所含的芳烃物质，芳烃回收率可以达到98%以上。

(4) 脱氢液分馏精制工艺

脱氢液精馏系统采用苯乙烯只经历两次加热的四塔流程，先用粗苯乙烯塔将苯乙烯与乙苯分离。粗苯乙烯塔顶得到乙苯及比乙苯沸点更低的组分，塔底获得苯乙烯及比苯乙烯沸点更高的组分。通过乙苯回收塔和苯/甲苯塔两座精馏塔使乙苯、甲苯和苯三者得到分离。粗苯乙烯塔的釜液则通过精苯乙烯塔实现分离提纯，塔顶获得高纯度精苯乙烯，塔釜为含有苯乙烯的重质馏出液，塔釜液通过闪蒸罐或薄膜蒸发器等设备，最大限度回收其中的苯乙烯。在这四塔流程中，苯乙烯只经历粗苯乙烯塔和精苯乙烯塔两次加热，有利于减少苯乙烯的自聚。

(5) 采用薄膜蒸发器或闪蒸罐回收焦油中的苯乙烯

精苯乙烯塔排出的焦油釜液中，含有较多的苯乙烯，用薄膜蒸发器或闪蒸罐回收精苯乙烯塔釜液中的苯乙烯，操作简单、方便，设备投资低，有利于提高装置的苯乙烯收率。

2.2.3 Fina/Badger 苯乙烯生产工艺及主要设备

2.2.3.1 工艺流程

Fina/Badger 苯乙烯系统包括脱氢反应系统、尾气处理系统、工艺冷凝液汽提和苯乙烯精馏系统。Fina/Badger 苯乙烯生产工艺流程简图见图 2-14。

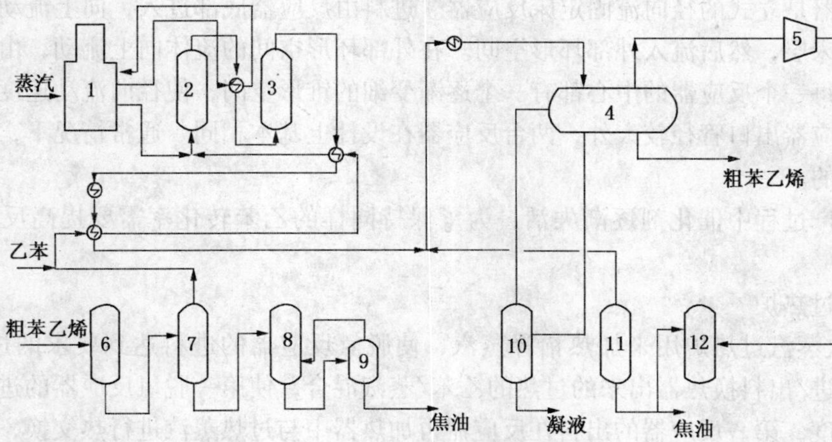

图 2-14 Fina/Badger 苯乙烯生产工艺流程简图

1—加热炉；2—第一脱氢反应器；3—第二脱氢反应器；4—粗笨乙烯分离罐；
5—压缩机；6—苯/甲苯塔；7—乙苯循环塔；8—苯乙烯产品塔；
9—闪蒸罐；10—工艺凝液汽提塔；11—尾气汽提塔；12—吸收塔

乙苯进料由来自乙苯单元的热乙苯、罐区的冷乙苯或苯乙烯精馏系统的回收乙苯组成，乙苯与低压蒸汽混合、汽化后，在反应器进/出料换热器中过热，再与来自蒸汽过热炉的过热稀释蒸汽混合，进入第一脱氢反应器，第一脱氢反应器的流出物在反应器再加热器中被过热蒸汽再加热后进入第二脱氢反应器。第二脱氢反应器的流出物在换热器中与反应器进料和锅炉给水换热后冷却，在冷凝器中被冷却水冷却冷凝。冷凝的混合液在粗苯乙烯沉降罐中被沉降分离成脱氢液和工艺凝液。脱氢液送去粗苯乙烯储罐，工艺凝液送入工艺凝液汽提塔汽提回收芳烃。汽提后的凝液经过滤后，一部分作为锅炉给水，其余送至界外。

未冷凝的尾气进入尾气压缩机，经压缩和冷却后，液相返回沉降罐，尾气进入尾气吸收塔，在吸收塔内，尾气中的大部分芳烃被残油吸收，洗涤后的尾气进入燃料气混合罐做燃料，塔底富油进入尾气汽提塔，用蒸汽汽提回收其中的芳烃。汽提塔塔底贫油用泵送回吸收塔循环使用，塔顶气体返回粗苯乙烯冷凝器入口。

自沉降罐或粗苯乙烯储罐来的粗乙苯与阻聚剂混合后进入尾气/粗苯乙烯换热器被尾气预热，然后与循环残油一起进入苯/甲苯塔，塔顶的苯/甲苯混合液送去苯/甲苯储罐，塔顶冷凝器底部收集的水送回沉降罐，塔底物送入乙苯循环塔。在乙苯循环塔中，塔顶分离出循环乙苯返回乙苯进料汽化预热器入口，塔底物料送入苯乙烯产品塔。在苯乙烯产品塔中，塔顶产出的苯乙烯产品送到苯乙烯产品储罐，为防止聚合，TBC 被加入到塔顶气相线；塔底物送入焦油闪蒸罐，从罐顶部闪蒸出苯乙烯和 α－甲基苯乙烯返回苯乙烯产品塔，罐底为含有阻聚剂的焦油，一部分送去残焦油罐，另一部分返回苯/甲苯塔以循环利用。

为了维持三个塔的蒸馏效果，三个精馏塔配有三套对应的真空喷射泵系统，真空系统的不凝气、水及烃类凝液流入真空系统凝液罐进行分离，液相送回沉降罐，气相经冷却后进入热井尾气洗涤塔用贫油吸收有机物，未被吸收的尾气排入大气，塔底富含芳烃的吸收剂送去尾气汽提塔回收其中的芳烃。

冰机用于向脱氢反应尾气冷凝器和精馏系统的塔顶尾气冷凝器提供冷冻水，并把苯乙烯产品冷却至10℃，防止苯乙烯产品在高温下聚合。

（1）脱氢反应器

脱氢反应器是立式的径向流固定床反应器。进料由反应器底部进入，向上流动径向通过固定的催化剂床层，然后流入外部环形空间。在外部环形空间的流体向上流动，由反应器的顶部流出。在每一个反应器的中心都有一个逐渐变细的锥形空间，使径向流动速度均匀。

除第二反应器出口管径较大外，两台反应器在设计上基本相同。通常情况下，催化剂的装填量是一样的。

由于在生产过程中催化剂逐渐失活，为了保持同样的乙苯转化率需要提高反应器入口温度。

（2）蒸汽过热炉

初次/二次蒸汽过热炉用来加热稀释蒸汽，使脱氢反应器的进料达到要求的进料温度。过热蒸汽与从进/出料换热器出来的过热的乙苯/蒸汽混合，使第一脱氢反应器的进料温度达到要求的的温度，第一反应器的出料在反应器再加热器中与过热蒸汽进行热交换，使第二脱氢反应器的入口温度达到要求值。

苯回收塔冷凝器产生的次中压蒸汽首先在加热炉对流段的盘管中被加热，然后进入加热炉辐射段的炉管被加热到要求的温度，使第二脱氢反应器入口的物料达到要求的进料温度。与第一脱氢反应器流出物换热的蒸汽在加热炉中被再次加热到要求的温度，使第一脱氢反应器入口的物料温度达到要求值。在对流段盘管的上面，锅炉给水被预热，预热后的锅炉给水在高压蒸汽罐中产生蒸汽。

（3）反应器流出物的热量回收

反应器的流出物在进/出料换热器中被乙苯与蒸汽的混合物冷却。乙苯由新鲜乙苯与循环乙苯组成。

从进/出料换热器出来的流出物进一步在高压蒸汽发生器中被冷却并产生高压蒸汽。在加热炉中被预热的锅炉给水通过热虹吸方式从高压蒸汽罐循环到高压蒸汽发生器。从高压蒸汽发生器出来的反应器流出物在进料汽化预热器中被蒸汽和乙苯的混合物再次冷却，离开进料汽化预热器的反应器流出物在粗苯乙烯冷凝器中被冷却水冷却到38℃。

(4) 冷凝液汽提系统

从粗苯乙烯冷凝器出来的尾气、脱氢液和水的混合物在粗苯乙烯沉降罐中分离出气相，脱氢液和水在沉降罐中分层，水相被沉降罐水泵送到沉降罐汽提塔中，脱氢液相经溢流挡板进入油相室，然后被粗苯乙烯泵送到粗苯乙烯罐或经过尾气/粗苯乙烯换热器直接送到精馏单元。

为了防止CO_2在水中溶解带来的腐蚀问题，胺溶液被加到粗苯乙烯冷凝器的上游。胺溶液中和沉降罐水中的碳酸，以减少腐蚀。

冷凝液中的有机物在汽提塔中被汽提出来，汽提塔为筛板塔，在真空条件下操作，汽提介质为低压蒸汽。工艺凝液汽提塔的进料先在沉降罐汽提塔冷凝器中被汽提塔塔顶气预热。汽提塔气相经冷凝器冷凝后，产生的冷凝液返回粗苯乙烯沉降罐。汽提塔塔底的冷凝液被塔底泵送到冷凝液过滤器，过滤后到废水处理装置处理，处理合格后作为锅炉给水或循环水的补水。

(5) 尾气压缩洗涤

在正常的操作期间，尾气从粗苯乙烯分离罐中直接流入尾气压缩机。尾气压缩机是由高压蒸汽透平驱动的螺杆式压缩机。压缩机吸入口压力(A)约为28kPa，压缩机出口压力约为106kPa。压缩机排出口温度由注入的冷凝液控制。

来自压缩机的压缩气体首先在尾气/粗苯乙烯进料换热器中与粗苯乙烯换热而被冷却，接着在尾气后冷却器中被冷却水冷却，最后在粗苯乙烯尾气冷凝器中被冷冻水深冷。经过这三个换热器，尾气中的芳烃和有机物几乎全部被冷凝下来。从尾气后冷却器和粗苯乙烯尾气冷凝器出来的液相，混合在一起后返回粗苯乙烯沉降罐中。

一条密封腿管线联结粗苯乙烯分离罐与尾气密封罐，密封腿起始于尾气密封罐，用来将反应器系统与火炬系统隔开。在正常操作期间，密封腿中的冷凝水高度等于火炬系统与粗苯乙烯分离罐之间的压力差，在尾气压缩机未投用期间，反应系统的压力将密封管倒空，管内密封液进入尾气密封罐，尾气通过这条管线进入火炬系统，启动压缩机时，密封腿将被注入密封液，使脱氢系统与火炬系统隔离。

经粗苯乙烯尾气冷却器后，苯乙烯单元的尾气与来自乙苯单元的尾气混合。为了回收混合尾气中的芳烃，尾气被送到尾气吸收塔，其中的芳烃被循环贫油吸收。

尾气吸收塔塔项的尾气流入燃料气混合罐。在燃料气混合罐，尾气与来自界区外的燃料气混合，混合气作为加热炉的燃料。

尾气吸收塔塔底的“富油”被尾气吸收塔塔底泵送到尾气汽提塔中，在进入尾气汽提塔前，冷的富油在吸收塔换热器中与热贫油换热，然后在富油加热器中被中压蒸汽加热，在尾气汽提塔塔底通入超低压蒸汽把被吸收的芳烃从富油中汽提出来。

塔顶的芳烃和汽提蒸汽被送到脱氢系统粗苯乙烯冷凝器的上游，然后被冷凝。来自尾气汽提塔底热的贫油被尾气汽提塔塔底泵再循环到吸收塔。贫油在返回到吸收塔前首先与塔底富油换热，然后在吸收塔贫油换热器中被冷却水冷却。

(6) 苯/甲苯塔

苯/甲苯塔的作用是回收反应器中生成的苯、甲苯。为了减少苯乙烯聚合物的生成，苯乙烯单元所有精馏塔都在真空下操作，以降低操作温度。

来自中间储罐或粗苯乙烯分离罐的粗苯乙烯与压缩机出口的尾气换热后，与新鲜阻聚剂、含有阻聚剂的循环残油混合后进入苯/甲苯塔。为了达到理想的分离效果，苯/甲苯塔由精馏段和提馏段两段填料组成。再沸器用低压蒸汽做热源，塔顶蒸汽在收集器中用冷却水冷凝，收集器出来的未凝气在苯/甲苯塔尾气冷凝器中被冷冻水进一步冷却，真空是由真空设备提供的。除去了全部苯和大部分甲苯的粗苯乙烯进入乙苯循环塔。

苯/甲苯塔尾气冷凝器的冷凝物进入收集器内，塔顶物中冷凝下来的水沉降在收集器的集水槽内，用苯/甲苯塔水泵送回粗苯乙烯分离罐中，苯/甲苯馏出物用泵送到罐区，为了防止塔内件堵塞，回流液和进料物流在进入塔前都要进行过滤。

(7) 乙苯循环塔

乙苯循环塔的主要目的是回收未转化的乙苯，然后循环到脱氢反应系统。塔的操作目标是控制苯乙烯产品中的二甲苯和乙苯含量及乙苯中的苯乙烯含量，以减少苯乙烯单体的聚合损失。

邻位和对位的二甲苯可以被循环到反应器最终转化为甲苯，但是，在正常情况下，二甲苯单程断裂或转化成甲苯的比例很少。

乙苯循环塔塔底所有比苯乙烯轻的组分，将作为杂质出现在苯乙烯产品中。如果循环乙苯中的苯乙烯浓度较高，脱氢单元需要加入更多的主蒸汽，生产能力将降低。为要求循环乙苯中的苯乙烯浓度很低时，需要加大再沸器蒸汽用量。

粗苯乙烯被苯/甲苯塔塔底泵送入乙苯循环塔。乙苯循环塔由六段填料组成，其中提馏段有四段填料，精馏段有两段填料。塔再沸器用低压蒸汽加热，塔底物用泵送到产品塔中，塔顶物流在收集器中被冷却水冷凝，从收集器出来的不凝气进入乙苯循环塔尾气冷凝器中被冷冻水冷却。

乙苯循环塔尾气冷凝器出来的冷凝物进入收集器，收集器也带有一个集水槽用来检测冷却水管的泄漏，集水槽中的液位/界面要定期检查。为防止塔内件的堵塞，回流液和进料经过滤器过滤后进入塔。

(8) 苯乙烯产品塔

乙苯循环塔塔底物被送到产品塔，在苯乙烯产品塔中苯乙烯与重组分分离。产品塔系统的作用是产出符合要求的苯乙烯产品，减少残焦油中的苯乙烯含量。

通过两步分离的方法将苯乙烯与重组分分离，大部分的苯乙烯在塔顶回收，焦油中的少量苯乙烯经过闪蒸罐系统回收，闪蒸系统包括苯乙烯残油再沸器和残油闪蒸罐。

因为有被聚合物堵塞的可能，产品塔为筛板塔，共33层筛板。产品塔用低压蒸汽加热，塔底物被泵送到苯乙烯残油再沸器中，塔顶气体在收集器中被冷却水冷凝。为了减少聚合物的形成，产品阻聚剂 TBC 被注入到塔顶气相管线。

来自收集器的未冷凝的气体在产品塔尾气冷却器中被冷冻水进一步冷却。部分馏出物作为回流返回到塔内，其余馏出物(产品苯乙烯)经产品冷却器冷却后进入苯乙烯储罐。

残油中苯乙烯的浓度由闪蒸罐系统控制，残余物必须含有约10%的苯乙烯，以维持适当的残油黏度，便于输送。

部分焦油通过强制循环的方式进入残油再沸器，从再沸器出来的气液混合物在焦油闪蒸罐中分离，闪蒸出的含有苯乙烯的气相物流被送回产品塔中。

从焦油闪蒸罐底部出来的液体主要是 α - 甲基苯乙烯和残油，被泵送出后分成三股：一股循环进入残油再沸器；一股残油送到混合残油罐；另一股循环残油与粗苯乙烯混合送入苯/甲苯塔上游，回收利用其中的阻聚剂，减少装置的阻聚剂用量。

2.2.3.2 主要工艺条件及关键控制点

以国内某80kt/a苯乙烯装置为例，装置采用DCS系统进行控制，操作人员能在带键盘和CRT屏幕的操作站进行画面集中监控，保证装置长期平稳、连续、安全、可靠地运行。主要控制部位及工艺条件有以下几处。

(1) 脱氢反应器

第一脱氢反应器入口温度：613℃

第二脱氢反应器入口温度：619℃

(2) 蒸汽过热炉

蒸汽过热炉出口温度：782℃/807℃

(3) 苯/甲苯塔

塔顶乙苯浓度指标：0.15%

塔釜甲苯指标：1.0%

(4) 乙苯循环塔

乙苯循环塔塔釜出料中乙苯和二甲苯的浓度指标：962×10^{-6}

乙苯循环塔顶中苯乙烯的浓度指标：2.0%

乙苯循环塔塔顶操作压力(A)：10.7kPa

(5) 苯乙烯产品塔

苯乙烯中的α－甲基苯乙烯和异丙苯的浓度指标：350×10^{-6}

苯乙烯产品最低纯度：99.60%

残余物中苯乙烯浓度：10%

塔顶操作压力(A)：6.7kPa

2.2.3.3 主要分析控制指标

以国内某80kt/a苯乙烯装置为例，主要分析指标见表2－29。

表2－29 Fina/Badger苯乙烯生产工艺主要分析控制指标

序号	分析项目	控制指标	采样地点	分析频次
1	乙苯	99.58%	乙苯进料流量控制阀	1次/d
	苯	0.21%		
	甲苯	0.13%		
	邻－二甲苯	0.01%		
2	苯乙烯	35.6%	第一脱氢反应器出口	1次/d
	乙苯	61.1%		
3	苯乙烯	60.7%	第二脱氢反应器出口	1次/d
	乙苯	34.0%		
	α－甲基苯乙烯	0.032%		
4	苯乙烯	60.89%	粗苯乙烯泵出口	1次/d
	乙苯	35.64%		
5	H_2	94%(摩)	压缩机尾气返回线	2次/d
	CO_2	2%～4%(摩)		
	CO	0.1%(摩)		
	苯乙烯	0.05%(摩)		

续表

序号	分析项目	控制指标	采样地点	分析频次
6	烃类	$<1\times10^{-6}$	工艺凝液汽提塔塔底泵出口	1次/d
	pH值	8.2~8.8		
7	乙苯	最大0.15%	苯/甲苯塔塔顶泵出口管线	2次/d
8	苯乙烯	2.0%	乙苯循环塔塔顶泵出口管线	
9	乙苯	500×10^{-6}	苯乙烯产品冷却器出口管线	3次/d
	苯乙烯	99.6%		
	α-甲基苯乙烯	500×10^{-6}		
	色度号	最大10		

2.2.3.4 主要设备简介

以国内某80kt/a苯乙烯装置典型设计为例，主要设备见表2-30。

表2-30 Fina/Badger苯乙烯生产工艺主要设备

序号	设备名称	介质	材质	设计温度/℃	操作温度/℃	设计压力/MPa	操作压力(A)/MPa
1	第一/第二脱氢反应器	乙苯、苯乙烯、蒸汽等	SA240-304H	649	649	0.17/全真空	0.075/0.056
2	粗苯乙烯沉降罐	乙苯、苯乙烯、水	SA516Cr70	150	38	0.17	0.0283
3	工艺凝液汽提塔	苯、乙苯、多乙苯	KSSA-516-70	150/150	82.2/86.8	0.35/0.35	0.052/0.062
4	苯/甲苯塔	苯、甲苯、乙苯、苯乙烯	KSSA-516-70	220/220	61.3/102.5	0.35/0.35	0.028/ 0.031
5	乙苯循环塔	乙苯、苯乙烯	KSSA-516Cr70	225/225	68/96	0.35/0.35	0.011/0.021
6	苯乙烯产品塔	苯乙烯、焦油	SA-516-70	260/260	65.6/100.4	0.35/0.35	0.0067/0.018
7	残油闪蒸罐	苯乙烯、焦油	SA516Cr70	260	135	0.35	0.019

(1) 第一/第二脱氢反应器

作用：乙苯脱氢反应是在这两台反应器中完成，这两台反应器串联安装，在它们的中间有反应器再加热器。两台反应器为立式径向流反应器，反应器进料首先在反应器混合进料器中混合，然后通过反应器底部的轴向进料口，进料径向地向外流过催化剂，通过催化剂外侧筛网与反应器外壳之间的环形空间后，通过反应器顶部的轴向出料口流出。在每一个反应器的中心都有一个逐渐变细的圆柱体，促进径向流过催化剂床层的进料均匀分布。

附属设备：反应器再加热器。

(2) 一次/二次蒸汽过热炉

作用：一次/二次蒸汽过热炉有两个辐射室和一个共同的对流段。对流段用来预热锅炉给水和过热次中压稀释蒸汽。较大的辐射室是一次蒸汽过热炉，较小的辐射室是二次蒸汽过热炉。加热炉被设计成自然通风操作，在正常情况下，一次/二次蒸汽过热炉由混合气、残油提供燃料，通过燃料油量控制两台反应器的入口温度。

附属设备：加热炉吹灰器。

(3) 尾气压缩机

作用：尾气压缩机用来压缩脱氢反应系统的尾气，尾气来自粗苯乙烯沉降罐。压缩后的气体预热到苯/甲苯塔的粗苯乙烯进料后，用冷却水和冷冻水冷却，回收其中的芳烃，然后脱氢尾气与来自乙苯单元的尾气混合，进入吸收/汽提系统，回收剩余的芳烃。吸收/汽提系统出来的尾气送到燃料气混合罐，作为燃料送到工艺加热炉燃烧。

附属设备：润滑油系统、冷却系统、消音器。

(4) 粗苯乙烯沉降罐

作用：粗苯乙烯沉降罐的主要作用是将水从粗苯乙烯中分离出来，它还可作为分离罐将不凝气中夹带的液体除去。

附属设备：粗苯乙烯泵和分离罐水泵。

(5) 工艺凝液汽提塔

作用：工艺凝液汽提塔的作用是将溶解在工艺凝液中的有机物除去。来自沉降罐的工艺凝液进入汽提塔的顶部，低低压汽提蒸汽从底部进入汽提塔。来自乙苯和苯乙烯单元蒸汽发生器的排污从塔底筛板与低低压蒸汽入口之间进入汽提塔。

附属设备：工艺凝液汽提塔冷凝器、工艺凝液汽提塔真空系统。

(6) 苯/甲苯塔

苯/甲苯塔的作用是将粗苯乙烯中的苯、甲苯分离出来，塔顶苯/甲苯馏出物送去苯/甲苯储罐。在苯/甲苯塔中，控制苯/甲苯馏出物中的乙苯含量，以减少中间产品的损失。少量的水和溶解在粗苯乙烯中的轻组分气体也从粗苯乙烯中分离出来。

附属设备：抽真空系统、塔釜再沸器、塔顶收集器、塔顶尾气冷凝器。

(7) 乙苯循环塔

作用：从苯乙烯中分离出乙苯、对二甲苯、间二甲苯，塔顶馏出物被循环到脱氢反应系统，与来自乙苯单元的新鲜乙苯混合。

附属设备：抽真空系统、塔釜再沸器、塔顶收集器、塔顶尾气冷凝器。

(8) 苯乙烯产品塔

作用：将 C_9 芳烃和残油等重组分从苯乙烯产品中分离出来。

塔顶馏出物要求 α - 甲基苯乙烯及多乙苯含量小于 450×10^{-6}。含大约 50% 苯乙烯的塔底物经残油闪蒸罐再沸器送入闪蒸罐，闪蒸出来主要含苯乙烯和 α - 甲基苯乙烯的气相返回苯乙烯产品塔中，罐底的部分残油循环回到苯/甲苯塔，余下的残油送到残油储罐。

附属设备：抽真空系统、塔釜再沸器、塔顶收集器、塔顶尾气冷凝器。

(9) 残油闪蒸罐

作用：残油闪蒸罐及残油再沸器的作用是从苯乙烯产品塔塔底物中回收苯乙烯。闪蒸罐中剩余的液体主要是残油和阻聚剂，苯乙烯含量约为 10%，以降低残油的黏度，便于输送。

附属设备：产品塔、抽真空系统、闪蒸罐再沸器。

2.2.3.5 Fina/Badger 苯乙烯生产工艺的技术特点

① Fina/Badger 苯乙烯生产工艺采用绝热脱氢，高温蒸汽提供脱氢需要的热量并降低进料中乙苯的分压和抑制结焦。

② 蒸汽过热至 800℃，与预热器内的乙苯混合后再通过催化剂，反应温度为 560 ~ 650℃，压力为负压。

③ 反应产物在冷凝器中冷凝，没有空冷器。

④ 脱氢反应器生成的反应产物进入精馏系统，首先在苯/甲苯塔中把苯和甲苯从塔顶分离出去，塔釜的物料送到乙苯循环塔；乙苯循环塔塔顶分离的乙苯送回到脱氢反应器，塔釜物料送到苯乙烯产品塔分离出苯乙烯产品。

2.2.4 氧化脱氢苯乙烯生产工艺及主要设备

为了使装置的产能提高，部分装置采用氧化脱氢工艺对装置进行了改造，改造主要内容是增加一台氧化脱氢反应器，其余的流程与传统的脱氢工艺基本相同，本书以国内某装置为例介绍氧化脱氢反应器的有关内容。

2.2.4.1 工艺流程

国内某装置的氧化脱氢反应器工艺流程如图2－15所示。

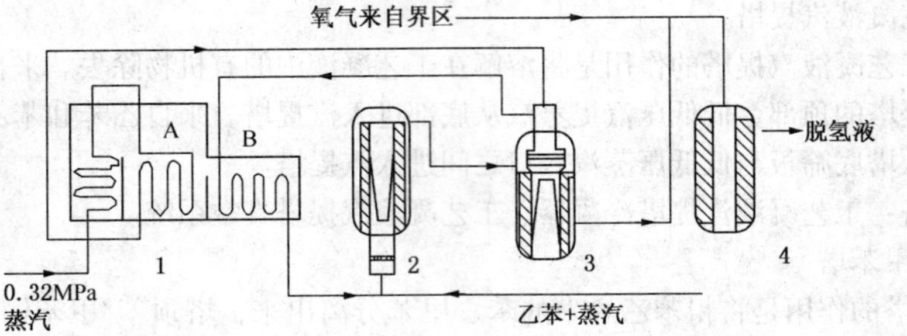

图2－15 氧化脱氢工艺流程简图

1—蒸汽过热炉；2—第一脱氢反应器；3—第二脱氢反应器；
4—氧化脱氢反应器

脱氢反应器的出料在静态混合器中与富氧气体、稀释蒸汽混合，混合物进入氧化脱氢反应器的氧化床层。氧化床层和脱氢床层都是径向的，中间用金属网隔开。脱氢反应器脱氢生成的氢气在氧化脱氢反应器内首先与氧发生反应，使部分氢气被氧化。氢气氧化所产生的热量使反应物流温度升高到规定值后进入脱氢床层，在脱氢床层中发生脱氢反应。

由于脱氢催化剂中含有钾，随着装置的运行，活性钾逐渐流失。如果钾进入氧化催化剂，则会使氧化催化剂失活，影响其选择性。因此，反应器中需装填一定数量的瓷球，用以捕捉来自脱氢催化剂的钾元素，避免氧化催化剂失活。

2.2.4.2 主要工艺条件及关键控制点

以国内某84kt/a苯乙烯装置为例，氧化脱氢反应器采用DCS系统进行控制，操作人员在带键盘和CRT屏幕的操作站进行画面集中监控，保证该反应器长期平稳、连续、安全、可靠地运行。氧化脱氢反应器的主要控制部位及工艺条件见表2－31。

表2－31 氧化脱氢反应器的主要控制部位及工艺条件

项目	工艺条件	项目	工艺条件
氧化脱氢反应器入口压力(A)	60～80kPa	氧化脱氢反应器氧化床出口温度	606～650℃
氧化脱氢反应器入口温度	490～550℃	氧化脱氢反应器脱氢床出口温度	560～610℃

2.2.4.3 主要分析控制指标

以国内某84kt/a苯乙烯装置为例，氧化脱氢反应器的主要分析指标见表2－32。

表 2-32　氧化脱氢反应器的主要分析控制指标

序　号	分析项目	控制指标	采样地点	分析频次
1	水相/有机相	≥1.3	氧化脱氢反应器入口	1次/周
2	水相/有机相	≥1.3	氧化脱氢反应器出口	1次/周

2.2.4.4　氧化脱氢工艺的主要设备

氧化脱氢反应器由三个同心筒体构成，内筒和中筒之间装填氧化催化剂，中间筒和外筒之间装填脱氢催化剂；氧化催化剂床的底部装填 Φ3mm 瓷球，其外形结构图见图 2-16。

氧化脱氢反应器日常维护：

① 定期检查人孔、阀门、法兰等密封点。

② 定期检查膨胀节的状况，如螺栓、波纹管、护罩等。

③ 定期检查压力表、取样线、热电偶、安全阀等设施是否灵活好用。

④ 严禁设备超温、超压或超负荷。

⑤ 反应器开、停工应严格遵守有关的操作规程。

⑥ 定期检查外部保温状况，如有保温层变色等状况，及时测量温度，根据情况处理。

⑦ 开、停车过程中随时检查各连接管线及反应器膨胀节的变形情况。

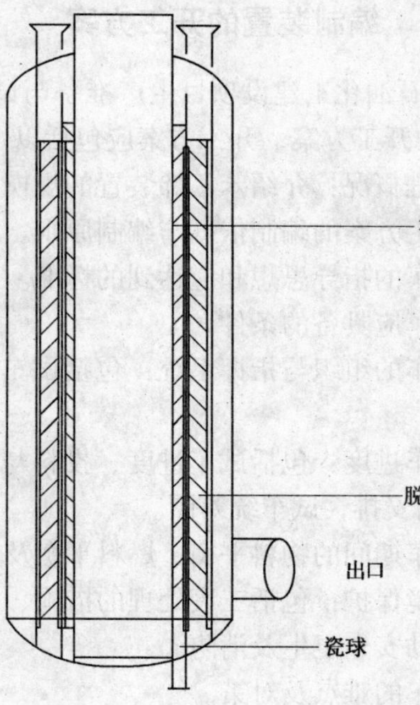

图 2-16　氧化脱氢反应器简图

2.2.4.5　氧化脱氢工艺的技术特点和难点

① 氢气氧化产生的热量加热从上一段来的脱氢混合物，使之达到下一段脱氢反应所需的温度，不需要中间换热器和相关的管线。

② 上一段脱氢产生的氢气大部分被氧化，使反应向生成苯乙烯的方向移动。与传统的苯乙烯生产技术相比，在相同的选择性下，乙苯单程转化率可高于 70%。

③ 乙苯转化率的提高，可降低循环乙苯的量，从而降低了苯乙烯的能耗。

④ 由于氧气的加入，反应物料必须控制在爆炸范围之外，增大了控制难度。

第 3 章　装置开车

3.1　苯乙烯装置的首次开车准备

3.1.1　编制装置的开工方案

根据“石油化工建设项目生产准备与试车规定”，新建苯乙烯装置在投料试车以前，应编写装置的开工方案，开工方案应包括以下内容：

① 工程概况：介绍苯乙烯装置的规模及建设情况，原料、燃料、动力供应及产品流向。

② 开工方案的编制依据与编制原则。

③ 试车的指导思想和应达到的标准。

④ 试车应具备的条件。

⑤ 试车的组织与指挥系统：包括试车组织机构与指挥，技术顾问组和开车队，试车保运体系。

⑥ 试车进度：包括试车进度、投料与出合格产品的时间，主要控制方案，装置考核与试生产时间安排，试车统筹图。

⑦ 试车期间的物料平衡、燃料平衡及动力平衡及其准备。

⑧ 环境保护：包括三废处理的措施、方法及标准，三废排放及处理一览表。

⑨ 劳动安全卫生及消防。

⑩ 试车的难点及对策。

⑪ 经济效益的测算。

3.1.2　吹扫和清洗

苯乙烯装置建成后，要确认装置所有设备和管线均已按照要求正确安装，并完成仪表调校工作，在检查时应注意以下几点：

① 垫片是否安装，垫片型号是否正确；

② 止逆阀安装方向是否正确；

③ 正式盲板位置是否正确；

④ 临时盲板是否全部拆除；

⑤ 各阀门是否安装在方便操作的位置；

⑥ 开车组织方案、资料数据是否齐备；

⑦ 催化剂等是否齐备；

⑧ 分析检测及设备检修的人员、器具是否到位；

⑨ 安全防护用具是否齐全；

⑩ 现场通讯系统是否完好。

苯乙烯装置开工前，需要对全部工艺管道和设备进行吹扫与清洗，它的目的是通过使用空气、蒸汽、水等流体介质的吹扫、冲洗，清除施工过程中残留的焊渣及其他杂质，防止开工试车时堵塞管道、设备，损坏机器、阀门和仪表，是装置首次开车的一项重要试车程序。

在进行设备管道冲洗前，必须编写吹扫方案，方案通常包括：编写依据、冲洗范围、应具备的条件、冲洗前的准备工作、冲洗方法和要求、冲洗程序、检查验收七部分。

管道和设备的吹扫方法主要有水冲洗、空气吹扫、蒸汽吹扫等。吹扫方法应根据对管道的使用要求、工作介质及管道内表面的脏污程度确定。根据"GB 50235—1997 工业金属管道工程施工及验收规范"的规定，公称直径大于或等于600mm 的液体或气体管道，宜采用人工清理，公称直径小于600mm 的液体管道宜采用水冲洗；公称直径小于600mm 的气体管道宜采用空气吹扫；蒸汽管道应以蒸汽吹扫；非热力管道不得用蒸汽吹扫。对有特殊要求的管道，应按设计文件规定采用相应的吹扫方法。

3.1.2.1 吹扫原则

① 不允许吹扫的设备及管道应与吹扫系统隔离。

② 管道吹扫前，不应安装孔板、法兰连接的调节阀、重要阀门、节流阀、安全阀、仪表等，对于焊接的上述阀门和仪表，应采取流经旁路、卸掉阀头及阀座加保护套等保护措施。

③ 吹扫的顺序应按主管、支管依次进行，吹扫出的脏物，不得进入已合格的管道。

④ 吹扫前应检验管道支、吊架的牢固程度，必要时应予以加固。

⑤ 清洗排放的脏液不得污染环境，严禁随地排放。

⑥ 吹扫时应设置禁区。

⑦ 蒸汽吹扫时，管道上及其附近不得放置易燃物。

⑧ 管道吹扫合格并复位后，不得再进行影响管内清洁的其他作业。

3.1.2.2 水冲洗

水冲洗是以水为介质，对设备和管道进行冲洗，苯乙烯装置内输送液体的管道、塔、罐等设备均可以用水进行冲洗，水冲洗的要求如下：

① 冲洗管道应使用洁净水，冲洗奥氏体不锈钢管道时，水中氯离子含量不得超过 25×10^{-6}。

② 冲洗时，宜采用最大流量，流速不得低于1.5m/s。

③ 排放水应引入可靠的排水井或沟中，排放管的截面积不得小于被冲洗管截面积的60%。排水时，不得形成负压。

④ 管道的排水支管应全部冲洗。

⑤ 水冲洗应连续进行，以排出口的水色和透明度与入口水目测一致为合格。

⑥ 当管道经水冲洗合格后暂不运行时，应将水排净，并应及时吹干。

3.1.2.3 空气吹扫

空气吹扫压力不得超过容器和管道的设计压力，流速不宜小于20m/s。

吹扫禁油管道时，气体中不得含油。

在空气吹扫过程中，当目测排气无烟尘时，应在排气口设置贴白布或涂白漆的木制靶板检验，5min 内靶板上无铁锈、尘土、水分及其他杂物，视为合格。

3.1.2.4 蒸汽吹扫

苯乙烯装置的蒸汽管网通常分为高压蒸汽、中压蒸汽、低压蒸汽等多个压力等级，以适应不同设备和工艺的需要。

为蒸汽吹扫安设的临时管道应按蒸汽管道的技术要求安装，蒸汽管道应以大流量蒸汽进行吹扫，流速不应低于30m/s。

蒸汽吹扫前，应先行暖管、及时排水，并应检查管道热位移。

蒸汽吹扫应按加热—冷却—再加热的顺序，循环进行。吹扫时宜采取每次吹扫一根，轮流吹扫的方法。

通往蒸汽透平机的蒸汽管道，经蒸汽吹扫后应检验靶片，根据“GB 50235—97 工业金属管道工程施工及验收规范”的要求，其质量应符合表3-1的规定。

表3-1 蒸汽管线吹扫质量标准①

项　　目	质量标准
靶片上痕迹大小	ϕ0.6mm 以下
痕深	<0.5mm
粒数	1个/cm^2
时间	15min(两次皆合格)

① 靶片宜采用厚度5mm，宽度不小于排汽管道内径的8%，长度略大于管道内径的铝板制成。

其他蒸汽管道可用刨光木板检验，吹扫后，木板上无铁锈、脏物时，应为合格。

3.1.2.5 *油清洗*

为保障苯乙烯装置尾气压缩机、乙烯压缩机、氢气压缩机机组的安全稳定操作，供到压缩机、蒸汽透平等润滑点的润滑油必须干净，所以必须对管线进行油冲洗以去除管线中的杂质和外来物。同时，必须检查在焊缝处、管线连接处的泄漏以及油系统的操作情况。由于压缩机高速运行，即使很小数量的外物就可能会造成轴承损坏，所以油冲洗工作必须认真对待，下面以某尾气压缩机为例介绍油清洗的步骤。

（1）油清洗前的准备

① 排掉防锈油、检查清理油箱以去除淤泥和外物，然后，在回油总管入口安装100目的滤网。

② 拆除润滑油过滤器滤芯，其他设备和阀门保持在操作条件下。

③ 将压缩机和透平轴承室进出口加跨线旁通。连接处用耐油橡胶垫安装100目滤网。塑料管连接到回油管线，与机组连接的法兰处应加盲板以防脏物进入。

④ 拆除管线上有关的压力表、温度计等，断开的开口处加盲板以防锤击损坏。

⑤ 油箱加冲洗油至80%液位。

⑥ 油冲洗时使用氮气向油滤器下游方向吹扫管线。

⑦ 检查碳钢管线防锈剂的去除情况，尤其要对初级密封上游和二级密封气过滤器进行检查。

（2）初次冲洗

在启动润滑油泵向压缩机轴承供油之前，应采取下列措施：投用氮气密封以避免润滑油进入密封。投入氮气之前，检查供气管线中无尘、无液，因为液体到干气密封中可能导致干气密封损坏。

点动润滑油电泵，检查油泵转向。由于油分布到设备系统中，油箱油位会有所下降，故要加油到油箱运行液位。

油冲洗期间，油箱电加热器应投入工作，观察油位足够并且电加热器在液面以下，然后不断地打开和关闭油冷器循环冷却水的球阀，通过使管线热胀冷缩以促进去除黏附在内部管线表面上的铁锈和其他杂物。

为促进去除铁锈和其他杂物，要用木锤重点对法兰和焊口处不断地敲击。

检查安装润滑油进压缩机总管及总回油处的滤网，更换新滤网并继续冲洗直到滤网上看不到有害外物存在。

一般情况下初次冲洗要持续约50h，油冲洗时检查重点如下：

① 润滑油系统操作状况；

② 油的异常变化；

③ 油量和油质的变化；

④ 连接和焊缝处的泄漏。

每4h将油泵、冷却器及过滤器切换至备用。

(3) 润滑油循环前的准备

① 放油：初次冲洗完成后，最好在油未完全冷却前泄出油箱中的油，放出留存在油箱底部、设备、管线中的油。

② 设备清洗：清洗油箱、油滤芯及油滤器等设备，断开管线清洗冲洗过程中可能造成脏物积聚的部位。

③ 将供油管线、回油管线等恢复原位，在压缩机和主透平的每一个供油入口安装100目过滤网。

④ 在油箱回油口安装40目滤网。

⑤ 安装冲洗前拆掉的油滤器滤芯。

⑥ 将事前拆除的压力表、温度计等安装恢复原位。

⑦ 油箱加满指定的润滑油。

(4) 润滑油循环

① 开启润滑油泵循环。

② 用木锤每4h轻轻敲击油管线以便使脏东西从管线上剥离下来。

③ 定期检查每个回油管线上的滤网，继续油冲洗直到滤网上没有可见的脏物，不时断开有可能积存脏物的供油管线的部分，确认不再有脏物积存。

④ 清洗标准是过滤网上偶尔出现最大直径不超过0.25mm的颗粒，并且数量不超过表3-2的规定。

⑤ 油冲洗彻底完成后，排掉油滤器底部积油，更换新滤芯，清理泵入口粗滤网。

⑥ 拆除用于油冲洗安装的滤网，油管线恢复到正常位置。

(5) 油清洗标准

管道油清洗后应采用滤网检验，合格标准应符合表3-2的规定。

表3-2　油清洗合格标准

机械转速/(r/min)	滤网规格/目	合格标准
≥6000	200	目测滤网，无硬颗粒及黏稠物，每平方厘米范围内，软杂物不多于3个
<6000	100	

3.1.3　公用工程准备

(1) 蒸汽系统吹扫投用

苯乙烯装置的蒸汽系统和冷凝液系统需使用相应等级的蒸汽逐条管线进行吹扫，引入蒸汽时需按要求充分暖管、排放冷凝水，防止管线、设备水击造成设备或人身伤害。蒸汽温度较高，吹扫时应注意做好防范措施，应特别注意避免被蒸汽烫伤。

蒸汽系统吹扫合格后，根据工艺要求逐级建立相应等级的蒸汽和凝液管网。

（2）工业风和仪表风系统吹扫投用

在工业风和仪表风引入装置之前，首先将各使用点和支线上的阀门关闭，然后引入工业风和仪表风，在总管的末端进行排放，把其中的杂质吹扫干净；总管吹扫合格后，再逐点吹扫各仪表使用点和支线，吹扫过程中应用木锤敲击管线的弯头、焊口等部位，使管壁上附着的杂物落下，以彻底清除内部的残留杂质。工业风和仪表风吹扫合格后即可投入正常使用。

（3）氮气系统吹扫投用

氮气系统在吹扫时，先将各使用点和支线上的阀门关闭，首先从总管末端排放，将其中的杂物吹扫干净，然后再逐点吹扫各使用点和支线。吹扫过程中应用木锤敲击管线的弯头、焊口等部位，使管壁上附着的杂物落下，以彻底清除内部的残留杂质和脏物。吹扫时与设备相连处应断开，不能将杂物吹入设备。

进气时要对每条管线仔细检查，进气要缓慢，同时检查有无泄漏，确认吹扫合格后，检查氮气的压力、纯度合格，检查确认后投用氮气系统。将需要氮封的设备置换合格后，投用氮封系统，检查各调节阀或呼吸阀是否工作正常，氮封压力是否达到要求。

（4）循环水系统冲洗投用

循环水进入设备前，要求使用干净的水对装置内的循环水管线进行冲洗，以除去管道中的焊渣、尘土、铁屑等杂质，避免带进设备。管线冲洗合格后，再将循环水引入每台换热器和机泵中。

投用循环水系统时应注意反复开启循环水系统的高位放空阀，特别是各换热器的高位放空阀，将管道和设备中的气体完全排空。循环水充满设备后，再根据工艺需要投用换热器，不需投用的换热器可关闭循环水的进出口阀门，打开副线阀门循环。冬季运行时特别需要注意防冻，可将各设备的循环水副线阀稍开以保持循环。

3.1.4 电气、仪表、DCS、联锁系统调试合格

苯乙烯装置的所有电气设备在投用前均需由专业人员按照规定程序检查确认合格，包括现场照明、呼叫对讲系统、火灾报警系统、防雷和防静电系统，所有电机必须单试合格。

在仪表（包括压力表、压力开关、热电阻、热电偶、压力变送器、调节阀、DCS系统、报警联锁系统等）投入运行之前，必须进行仪表的单独校验，正确无误后方能安装到现场。

各仪表安装完成后，必须进行仪表系统联校，联校就是检验仪表回路的构成是否完整合理、能否可靠运行、信号传递是否能满足系统精度要求，并对存在的问题进行处理，对回路进行调校的工作过程。

对于报警联锁系统，必须对照联锁图上每个原因侧和动作侧进行调试，验证信号报警、联锁回路能否正确动作，报警、联锁系统试验合格后方可投用。

3.1.5 机泵设备试车

在装置首次开车以前，为了及早消除机械本身和安装等方面的故障，机泵必须进行单机试车。根据“单车试车要早”的方针，一旦具备单机试车条件，安装和生产人员要密切配合，

尽早开展单机试车工作。

(1) 单机试车应具备的条件

① 泵体及出入口管线冲洗合格。

② 离心泵对中找正完成。

③ 泵的密封液已加注。

④ 泵的润滑油已加注。

⑤ 泵的冷却水已正常运转。

⑥ 泵的压力表及其他仪表正常投用。

⑦ 泵的出入口阀门和止回阀正常投用。

⑧ 手动盘车正常。

当单机试车的条件都具备后，相关专业人员到现场共同确认，启动机泵，检查电机电流、机泵运行等情况，若有问题及时进行消除。

试车介质一般使用洁净的水。

(2) 离心泵的试车步骤

打开入口阀门，关闭出口阀门，如果机泵有最小旁路线，应打开出口旁路线阀门，当水进入泵体后，打开高处排气阀，使水充满泵体，然后点动试车，确认泵的转向。如果转向正确，再次启动泵，观察有无泄漏，泵出口压力是否正常，机泵的震动、电流是否正常。然后逐渐打开泵的出口阀门，如果没有异常情况，运转规定时间后停泵，结束单机试车。

(3) 往复泵的试车步骤

打开泵的出入口阀门，往复泵启动时必须打开泵的出口阀，防止超压损坏泵体，水进入泵体后，打开高点阀门，排净泵内的空气；点动试车，观察运转方向是否正确；然后再次启动泵，观察有无漏点，检查出口压力、振动、噪音等是否正常；观察电机电流是否正常；然后调节泵的冲程，观察出口压力、振动、噪音等是否正常。如无异常，运转规定时间后停泵，结束单机试车。

3.1.6 压缩机的试车

乙烯压缩机、尾气压缩机等是苯乙烯装置最重要的设备，通过对压缩机进行试运转，可以检查压缩机的机械性能、安装质量和仪表动作等是否正常，保证压缩机开车后能正常平稳运行。下面以某尾气压缩机为例介绍压缩机的试车步骤

(1) 工艺管线检查

必须按照工艺流程图和管线图仔细进行检查压缩机系统的管线，检查项目包括：管线连接是否正确、管道内是否有残渣、螺栓连接是否正确、阀的开关状态是否正确。

工艺管线必须具备以下条件：

① 压缩机吸入口管线吹扫合格。

② 所有蒸汽管线吹扫打靶合格。

③ 密封氮气管线吹扫合格。

④ 仪表风管线吹扫合格。

(2) 仪表系统检查

① 检查仪表管道与接线是否正确。

② 必要时调节并校准仪表。

③ 检查联锁保护功能：按照仪表各报警、联锁值检查调校情况，试验油泵低油压自启动及低低油压联锁情况。现场仪表盘、控制室 DCS 系统调校投用正常；

④ 电泵、电加热系统调试正常。

（3）润滑油系统的试验操作

① 在启动润滑油泵向压缩机轴承供油之前，首先投用压缩机的密封系统。

② 油冲洗必须按要求完成，压缩机启动前滤网必须干净，不留可见杂物。

③ 在油箱加满指定型号的润滑油。

④ 投用仪表风。

⑤ 再次启动油泵，检查供油集合管处压力是否在规定的范围以内，必要时通过压力控制阀调节供油压力。检查并消除油系统泄漏点，通过视镜确认油流量是否合适。

⑥ 检查油箱液位是否在最小操作液位之上，必要时通过加油或放油调整合适。

⑦ 打开相应的放空阀给所有润滑油管线排气，包括油冷却器、油过滤器等，检查油箱油位和储油罐压力。

⑧ 检查油系统报警和联锁装置；通过改变油压确认其功能；降低油压检查备用泵是否在设定压力下自启动并很快恢复油压；在油泵超出操作范围后检查安全阀动作情况。

⑨ 检查并记录温度和压力。

⑩ 在主油泵操作期间启动备用油泵，确认控制阀能恰当控制油压。然后关闭备用泵，确认控制阀能恰当控制油压并且润滑油压力在规定范围内。

⑪ 切换润滑油过滤器，并确认油压在规定范围内。

⑫ 按规定对油压作最终调整，如果不需要后续操作，关闭油泵，实验结束。

（4）冷却水管线检查

① 完全打开所有水进口阀和出口阀。

② 关小冷却水阀门，检查试验水流量开关功能，试验完成后全开冷却水阀门。

③ 给所有冷却水管排气。

（5）初次开车及吹扫

初次开车的目的：确认转向；确认无异常噪音和振动；吹扫清理主管线；确认油冲洗结果；压缩机磨合运行。

1）单试大透平

① 断开大透平与压缩机之间联轴节。

② 按操作要求起动大透平，检查旋转方向、异常噪音和振动等。

③ 大透平作跳闸转速保护试验。

2）单试大透平后检查轴最终对中情况

① 应检查轴对中是否符合要求，用百分表检查轴端径向和端面偏差情况；

② 必要时调节轴对中；

③ 记录轴对中数据；

④ 连接联轴节。

3）初次开车前的吹扫准备工作

① 断开进气消音器入口周围的进气管线并在进气消音器入口安装 60 目滤网；滤网应该是在气体下游方向带有不锈钢支撑骨架的网。

② 如果有仪表直接安装在管线上，需拆除这些仪表，否则它们会由于锤击振动而损坏。

③ 进行初次开车及吹扫操作是为了吹扫掉工艺管线内的杂质，所以气体管线中的阀门应该基本全开。

④ 开车前检查或完成下列项目：

a. 初级干气密封的氮气、二级密封气的氮气。

b. 压缩机、油冷器及气体冷却器，抽气冷凝器的冷却水。

c. 启动油泵，确认油压、油温及油箱油位在规定范围内，确认回油视镜油量。

d. 确认压缩机由盘车器转动灵活自如，然后停止盘车装置。

e. 全开旁通阀。

f. 检查确认压缩机吸入口处及管线内部干净无杂物。

4）初次开车及吹扫管线

① 所有参与开车工作的人员都应熟知压缩机开车程序和内容要求。

② 按照透平说明书在最短时间内以最低转速启动透平，检查声音、振动及温度有无异常。

③ 启动压缩机，用空气吹扫黏附在管道壁上的各种杂物，同时不断用锤敲打，直到吹扫干净。判断标准是用白布或类似物在吹扫口检查无尘粒物。

④ 试车时间约 2h。

（6）压缩机热运行试验

压缩机必须在排气温度至少高于联锁设定值 5℃的情况下进行现场热运转试验，以确认压缩机的安全操作范围。热运行实验按以下步骤进行：

① 按操作程序启动压缩机。

② 逐渐关小旁通阀直到排气温度达到设定的现场热运行温度。

③ 在热运行期间要特别注意声音和振动，有异常迹象出现时要立即停止压缩机或通过开大旁通阀降低排气温度。

④ 按规定的程序完成热运行后，完全打开旁路阀，停压缩机。按照联锁表设定排出温度开关值，必须至少低于实际热运转温度 5℃。

⑤ 压缩机在热运转结束后 6h 内起动时，用水充分冷却夹套，以免发生转子接触。同样原因，在热运转结束后 6h，继续运转油泵并保证冷却水的供应。

⑥ 润滑油泵停止之前正常投用密封气，防止润滑油串入干气密封中造成密封的损坏。

（7）压缩机初次氮气循环运行

氮气循环运行的程序如下：

1）准备

① 气体管线中不留下螺栓、擦拭材料或污物之类的杂物。

② 恢复工艺管线到初始状态，再次确认所有装配螺栓、连接螺栓和法兰非常紧固。

③ 确认排出温度开关、各种液位开关、振动和位移开关、各种联锁开关的设定值。

④ 仪表风和电源供应正常。

⑤ 检查油箱油位、储油罐压力和油位是否在正常范围内。

⑥ 确认冷却水供应充足。

⑦ 必要时确认工艺管线的排放状况。

2）开车程序

① 引氮气置换气体管线，把压力调节到规定值。通过分析气体组成确认工艺气体管线

中没有残留氧气。

② 投用压缩机的密封系统。开启油泵，如油温低于10℃，投入电加热器升温至10℃以上。油泵启动后，油系统排气并检查下列项目：油压、油温、油位、储油罐油位、泄漏、油流量。

③ 确认阀位：全开入口阀；检查蒸汽并网阀处于正常位置；全开旁通阀；全关导淋阀；全开安全阀的根部阀；检查排气阀动作灵活；按照工艺流程图确认其余的阀位在正常位置。

④ 启动盘车装置确认转动无异常后，停止盘车。

⑤ 启动主透平并逐渐升速。在压缩机达到稳态前检查有无异常声音、振动、气体及轴承温度。如果吸入压力比设定压力低，提高入口供氮压力。逐渐关闭旁通阀直到获得设定排气压力。

⑥ 如果需要，逐渐打开并网阀，观察排气压力。

⑦ 在额定条件下继续运行1h左右，检查并确认下列项目：气体管线无泄漏；气体压力；气体温度；压缩机振动和噪音；压缩机轴承温度；油系统压力、温度、油位；密封气压力、温度和流量。

⑧ 如果设备和系统正常，机组可并入工艺气体运行。

⑨ 主管线用工艺气置换氮气，如有必要继续下列操作。

a. 逐渐调节旁通阀及并网阀，获得额定的吸入、排出压力。

b. 在正常操作条件下继续运行约1h。再做全面检查，检查仪表指示是否在允许范围以内。

⑩ 如不需要继续操作可按以下步骤停车。

a. 逐渐打开旁通阀降低排出压力。

b. 停止主透平。

c. 停车后检查有无反转。

d. 压缩机停车后油泵保持运转20min。

e. 冷却水通水30min。

f. 打开导淋排气。

g. 为防止生锈，入口及出口管线用氮气密封。

3.1.7 水联运试车

水联运试车是苯乙烯装置由单机试运到化工投料期间的一个试运转阶段，它开始于试车准备工作合格，结束于具备了化工投料试车条件，包括为投料试车所做的全部准备工作。目的是检查装置的机器设备、管道、阀门、仪表、联锁及公用工程的性能与质量，全面检查施工安装是否符合设计与标准规范，是否达到化工投料的要求，进行生产操作人员的实战演练。根据工艺特点，苯乙烯装置进行水联运试车的主要单元有乙苯精馏单元、工艺冷凝液汽提单元、苯乙烯精馏单元、冷冻水系统等。

3.1.7.1 联运试车方案内容

在进行水联运试车前，必须编写联动试车方案，它通常包括下列几个方面：

① 试车的目的和编制依据。

② 试车的组织指挥系统。

③ 试车应具备的条件。

④ 试车内容、程序、进度网络图。

⑤ 主要工艺指标、分析控制指标、仪表联锁值、报警值等。

⑥ 开、停车与正常操作控制方法、事故的处理措施。

⑦ 试车用介质的数量及质量要求

⑧ 试车期间的保运体系。

3.1.7.2 联运试车应具备的条件

① 工程中间交接完毕。

② 所需公用工程已能平稳供应。

③ 设备位号、管道介质名称及流向标志完毕。

④ 机、电、仪修和分析化验等已投入使用，通讯和调度系统畅通。

⑤ 消防和气体防护器材、可燃气体报警系统已经按设计要求施工完毕，处于完好状态。

⑥ 单元或系统设备、管道吹扫、冲洗、气密合格；真空系统抽真空试验合格。

⑦ 全部仪表及控制系统已经调试合格投用。

⑧ 动设备单机试车合格并交付使用，运转设备已有足够的备件。

⑨ 各设备和管道按设计保温完毕，各安全阀按设计的整定压力检验合格。

⑩ 安全和消防设施齐备；现场清理完毕，道路畅通，调度与通讯畅通。

⑪ 公用工程系统已稳定运行，冷却水、脱盐水、蒸汽、仪表风、工业风、电等能够满足系统联动试车要求。

⑫ 试车方案和操作规程已编制完毕并培训操作人员。

⑬ 各项工艺指标已经批准并培训操作人员。

⑭ 已建立岗位责任制。

⑮ 专职技术人员和操作人员已确定，并考试合格和持上岗证。

⑯ 试车前应加的临时管线及有关措施已完成。

3.1.7.3 水联运步骤和操作要点

① 检查各设备、管道、阀门、仪表和安全阀均处于完好备用状态。

② 按水联运要求，检查系统需拆装的盲板及临时管线是否就位。

③ 检查各应开和应关的阀门是否处于正确状态。

④ 将公用工程水、电、汽、风及脱盐水引至界区内。

⑤ 系统充压，对系统以空气或氮气充压，充气压力接近于系统操作压力。

⑥ 按水循环流程要求，由临时管线或泵向系统各罐、塔送入脱盐水，建立各自的正常液位，开泵建立循环并调节至相应流量。

⑦ 引相关的公用工程，如冷却水、蒸汽等到设备，并逐渐调节到水联运要求的指标。

⑧ 对真空系统抽真空。

⑨ 检查全系统各测控点指标，所用自控装置视情况尽量投入自控状态，以检查自控仪表的自调性能。

通常水联运稳定运行48h为合格。

3.1.7.4 水联运的注意事项

① 水联运时，应防止水窜入其他不参加水联运的部位。

② 水经冷却器、换热器的控制阀时，若有副线，应先走副线，待干净后再走换热器和控制阀。

③ 水联运中发现过滤网堵塞或管线堵塞，应及时拆下过滤网进行清扫，或找出堵塞部位加以清理。

④ 水联运中，必须控制泵出口流量不要过大以防止电机超电流。

⑤ 联运过程中，备用泵应切换使用。

⑥ 塔、容器、换热器等设备充水完毕，在开始水联运之前，必须在各低点排污。

⑦ 循环水脏后，可视情况部分排放、补充新鲜水或全部排放，重新建立循环。

⑧ 水联运结束后，要及时进行全系统水排空处理，此时应注意各容器气相与大气连通，防止排水时容器内造成真空，损坏设备。

⑨ 水联运结束后，应填写水联运模拟试车报告。

⑩ 在冬季进行水联运，必须要充分考虑防冻措施。

3.1.8 催化剂装填

在装置冲洗和吹扫合格后，应进行催化剂的装填。苯乙烯装置需要装填的催化剂有白土、烷基化催化剂、烷基转移催化剂、脱氢催化剂、无烟煤等。

在装填前，必须针对不同的反应器及容器制订周密的装填方案，对装填人员技术交底，装填人员必须经过培训。在装填过程中要注意劳动保护和正确使用安全器具，装填前要清除随身携带的与装填无关的物品，装填过程应尽量避开阴雨天。

为了保证物流在反应器中能够良好地分布，要求催化剂床层的密度均匀，否则将会产生沟流、短路，可能导致反应的转化率和选择性下降，影响催化剂的寿命。装填过程中催化剂破碎产生粉末将增加催化剂床层的压降，因此催化剂装填必须严格按程序操作。

催化剂等装填完成后，必须注意催化剂的保护，必要时加盲板隔离，防止水等杂质进入。下面以脱氢催化剂为例，介绍催化剂的装填步骤。

(1)催化剂装填所需的准备工作

① 反应器检查完毕，所有内件完善。

② 准备充足的装填催化剂用的布袋，至少两条长度合适的软梯，足够的防爆通讯工具，照明器材若干，进容器必须的个人防护设施，开启催化剂桶的操作工具，其他应急设施。

(2)装填过程

① 将催化剂过筛装入料斗备用，料斗还可在恶劣气候下保护催化剂。

② 一般催化剂装在铁桶里，每桶重约200kg。催化剂过筛除去细粒放入料斗中，经提升后送到顶部，从顶部人孔经布袋装入相应反应器。

③ 在反应器催化剂装填口的上面放置一个接受催化剂的漏斗。催化剂经过漏斗缓慢地放入反应器。

④ 反应器的催化剂装填工作将用两根软管来完成，两根软管分别连接由两个料斗供料的两个漏斗。

⑤ 两根催化剂装填软管通过催化剂装填口插进反应器里。软管的上端连接到催化剂装填口法兰上。

⑥ 需要两个操作工在反应器内部进行工作，每人操作一根软管，尽量使催化剂装填均匀。另外两个操作人员在反应器顶盖上负责装填催化剂的操作和记录。

⑦ 装填操作开始之前，床层底部的操作工折叠其装填软管的尾部并用细绳系住它。

⑧ 在顶盖上的操作工打开蝶阀。催化剂就自由地通过装填软管降至底部，将装填软管

充满。在整个装填过程中，软管应处于使催化剂自由下降最小的位置。

⑨ 在反应器底部的操作工解开软管的尾部并开始分配催化剂。

⑩ 在顶盖上的操作工负责联系反应器底部的操作工，控制催化剂的装填速度，并记录携带入反应器的物件，在装填结束时，核对携带出的物品是否相符。

⑪ 反应器底部的操作工通过挤压软管或把软管头压进已装好的催化剂内来控制催化剂流量。操作工的工具包括一把剪刀和一条细绳。剪刀用于催化剂平面上升后切下部分软管，小绳用于系住软管。操作工各自在180°的区域内分配催化剂，直至反应器内的催化剂达到合适的平面。

(3)催化剂装填的其他注意事项

① 在开始装填催化剂前，脱氢反应器上游系统必须吹干(包括反应器)，防止在预热过程中有水分夹带进入反应器。另外，在装填过程中，应在打开的催化剂装填口上方盖一块帆布，防止雨水进入反应器。

② 应遮盖催化剂装填盖板和反应器壳体之间的空间，以防止颗粒掉入夹层。

③ 不要将废弃的装填软管块遗留在反应器内部。

④ 催化剂床上的人员可使用绳索梯，若用升降机，需防止损坏催化剂网。

⑤ 上下、内外操作工应用可靠的通讯工具保持密切联系。

⑥ 反应器应提供照明，并用绳子吊好。

⑦ 设置紧急事故空气面罩，反应器中的操作人员应戴好防尘面罩。

⑧ 必须向反应器内提供新鲜干燥的空气，催化剂装填操作应连续完成，如果中断，必须保持系统干燥。

3.1.9 装置气密试验

在装置水联运完成后，应使用洁净、干燥的氮气或空气对装置进行气密试验。气密试验的目的是检验容器和管道系统各连接部位(包括阀门填料函、法兰或螺纹连接处、放空阀、排气阀、排水阀等)的密封性能，以保证容器和管道系统能在使用压力下严密不漏。

气密性试验应在水压试验合格后进行，气密试验的压力应为设计压力，真空管道的试验压力为0.1MPa。

气体泄漏性试验的试验压力应逐级缓慢上升，当达到试验压力时停压10min后，用涂刷中性发泡剂的方法，巡回检查所有密封点，无泄漏为合格。在充压过程中应防止系统超压，当需要处理泄漏点时必须注意安全，在确认已泄压后方可更换垫片。

在苯乙烯装置中，乙苯精馏单元、脱氢单元和苯乙烯精馏单元均有真空设备和真空管道，在气密性试验合格后，这些真空设备和真空管道应以设计压力进行真空度试验，真空度试验宜在气温变化较小的环境下进行，试验时间为24h，检查增压率是否合格。各单元所有检测点均合格后气密检查结束。

3.1.10 氮气置换

气密合格后，用氮气对全装置进行置换，通过排放氮气将残存在设备和管线内的水分、空气彻底清除干净，将整个装置的氧含量降到0.1%以下。

在进行氮气置换时，乙苯单元、脱氢单元、苯乙烯精馏单元、罐区单元应分别置换，各单元之间必须相互隔离，避免氮气在系统中互窜，置换过程中应采用充压、排放法，使死角部位置换合格，降低氮气消耗。氮气进入装置后，必须注意安全，进入受限空间时严格执行进入受限空间作业制度，并且合理选择氮气排放点，防止发生窒息事故。

置换几次后，从各个单元选择有代表性的取样点取样，分析系统氧含量，氧含量小于0.1%时置换合格。

3.1.11 检查确认消防安全系统

检查确认装置内的消防安全系统，包括现场灭火器、消防水、泡沫灭火系统、火灾报警系统、可燃气体报警系统和洗眼器等设施，所有的设施要能够正常投用。

3.1.12 烘炉

凡是新建的加热炉，炉墙采用耐火砖或者轻质耐热混凝土衬里的，均要进行烘炉；如果旧炉子的炉墙进行了大面积的修补，修补所用的材料是耐火砖或者是轻质耐热混凝土衬里的，也要进行烘炉。

在烘炉时，炉管内通入氮气，炉膛温度达到150℃时进行恒温，以除去炉墙中的游离水；炉膛温度达到320℃时恒温以除去炉墙中的结晶水；炉膛温度达到450℃和500℃时恒温，使炉墙中的耐火泥充分烧结，烘炉时炉管内蒸汽出口温度不超过500℃。

(1)烘炉步骤

加热炉在烘炉时，需严格按照以下步骤进行：

① 烘炉前应先打开全部人孔、防爆门、开启烟囱挡板，自然通风五天以上，然后开始点火烘炉。

② 开始烘炉时，烟囱挡板开启1/3左右，待炉膛内温度升高、抽力增加时，再稍开烟道挡板。

③ 炉管内通入氮气，点燃长明灯，开始烘炉。当炉膛温度升到130℃时，即可点燃火嘴，继续烘炉。当达到一定温度后，将炉管内的氮气改为蒸汽。

④ 烘炉时应尽量采用气体燃料，烧嘴应对角点火。

⑤ 在烘炉过程中，温度均匀上升，升温和降温速度应按烘炉曲线进行，并经常观察炉墙情况。

⑥ 在烘炉过程中应做好记录，烘炉后应画出实际烘炉曲线。

⑦ 炉膛以20℃/h的速度降温，待炉膛温度降到250℃时，熄火，降到100℃后进行自然通风。

⑧ 烘炉完毕后，应对炉子进行全面检查，如发现缺陷等，应进行修补。

(2) 正常操作注意事项

① 控制过热炉出口温度稳定，出口蒸汽温度正常波动范围应在5℃以内。

② 检查燃料燃烧情况、炉膛温度变化情况，烟囱冒烟情况、炉墙及炉附件情况。

③ 检查烟气氧含量和炉膛真空度，通过调节烧嘴根部阀门及烟道挡板开度，使烟气氧含量与炉膛真空度控制在工艺指标范围内。

④ 确保正常的联锁条件投用，联锁信号报警仪表动作后，必须立即进行处理。

⑤ 火焰控制：每个烧嘴的火焰长短和大小尽可能地均匀一致。在任何情况下，都不能使火焰直接接触到炉管，除定时检查外，每进行一次温度或燃料气压力调节，每发生一次波动，都应检查一次火焰燃烧状况，避免其接触到炉管。

火焰形状不正常有五种主要原因：

a. 空气量不足，火焰有烟、不规则而且闪烁。

b. 烧嘴堵塞，应将堵塞口进行清理。

c. 烟道抽力过大，抽力太强时火焰闪烁，应调整烟道挡板，减小抽力。

d. 烟道抽力不足，加热炉冒烟，火焰从看火孔，风门或对流段弯头箱盖窜出。应降低烧嘴燃料量，并加大烟道挡板开度。

e. 燃料过量，在烧嘴燃料量高的情况下，火苗长而不规则。应降低燃烧量，减小燃料气量。

⑥ 防止二次燃烧：当燃烧空气量不足时，烟气中将含有一氧化碳，一氧化碳会在对流段、烟囱底部甚至顶部发生二次燃烧，烧坏对流段炉管。为防止二次燃烧，应根据烟气氧含量调节风门，控制氧含量为3%～4%，不得低于2%。如果发生二次燃烧，应立即降低燃料量，开大烧嘴风门，加大空气量。二次燃烧停止后，再逐渐增大燃料量。

3.1.13 按开车要求确认工艺系统

确认工艺管线、阀门状态均处于正确的位置；火炬管线、分析取样管线均正常投用；所有的临时管线已拆除；确认所有的安全阀的出入口阀均已开启；确认所有的换热器均已正常投用；备用设备的阀门已关闭；对已装填催化剂或其他化学品的设备，要注意催化剂及化学品的保护，防止进水，防止发生跑料事故。

3.2 检修后装置开车的准备工作

装置停车检修后，装置进入开车准备与开车阶段，苯乙烯装置停车检修后工作程序一般都要经过拆除盲板、系统气密、吹扫、置换、联锁调校、压缩机试车等阶段，然后开始投料开车。

3.2.1 拆除盲板

为确保装置检修安全、防止发生串料事故，停工后必须在需要的位置安装盲板，在检修设备复位全部结束进入开车准备期时，要对有关盲板进行拆除确认。

为便于管理，拆除盲板工作应安排专人负责，拆除时要严格按有关规定执行并作好记录，盲板拆除后，有关人员应进行确认签字防止发生遗漏。盲板全部拆除完成后，对拆除盲板图与已确认签字的盲板拆除情况记录表应进行妥善保管，便于以后查阅考证。

3.2.2 系统确认

检修完成后，必须对系统的流程进行彻底检查，检查所有阀门，确认填料完整，灵活好用，阀门的开关位置正确。

各机械设备、管道、电器、仪表等必须安装和检修完毕，试压和试运转正常合格，验收手续齐全并留有试压检查记录。

各液面计、温度计、压力计、调节阀及一切安全设施必须安装正确，并经校对灵活好用。

各设备静电接地及物料管线的跨接线安装应符合要求。

3.2.3 公用工程准备

冷却水已经引入装置，检查确认所有使用冷却水的换热器的冷却水系统已正常投用，流程正确；检查确认所有泵的冷却水系统已正常投用，流程正确；检查确认压缩机机体和油路的冷却水系统已正常投用，流程正确，仪表状态正常。

检查确认氮气、仪表风、工业风已经引入装置且各系统压力正常。装置中需要保持氮封的设备(罐区各储罐)的氮气压力正常稳定。

高压蒸汽、中压蒸汽引入装置，蒸汽引入时必须按安全要求进行，对所经过的管线要充分排凝，防止蒸汽引入时发生水击，损坏设备或造成人身伤害事故。

冬季运行时还应特别注意蒸汽或热水伴热系统，必须保证正常。

3.2.4 催化剂装填

装置停车检修后，烷基化单元和脱氢单元要进行催化剂的装填，催化剂装填的要求与装置首次开车时相同，参见第3.1.8节。

3.2.5 电气、仪表、DCS系统、联锁系统调试

苯乙烯装置的所有电气设备在投用前均需由专业人员按照规定程序检查确认合格，包括现场照明、呼叫对讲系统、火灾报警系统、防雷、防静电系统，所有电机必须单试合格。

工艺人员应检查检修中拆除的仪表是否全部回装，调节阀的安装方向和阀门开度是否正确；确认所有仪表指示均正常；所有调节阀均应进行试动作，必须开启灵活，阀位与调节器输出值相对应，确认动作正常，所有现场执行机构应与控制室各调节仪表一一对应；调节阀气开、气关符合要求。

DCS系统由仪表专业人员调试合格。

所有联锁、信号报警仪表进行模拟动作试验，应达到动作准确可靠，模拟动作结束后，所有联锁、信号报警值应置于正常开车规定值。

3.2.6 转动设备检查

检查电机情况，检修过的泵对中找正完成并试车正常，泵的润滑油已加注正常，泵的冷却水已运转正常，检查泵的压力表及其他仪表正常可用，检查泵的出入口阀门和单向阀正常可用，手动盘车正常。

3.2.7 气密试验

气密试验是对系统的严密性进行检验，是化工装置开车操作过程中不可缺少的步骤。苯乙烯装置生产所用的原料乙烯、苯以及苯乙烯产品等多为易燃易爆物品，对设备的严密性要求较高，因此对气密试验更应引起足够的重视。装置经检修拆装过的塔、罐人孔、再沸器、冷凝器封头等处的连接法兰都必须进行气密检验，发现有泄漏点及时消除，以确保下道工序安全顺利进行。

气密试验时应注意各系统单独进行，气密试验一般使用氮气，气密试验的压力应为设计压力，真空管道的试验压力为0.1MPa。

气密试验的方法是用氮气将各系统充到规定压力，然后用肥皂水对要气密的部位进行涂

刷，观察该部位是否有冒泡，如果该部位有冒泡，说明该部位存在泄漏，应重新进行处理，处理后再用肥皂水对该部位进行涂刷和观察，直到不冒泡为止。

气密试验过程中需注意以下事项：

① 气密试验所用的压力表必须准确可靠，每个气密单元最少配备两块压力表。

② 充压过程中应防止系统出现超压，根据压力表指示，接近气密压力时要放慢充压速度，使系统缓慢升至气密压力。

③ 气密试验过程中需要处理泄漏时必须注意安全，在确认相关系统已泄压后方可更换垫片。

3.2.8 置换

设备经检修后，系统内存在较多的空气，需要在开车前把空气置换出去。吹扫置换时乙苯单元、脱氢单元、苯乙烯精馏单元、罐区单元应分开单独进行，采用充气、泄压、充气、泄压的办法重复进行置换，尽量避免采用流动置换的方法，防止产生死角。置换时关闭系统所有与大气、火炬等外界相连的阀门，把氮气充入系统内。当压力充到所需要的值时，关闭充氮气阀门，然后从塔釜和过滤器以及泵的现场导淋排放氮气。通过排放氮气把系统内的空气排出系统。如此重复进行几次，直到系统内无明显的杂质为止，然后再进行其他导淋口的排放。排放应做到细致周密，不能出现有遗漏的死角，系统上所有能排放的部位都应进行排放。尤其要特别注意的是现场压力表、仪表导压管等不能遗漏，现场压力表最好要卸下来进行排放。

置换到一定程度后对系统进行氧含量分析，分析要多选择几个具有代表性的点，一个独立的系统不能只选一二个点分析。如果分析点的氧含量超过 0.1%，应继续进行置换。

对于没有连接氮气管线的设备、系统，吹扫置换时应用胶皮管连接氮气进行吹扫置换。各系统（重点是塔、罐、压缩机）吹扫置换合格后，需用氮气进行保压备用。

3.3 液相分子筛工艺生产乙苯装置的开车

液相分子筛工艺乙苯的生产包括反应单元与乙苯精馏单元两部分。

3.3.1 反应单元开车

3.3.1.1 烷基化反应系统

（1）烷基化反应系统苯冲洗

首先用新鲜苯将烷基化反应系统冲洗干净，苯冲洗的流程如下：

新鲜苯→新鲜苯处理器→苯塔（或预分馏塔）回流罐→烷基化原料苯泵→开/停工加热器→混合器→烷基化反应器的旁路→烷基转移进料预热器→烷基化反应器压力调节阀→苯塔（或预分馏塔）→不合格乙苯罐。

同时连通以下流程，对烷基化液循环管线进行苯冲洗：

烷基化反应器出口→烷基化液循环泵入口管线→烷基化液循环泵→烷基化液循环泵出口管线→混合器→烷基化反应器旁路。

苯冲洗合格后，断开旁路，连通苯进入反应器的流程，开始反应器冷苯充填。

（2）烷基化反应系统冷苯充填

① 烷基化反应系统充填冷苯之前，投用新鲜苯处理器，使新鲜苯处理器在正常运行状

态，可以提供精制后的苯。

② 连通以下流程：

a. 新鲜苯→新鲜苯处理器→苯塔（或预分馏塔）回流罐→烷基化原料苯泵→烷基化原料苯换热器→开/停工加热器→混合器→烷基化反应器→烷基转移进料预热器→烷基化反应器压力调节阀→苯塔（或预分馏塔）→不合格乙苯罐。

b. 烷基化反应器出口→烷基化液循环泵入口管线→烷基化液循环泵→烷基化液循环泵出口管线→混合器→烷基化反应器。

③ 将烷基化反应器压力控制器置于手动位置，并完全打开出口压力调节阀。

④ 启动新鲜苯泵，手动调节流量调节阀，向烷基化反应器中充填冷苯。

⑤ 随着系统压力增加，将白土处理器精制后的冷苯送入到苯塔（或预分馏塔）回流罐中，回流罐设定在正常液位并投自动。

⑥ 如果原料苯泵的扬程不够，停下原料苯泵，启动烷基化反应苯进料泵，继续向烷基化反应器充填苯。苯从烷基化反应器出来后，经烷基转移进料预热器进入苯塔（或预分馏塔）。

⑦ 苯进入苯塔（或预分离塔）后，连通以下流程，将系统中的氮气排入火炬系统。

苯塔（或预分馏塔）冷凝器→苯塔（或预分馏塔）回流罐→脱非芳塔→脱非芳塔顶冷凝器→脱非芳塔回流罐→脱非芳塔顶压力调节阀→火炬系统。

⑧ 烷基化反应器充满冷苯后，启动烷基化液循环泵，投用烷基化液循环的流量调节阀，将流量设定在设计值的50%。

⑨ 在反应器填充冷苯的过程中，同时用冷苯充填调节阀、换热器的旁路。

⑩ 烷基化反应系统充满冷苯后，再继续充填，冷苯会从苯塔（或预分馏塔）的进料口进入塔中，并下降到塔釜，塔釜的液位将逐渐上升。

⑪ 当苯塔（或预分馏塔）塔底液位达到正常位置时，停烷基化原料苯泵，停止烷基化反应器的苯进料，停烷基化液循环泵。暂时关闭烷基化反应器出口管线上的出口阀和烷基化反应器进口的切断阀。

⑫ 冷苯充填结束后，苯塔（或预分馏塔）可以进行热苯循环。

（3）烷基化反应系统热苯循环

当苯塔（或预分馏塔）的回流流量稳定、塔顶苯的质量合格后，可以开始进行烷基化反应系统的热苯循环。用蒸汽冷凝液（或脱氧水）充填烷基化反应器出料冷却器（蒸汽发生器）到正常液位的一半，并将冷凝器液位控制器投入自动，打开烷基化反应器出料冷却器壳层的放空口使之与大气相通，以便排出产生的蒸汽。

① 重新启动烷基化反应原料苯泵，设定烷基化反应器的苯进料流量到规定值，按冷苯充填的流程将热苯送到烷基化反应系统。

② 将烷基化反应器出口压力设定在正常操作压力，投入自动。

③ 当烷基化反应器压力达到规定值并且烷基化液循环泵的导淋有出料时，启动烷基化液循环泵，建立热苯循环。循环量由循环调节阀控制，热苯循环的流程如下：

a. 苯塔（或预分馏塔）冷凝器→苯塔（或预分馏塔）回流罐→烷基化原料苯泵→烷基化原料苯换热器→开/停工加热器→混合器→烷基化反应器→烷基转移进料预热器→烷基化反应器压力调节阀→苯塔（或预分馏塔）→苯塔（或预分馏塔）回流罐。

b. 烷基化反应器出口→烷基化液循环泵入口管线→烷基化液循环泵→烷基化液循环泵出口管线→混合器→烷基化反应器。

④ 来自乙苯精馏单元的热苯温度较低，通过烷基化反应器入口进料调节阀控制热苯的流量，使烷基化反应器的升温速度控制在指标范围内。

⑤ 热苯加入反应器后，反应器进口温度和床层温度将上升，烷基化系统中的冷苯被逐渐置换出来，返回到苯塔(或预分馏塔)。热苯循环期间，必须投用开/停工加热器，将反应温度升高到规定值。

⑥ 将烷基化反应器的原料苯流量调整至正常流量，并投入自动。

(4) 向系统投乙烯

① 将烷基化反应器进口温度控制器置于手动，并手动控制开/停工加热器的高压蒸汽流量，使烷基化反应器升温速度控制在指标范围内，将反应器温度升至要求值。

② 反应器温度、压力达到要求值后，开启烷基化液循环泵，然后慢慢提高烷基化液循环泵流量至正常流量。

③ 投用压缩机旁路冷却器的冷却水，排空乙烯压缩机进出口缓冲罐内的液体。按照制造商的说明书启动乙烯压缩机，乙烯先经旁路循环，并做好向烷基化反应器提供乙烯的准备。

④ 反应器温度压力达到要求值后，开始向烷基化反应器下部乙烯注入点注入乙烯。乙烯流量由调节阀调节和控制，首先将乙烯流量调节至正常值的50%左右，观察温升，如果指标在控制范围内，可以逐渐提至正常流量。观察烷基化反应器温度分布，如果下一段催化剂床层的上部无温升，表明乙烯已经100%转化。然后按同样的方法向烷基化反应器的中部乙烯注入点加入乙烯，控制床层温升在正常范围内。

⑤ 由于烷基化反应是放热反应，随着进入烷基化反应器中的乙烯接近正常流量，烷基化反应器的出口温度将上升。需要将烷基化液的温度降低至要求值才能进入后续的烷基化反应器。根据装置的不同，烷基化反应器的数量也不相同，一般情况下由第一烷基化反应器出来的较高温度的热物流进入烷基化原料换热器，将原料苯加热到规定的反应器入口温度。

⑥ 烷基化液进入烷基化液冷却器(蒸汽发生器)的管程，加热壳程的蒸汽凝液，发生低压蒸汽，在产生蒸汽的初期，将发生的蒸汽排入大气，将系统中的空气置换干净。然后，关闭放空阀，将蒸汽并入低压蒸汽管网。

⑦ 按照同样的方法向其他烷基化反应器加入乙烯，并控制乙烯流量和床层温升在正常范围之内。

⑧ 最后一个烷基化反应器的出料进入烷基转移进料预热器管程，作为热源来预热烷基转移反应器的进料。烷基化液从烷基转移进料预热器出来后，经过压力调节阀，进入苯塔(或预分馏塔)。

⑨ 随着反应的进行，返回烷基化反应器入口的循环物料温度也将逐渐升高，开/停工加热器需要的蒸汽量逐渐减少，当烷基化反应器的进料温度在规定值，循环量达到设计正常值后，逐渐关闭开/停工加热器的蒸汽，停用该换热器。

3.3.1.2 烷基转移反应系统

首先用新鲜苯将烷基转移反应系统冲洗干净，苯冲洗的流程如下：

(1) 烷基转移反应系统苯冲洗

新鲜苯→新鲜苯处理器→混合器→烷基转移反应进料预热器→烷基转移反应器旁路→苯

塔(或预分馏塔)→苯塔(或预分馏塔)塔釜→不合格乙苯罐。

经一段时间冷苯冲洗后，断开旁路，连通苯进入反应器的流程，开始烷基转移反应器的冷苯充填。

如果需要，也可启用苯塔(或预分馏塔)再沸器，用热苯冲洗。待热苯冲洗完成后，关闭苯塔(或预分馏塔)再沸器蒸汽入口阀，用冷苯向反应器中进行充填。

(2) 烷基转移反应系统冷苯充填

① 连通以下流程，准备从新鲜苯处理器引冷苯充填烷基转移反应器。

a. 新鲜苯→新鲜苯处理器→混合器→烷基转移反应进料预热器→烷基转移反应器→苯塔(或预分馏塔)→不合格乙苯罐。

b. 苯塔(或预分馏塔)塔顶出料管线→苯塔(或预分馏塔)冷凝器管程→苯塔(或预分馏塔)回流罐→脱非芳塔→脱非芳塔塔顶出料管线→脱非芳塔塔顶冷凝器壳程→脱非芳塔回流罐→火炬系统。

② 将脱非芳塔塔顶压力控制器设定在规定值，投入自动，以方便冷苯充填时排放氮气。

③ 将烷基转移反应器的压力控制器置于手动位置，并完全打开压力调节阀。

④ 启动新鲜苯进料泵，将中间罐区的新鲜苯连续加入新鲜苯处理器，脱除其中的微量杂质。手动调节烷基转移反应器原料苯进料调节阀，按上述流程向烷基转移反应器中充填冷苯，润湿催化剂床层。随着冷苯填充的进行，烷基转移反应器及管线中的氮气将排入火炬。

⑤ 当烷基转移反应器中充满冷苯后，冷苯将进入苯塔(或预分馏塔)，并下流到塔釜。当确认烷基转移反应器流出的冷苯进入苯塔(或预分馏塔)，且塔釜液位达到正常液位时，停新鲜苯泵，停止向烷基转移反应器进苯。

⑥ 暂时关闭烷基转移反应器的进口阀和出口阀。苯塔(或预分馏塔)开车，当苯塔(或预分馏塔)塔顶的热苯合格后，开始进行热苯循环。

(3) 烷基转移反应系统热苯循环

当苯塔(或预分馏塔)塔顶苯的质量合格后，就可以进行烷基转移反应系统的热苯循环，烷基转移反应系统的热苯循环可以与烷基化系统热苯循环同时进行。

① 设置烷基转移反应器出口压力调节阀在正常的反应压力，并投用自动控制。

② 启动烷基转移反应原料苯泵，将苯送入烷基转移反应器，控制流量在规定值。烷基转移反应器中的冷苯被置换出来，返回到苯塔(或预分馏塔)，从而建立苯塔(或预分馏塔)、烷基转移反应器之间的热苯循环。

③ 开始热苯循环时，由烷基转移反应原料苯泵来的热苯先经烷基转移反应进料预热器的旁路进入烷基转移反应器。控制热苯循环量，使系统温升控制在指标范围内，直至温度不再上升。

④ 当烷基化反应器出口温度超过要求值时，将烷基转移反应原料苯泵送来的烷基转移反应原料苯切入烷基转移反应进料预热器壳程，以适当的速度提高烷基转移反应器的温度。

⑤ 当烷基转移反应器的入口温度达到要求值时，将烷基转移反应进料预热器温控阀设定在合适值，并投入自动。

⑥ 设定烷基转移反应原料苯流量在正常值，并投入自动，在乙苯精馏系统产出合格多乙苯后，即可投料。

(4) 烷基转移反应系统投多乙苯

烷基转移反应器的进料需由烷基化反应器的出料来预热，烷基化单元开车正常并产生多乙苯后，多乙苯塔才能开工，为烷基转移反应器提供多乙苯原料。因此，一般情况下烷基化系统要比烷基转移系统先开工。当多乙苯塔操作正常、多乙苯塔顶罐中的多乙苯合格后，按下列步骤开烷基转移反应部分。

① 连通多乙苯流程：多乙苯塔回流罐→多乙苯进料泵→调节阀→混合器→烷基转移换热器壳程→烷基转移反应器。

② 启动多乙苯进料泵，通过流量控制器向烷基转移反应器注入多乙苯，开始烷基转移反应。因烷基转移反应热很小，所以反应器床层各测温点温度基本相同。烷基转移反应器的进料用烷基化反应器的出料进行预热，通过控制烷基化液经过烷基转移预热器的流量控制烷基转移反应器的入口温度，使反应温度达到要求值，稳定后设定为自动控制。

③ 当烷基转移反应器中的原料苯流量和多乙苯流量稳定后，投用苯/多乙苯比值控制器，以控制苯/多乙苯的比值。

④ 烷基转移反应器出口压力由烷基转移反应器出口压力调节阀控制在规定值。

3.3.2 乙苯精馏单元开车

部分改造的装置设有预分馏塔，烷基化反应液和烷基转移反应物首先进入预分馏塔预分离，然后再进入苯塔进一步分离。新建装置一般不设预分馏塔，烷基化反应液和烷基转移反应物直接进入苯塔进行分离。本书按照设有预分馏塔的情况介绍乙苯精馏单元的开车步骤。

3.3.2.1 预分馏塔

① 不合格有机物冷却器通入冷却水。

② 连通新鲜苯进入预分馏塔回流罐的流程：来自罐区的新鲜苯→新鲜苯泵→新鲜苯处理器→流量控制阀→预分馏塔回流罐。

③ 连通新鲜苯进入苯塔顶罐的流程：来自罐区的新鲜苯→新鲜苯泵→新鲜苯处理器→苯塔顶罐。

④ 预分馏塔（或苯塔）和脱非芳塔准备接收烷基化系统排出的氮气。将脱非芳塔冷凝器中通入循环冷却水。将脱非芳塔塔顶压力控制器置于自动，并设定在正常操作压力。连通预分馏塔（或苯塔）回流罐至脱非芳塔的进料管线，将流量控制器置于手动，并全开。

⑤ 启动新鲜苯泵，将新鲜苯经新鲜苯处理器脱除微量杂质后送入预分馏塔（或苯塔）回流罐，当回流罐的液位达到正常时，将回流罐液位投入自动。

⑥ 开始向烷基化反应系统充冷苯，直到预分馏塔（或苯塔）塔底液位达到正常值，烷基化反应器的充填结束后，关闭烷基化反应器出口的切断阀。在充填过程中，从预分馏塔（或苯塔）置换出的氮气，经脱非芳塔回流罐排入火炬系统。

⑦ 连通用冷苯充填烷基转移反应器的流程：新鲜苯泵→新鲜苯处理器→流量调节阀→混合器→烷基转移反应进料预热器→烷基转移反应器→预分馏塔（或苯塔）进料板→预分馏塔（或苯塔）塔底。

⑧ 按照上述流程向烷基转移反应器充填冷苯。

⑨ 当苯进入预分馏塔（或苯塔）塔底时，塔底液位上升，此时停新鲜苯泵，关闭烷基转移反应器出口切断阀，烷基转移反应器充填冷苯结束。

⑩ 向预分馏塔（或苯塔）塔顶冷凝器壳程通蒸汽冷凝液（或脱氧水）至规定液位，将预分馏塔（或苯塔）冷凝器中水的液位控制器投入自动，并设定在正常操作的液位。

⑪ 打开预分馏塔（或苯塔）冷凝器蒸汽侧（壳程）通大气的排放阀。连通蒸汽到低压蒸汽

管网的流程，置压力调节阀于手动，并且完全关闭。

⑫ 连通预分馏塔(或苯塔)的回流线，并置回流流量控制器于手动，打开一定的开度。

⑬ 连通蒸汽至预分馏塔(或苯塔)再沸器的流程，连通再沸器液位罐的流程，且置液位控制器于手动，暂时关闭。

⑭ 缓慢引高压蒸汽进入预分馏塔(或苯塔)再沸器，预热再沸器，然后慢慢增加蒸汽量，控制塔底升温速度在工艺技术要求范围内，并注意塔的压力变化情况。

⑮ 当再沸器加热一段时间后，塔压升高，苯开始汽化，系统中的氮气等惰性气体会按照下面的路线排入火炬：

预分馏塔(或苯塔)塔顶→预分馏塔冷凝器(或苯塔)→预分馏塔(或苯塔)回流罐→控制器→脱非芳塔→脱非芳塔塔顶冷凝器→脱非芳塔回流罐→压力控制器→火炬系统。

⑯ 随着预分馏塔(或苯塔)塔底的苯被蒸发到塔顶，预分馏塔(或苯塔)回流罐的液位不断上升，而塔底液位不断降低，当降至一定液位时，启动塔顶泵，开始塔顶回流操作，通过控制新鲜苯进料量来控制回流罐的液位。

⑰ 逐渐关闭预分馏塔(或苯塔)塔顶冷凝器通往大气的阀门，当蒸汽压力接近低压蒸汽管网压力时，停止排往大气，蒸汽并入管网。

⑱ 调节进入再沸器的蒸汽流量，增加塔顶回流量，维持塔釜液位平衡。当回流流量接近正常值时，将回流控制器设定在正常值，并投入自动，使预分馏塔(或苯塔)处于稳定的操作状态之下。

3.3.2.2 脱非芳塔

脱非芳塔的目的是脱除原料苯中原来含有的以及反应中生成的少量比苯轻的物质和不凝气体，以维持回收苯的非芳烃组分低于设计值。该塔无提馏段，进料为预分馏塔(或苯塔)回流罐中的烃类蒸气，部分改造的装置，烷基转移反应原料苯罐的气相也进入脱非芳塔，该塔开车程序如下：

① 连通脱非芳塔回流罐、脱非芳塔塔顶泵、脱非芳塔塔顶回流管线的流程。

② 启用预分馏塔(或苯塔)回流罐气相进入脱非芳塔的流量控制器，设定在正常流量，投入自动。对于部分装置，同时投用烷基转移反应原料苯罐气相到脱非芳塔的流量控制器。

③ 当脱非芳塔回流罐液位达到一定时，启动回流泵打回流；当回流罐达到正常液位时，将回流罐液位控制器设定并投入自动。

④ 随着脱非芳塔的运行，塔釜液位升高，当达到一定时，启动脱非芳塔塔底泵将回收苯送入预分馏塔(或苯塔)回流罐，将塔釜液位控制器设定在正常值，投入自动。

⑤ 将塔顶采出的非芳烃物料经流量调节阀送至罐区，将流量控制器设定在正常值，并投自动。将集水器的液位控制器设定在正常液位，投入自动。

3.3.2.3 苯塔

① 连通苯塔塔顶冷凝器壳程的流程，向苯塔塔顶冷凝器送入蒸汽冷凝液(或除盐水)。

② 打开苯塔塔顶冷凝器壳程中的排气阀，慢慢向苯塔塔顶冷凝器送蒸汽冷凝液，液位表指示值达到要求值后，稍开排污阀，液位稳定后将冷凝器液位控制器切到自动状态。

③ 把苯塔压力控制器设定在正常值，并切到自动状态。

④ 打开有机物冷却器的进、出口冷却水阀门。

⑤ 打开苯塔再沸器凝液罐排水调节阀的前后阀门，将凝液罐的液位控制器置于手动状态并关闭。

⑥ 稍稍打开高压蒸汽的旁通阀，接收高压蒸汽并进行暖管，打开高压蒸汽管线上的所有导淋阀及放空阀，打开苯塔再沸器导淋及放空阀，对苯塔再沸器进行预热。

⑦ 启动不合格乙苯泵，将不合格乙苯送入苯塔，塔釜液位将逐渐升高，当苯塔液位达到要求值时开始升温。

⑧ 缓慢调节再沸器蒸汽量，以适宜的速度提高塔釜温度。

⑨ 当再沸器加热一段时间后，塔压升高，苯开始汽化，系统中的氮气等惰性气体会从苯塔排入脱非芳塔，然后进入火炬系统。苯塔塔釜中的苯汽化，上升至塔顶，然后在苯塔冷凝器中冷凝，苯塔回流罐液位逐渐上升。

⑩ 苯塔灵敏板温度接近工艺指标并稳定后将温度控制器打自动，与苯塔再沸器凝液罐液位控制器串级控制。

⑪ 当苯塔塔顶罐中液位正常后，手动打开回流调节阀，启动苯塔塔顶泵打回流，并逐渐增加回流量，以保持苯塔塔顶罐的液位正常。

⑫ 观察苯塔塔顶罐集水器的液位，当液位达到规定值后，打开排水阀，现场手动放水。

⑬ 当苯塔塔顶罐液位指示适宜时，将塔顶物料送至有机物冷却器冷凝后送不合格乙苯罐，控制塔顶罐液位稳定。

⑭ 打开塔釜采出调节阀的前后阀，手动打开塔釜采出调节阀，将物料送至有机物冷却器，当苯塔液位稳定后，将塔釜采出流量控制器切入自动状态。

⑮ 当苯塔顶罐的液位、塔顶温度、压力达到要求值并且稳定后，关闭苯塔冷凝器壳程的排放阀，将苯塔冷凝器产生的蒸汽并入蒸汽管网。

⑯ 调整各工艺参数，使操作处于最佳状态。

⑰ 苯塔取样分析合格后，塔顶产品进入烷基化反应单元，塔釜产品切入乙苯塔。

3.3.2.4 乙苯塔

① 向乙苯塔中充入氮气至规定压力，然后将塔顶压力投自动控制。

② 向乙苯塔塔顶冷凝器壳程送入蒸汽冷凝液，当液位达到规定值后，将液位控制器置于自动，打开壳程(发生蒸汽侧)通大气的排放阀。

③ 稍微打开再沸器的蒸汽阀，预热再沸器。

④ 在乙苯塔进料前，乙苯塔应处于稍低于正常操作压力状态，由于压力降的缘故，来自苯塔的进料会部分闪蒸，使乙苯塔压力上升。如果需要，应该暂时打开塔顶压力控制器的旁通阀，避免开始进料时塔超压。当压力稳定后，关闭旁通阀，用塔顶压力控制器控制压力。

⑤ 打开乙苯冷却器循环水进出口的阀门。

⑥ 连通苯塔塔底出料线到乙苯塔的进料流程，给乙苯塔进料，当乙苯塔釜液位达到要求值时，打开再沸器的蒸汽调节阀，手动控制蒸汽流量，提高乙苯塔的温度，升温速度控制在规定的范围内。

⑦ 当乙苯塔液位上升太快时，打开塔釜液位的控制阀，将塔釜物料送往有机物冷却器。

⑧ 当乙苯塔塔顶冷凝器产生蒸汽后先排至大气中，压力达到并网压力时，将其并入蒸汽管网。将冷凝器液位投自动，并设定在正常液位。

⑨ 当乙苯塔塔顶罐液位升至适宜位置时，打开回流调节阀前后阀，置回流调节阀于手动状态，并打开调节阀。

⑩ 启动塔顶泵对塔打回流，逐渐调节回流量。

⑪ 手动打开塔顶采出阀的前后阀，将塔顶物料送至有机物冷却器，并将乙苯塔顶罐液位控制器切自动。

⑫ 将塔釜物料送至有机物冷却器，调整乙苯塔塔釜液位稳定后，将液位控制器切自动。

⑬ 调整各工艺参数，将回流流量控制器切自动。

⑭ 工艺稳定后，取样分析，合格后，塔顶产品经乙苯冷却器送往乙苯储罐或脱氢单元，塔釜产品送至多乙苯岗位。

⑮ 所有产品合格后，停有机物冷却器的循环水，并将物料到空，管线吹扫干净。

3.3.2.5 多乙苯塔

乙苯塔开车正常后，多乙苯塔开始开车，打开多乙苯塔顶冷却器循环水进出口线的阀门。

① 启动真空泵

a. 打开真空泵冷却器水侧的放空阀，打开冷却器冷却水的阀门。

b. 检查真空泵密封液是否正常，启动真空泵，根据真空泵压力，逐渐调节冷却水量使冷却温度在要求范围内。

c. 待真空泵的真空度达到正常值并稳定1h后，再打开真空泵与塔系统连接阀门，使系统抽真空。

② 当塔顶压力达到规定值时，关闭压力控制阀，停真空泵，关闭吸入阀。检查系统的气密情况，如果气密不合格，应检查处理直至合格。

③ 连通从真空系统密封罐到多乙苯塔塔顶泵入口的液体管线，并把密封罐液位控制器置于手动。

④ 连通多乙苯塔塔顶泵、回流流量控制器、多乙苯塔的回流流程，置回流控制器于手动。

⑤ 连通塔顶物料通过有机物冷却器进入不合格乙苯罐的流程。把多乙苯塔塔顶罐液位控制器置手动并关闭。关闭塔顶泵抽出管线入口的切断阀。确认不合格物料冷却器中循环冷水畅通。

⑥ 连通塔顶物料通过多乙苯塔塔顶泵、多乙苯流量控制阀、混合器和烷基转移反应换热器至烷基转移反应器的流程，将多乙苯流量控制阀置于手动并关闭。

⑦ 连通多乙苯塔塔底物料经多乙苯塔塔底泵到多乙苯塔再沸器返回塔底的流程。

⑧ 连通多乙苯塔塔底物料经残油空冷器到残油罐的流程，置流量控制器于手动并关闭。

⑨ 连通从乙苯塔底到多乙苯塔的进料管线。但暂不向多乙苯塔进料，关闭进塔的切断阀。在乙苯塔底物料合格之前，暂将其经有机物冷却器冷却后送往不合格乙苯罐。

⑩ 置多乙苯塔再沸器液位罐的液位控制器于手动，并关闭。打开多乙苯塔再沸器壳程排放阀，稍稍打开蒸汽管线上的切断阀，以预热蒸汽管线、再沸器、再沸器液位罐等。当再沸器预热完成后，关闭排放阀。

⑪ 当塔顶压力达到规定的操作压力后，将来自乙苯塔塔底的合格物料切入到多乙苯塔，开始向多乙苯塔进料。

⑫ 当多乙苯塔塔底液位接近高液位时，启动多乙苯塔塔底泵，开始进行多乙苯塔塔底物料经再沸器返回到塔底的循环。将循环量设定在规定值，并投入自动。

⑬ 慢慢向再沸器通蒸汽加热，让蒸汽冷凝液在再沸器壳程和再沸器液位罐中积累。

当再沸器液位罐中的冷凝液液位达规定值时将其设为自动控制。打开排气阀，排净再沸器壳程的不凝气之后，完全打开蒸汽进口管线的切断阀。调节蒸汽流量以增大或减小对再沸器的供热量，控制塔釜的升温速度在正常范围之内。

⑭ 当回流罐液面达到一定时，启动回流泵，调节阀置于手动，调节回流量，控制回流罐液面稳定在适当值，打开塔顶泵抽出管线入口的切断阀，将不合格多乙苯物料经有机物冷却器冷却后排入不合格乙苯罐。当真空泵密封罐中的液位达到规定值时，把液位控制器投自动。

塔底产物用塔釜泵抽出，经残油冷却器冷却后排至残油罐。

⑮ 多乙苯塔操作稳定后，分析多乙苯质量，当多乙苯中二苯乙烷含量小于 200×10^{-6}、含水量小于 50×10^{-6} 时，多乙苯合格，将多乙苯送入烷基转移反应器或送入多乙苯储罐。

⑯ 工艺条件达到正常后，将温度、压力、流量等自控仪表切换成自动调节。

3.4 气相分子筛工艺生产乙苯装置的开车

3.4.1 反应单元开车

3.4.1.1 烷基化反应器开车

(1) 建立氮气升温回路的循环

① 确认氮气流经烷基转移反应器、烷基化反应器、反应器进料加热炉的流程。使氮气经再生气换热器、再生气电加热器、开工线、苯回收塔回流罐尾气放空线、烷基转移反应器进/出料换热器壳程、加热炉对流盘管、烷基转移反应器、加热炉辐射段、烷基化反应器、再生气放空阀排入放空管线。

② 关闭再生气放空阀，打开氮气阀门，使整个回路升压，进行气密试验，保证整个回路严密。

③ 关闭多乙苯物料进/出加热炉对流段的切断阀，打开进加热炉管线上的充氮阀和火炬放空阀，以小股流量通入氮气，以移走热量和保护盘管。氮气在对流段出口向火炬排放。

④ 打开氮气供应调节阀和再生气放空阀，用自动控制阀调节系统预热时所需的最小流量，氮气在再生气放空阀处放空。

(2) 加热炉点火

(3) 烷基化反应器和烷基转移反应器的升温

以低燃烧速度点燃加热炉，以28℃/h 的升温速度加热烷基化反应器，调节加热炉辐射段和对流段的燃烧情况，使烷基化反应器和烷基转移反应器都升温到300℃以上。

(4) 建立加热炉、烷基化反应器和苯回收塔之间的苯循环

① 当烷基化反应器出口温度达到300℃时，关闭加热炉火嘴，长明灯继续燃烧，手动关小氮气调节阀到 $500\sim600Nm^3/h$。

② 打开烷基转移反应器再生气出口线的阀门，关闭烷基化反应器再生气出口线的阀门，关闭氮气升温线上的阀门，氮气经烷基转移反应器进/出料换热器壳程、加热炉对流段去大气。

③ 打开烷基化反应器出料线去火炬的放空阀，关闭烷基化反应器出料线上的火炬排放阀门。打开主物流苯去加热炉入口切断阀的副线阀，将烷基化反应器充压至500kPa，关闭副线阀，再打开烷基化反应器出料线上的放火炬阀门，系统泄压至100kPa。慢开加热炉主

流苯入口切断阀，平衡苯进料汽化器和烷基化反应器的压力，打开烷基化反应器出口切断阀，关闭短路循环线上的阀门，停止短路循环。

④ 长路循环建立后，主物流苯流量保持在 4000Nm^3/h，立即点燃加热炉主烧嘴，将烷基化反应器温度升高到 315℃以上，提高氮气流量，保证氮气经加热炉对流段盘管后不过热。

⑤ 当反应器出口温度高于加热炉入口温度时，打开烷基化反应器进/出料换热器上游、反应器出料线上的蝶阀，使出料经烷基化反应器进/出料换热器换热，根据苯回收塔的情况，适当开大温控阀，使返回苯回收塔的热量最多。

（5）建立通过烷基转移反应器的苯循环

① 待通过烷基化反应器的苯循环稳定后，将苯回收塔回流罐尾气去烷基转移反应器进/出料换热器管线上的盲板调换至打开位置，关闭氮气调节阀，使氮气停止流入烷基转移反应器，关闭氮气开工跨线上的阀门，关闭再生气线与开工跨线的连接阀门，关闭烷基化反应器出料线上的再生气出口阀。

此时加热炉的烷基转移反应器盘管无流体通过，下面的步骤应快速完成。

② 全开烷基转移反应器进料温度控制器，关闭烷基转移反应器入口切断阀，打开苯回收塔回流罐尾气到烷基转移反应器进/出料换热器的切断阀，打开烷基转移反应器出口切断阀，平衡第二反应器与稳定塔压力，打开烷基转移反应器入口切断阀，关闭苯回收塔回流罐尾气去稳定塔的气相开工线，在开工跨线到尾气线切断阀前加临时盲板。控制苯回收塔回流罐尾气线上的苯流量调节阀，使经过加热炉对流段盘管的苯蒸汽温度在 300℃以上，但不能过热。

③ 物料经过烷基转移反应器出/进料冷却器后，该换热器将开始产生蒸汽，排气后关小放空阀，蒸汽压力达 200kPa 后，并入低压蒸汽管网，关闭放空阀。

④ 提高加热炉燃烧速度，以 28℃/h 速度升高烷基化反应器温度。适当调节烷基转移反应器进/出料换热器的旁路调节阀，以同样升温速度提高烷基转移反应器温度。

⑤ 当进入苯回收塔的苯蒸气为过热并在苯回收塔塔底建立稳定的蒸发后，停止塔底向罐区苯储罐的出料，停苯回流泵，关闭开工线的苯回收塔塔底阀门和苯回流泵入口阀门，关闭苯回流泵去乙苯抽出线的阀门，打开苯回收塔回流罐底出料阀，打开回流调节阀前后的保护阀，启动苯回流泵，打开回流调节阀向苯回收塔打回流。

（6）烷基化反应器投乙烯

① 烷基化反应器引乙烯前，应确认以下状态：

苯循环稳定，精馏系统热运，反应器入口温度达到要求值，出口温度不能超过联锁值。

检查乙烯进料控制器应处于手动关闭状态，其保护阀及副线阀应关闭，检查床层急冷苯调节阀应为手动关闭状态，其保护阀及下游的进烷基化反应器前的乙烯/苯线的切断阀、副线阀均应处于关闭状态。

打开乙烯进料线上的充氮阀门，依次用氮气置换乙烯进料线（在乙烯流量调节阀的导淋阀处放空，并在此取样分析氧含量小于 0.5% 为合格），然后关上放空阀，用氮气将乙烯进料线升压到 500kPa，关闭充氮线的阀门，并加盲板。

② 从界区引乙烯。确认乙烯进料线已氮气吹扫置换合格，调换界区处乙烯进料线上的盲板到打开位置，确认联锁条件满足，按动复位按钮，打开电磁阀，手动缓慢打开乙烯进料线上的压力调节阀。将乙烯引入到各个分支调节阀处，将乙烯压力手动控制到 2200kPa，将

压力调节阀打自动，设定为2200kPa。将乙烯经各个分支线小流量向火炬排放，以置换乙烯总管。

③ 第一床层投乙烯。打开第一床层乙烯进料调节阀的前后保护阀，手动缓慢打开调节阀调节流量到规定值，然后打自动，观察反应器床层的温度上升情况，当反应床层温升平稳以后，逐渐增加乙烯流量至设计值，使第一床层达到预定的入口温度。

随着反应的进行，苯被消耗，苯回收塔回流罐液位下降，投用液位串级调节回路，重新设定新鲜苯流量控制器，补充新鲜苯，稳定苯回收塔回流罐的液位。

④ 当第一床层投乙烯后，立即进行向第二床层进急冷苯的工作。

检查急冷苯控制阀为手动关闭状态，其保护阀和导淋阀为关闭状态，急冷苯与乙烯会合后的切断阀、入烷基化反应器前的切断阀及副线阀、去火炬放空阀均处于关闭状态。

将急冷苯线用氮气充压至500kPa，然后将充氮线用盲板盲死。确认联锁条件满足，按动复位按钮，到现场使急冷苯控制阀复位。

打开第二床层的苯和乙烯进料线上的火炬放空阀，打开急冷苯调节阀的保护阀和火炬放空线上游的切断阀，微开急冷苯线的切断阀，手动逐渐打开急冷苯调节阀至25%～30%的阀位，预热急冷苯管线，当火炬放空线上的温度达到规定值时，关闭急冷苯调节阀和火炬放空线上游的切断阀。

微开火炬放空线下游的切断阀和副线阀，加热这段管线到规定温度，然后关闭副线阀和火炬放空线上的火炬放空阀。

打开第二床层进料线的两个切断阀，全开急冷苯总线的主切断阀，手动缓慢打开急冷苯调节阀，急冷苯进入第二床层，使床层入口温度降到规定值，维持主物流苯的流量不变。

⑤ 第二床层进乙烯。当第一床层的乙烯流量、第二床入口温度稳定在规定值时，向第二床层投乙烯，打开乙烯流量控制器前后保护阀，手动逐渐打开乙烯流量调节阀，使乙烯流量达到正常流量的30%流入第二床层，当第二床温升稳定时，按要求的速度增加乙烯流量到设计值。

⑥ 向第三床层进急冷苯。当第二床层进乙烯后，即开始向第三床层进急冷苯的工作。打开第三床层的苯/乙烯进料线到火炬的阀门，打开火炬放空线上游的切断阀，微开急冷苯流量调节阀的保护阀，手动微开调节阀(不超过10%的阀位)，预热急冷苯线到规定温度，关闭调节阀和火炬放空线上游的切断阀及调节阀的保护阀。打开火炬放空线下游的切断阀和单向阀的旁路阀，加热这段管线到要求的温度，关闭火炬放空线上去火炬的阀门和旁路阀。打开第三床层的苯/乙烯进料线到烷基化反应器入口的切断阀和火炬放空线上游的切断阀，打开急冷苯调节阀的保护阀。手动缓慢打开急冷苯调节阀，让急冷苯进入第三床层，维持入口温度在规定值，同时维持主物流苯的流量不变。

⑦ 调整蒸馏部分，使乙苯产品合格，然后按与第二床层相同的方法，依次向其余床层投急冷苯和乙烯，最初的乙烯投入量为设计值的40%，待蒸馏系统稳定后，依次逐渐增加进入床层的乙烯和急冷苯量，达到设计流量。

3.4.1.2 投用烷基转移反应器

烷基转移反应器投用前，应处于下列状态：

① 通过烷基转移反应器的苯蒸气流量达到要求值。

② 稳定塔运行稳定，烷基转移反应器进料冷却器已产生蒸汽，锅炉给水自动控制，稳定塔回流量自动控制，塔底物料由稳定塔塔底泵送入苯回收塔的第34块塔板。

③ 多乙苯回收塔运行稳定，且塔项产品多乙苯合格。

④ 烷基转移反应器进料温度控制器应达到要求值，烷基转移反应器床层的温度应达到要求值。

⑤ 烷基转移反应器床层压差应小于30kPa。

向烷基转移反应器投入多乙苯物料。调节多乙苯缓冲罐的液面降至20%，然后手动关闭塔顶多乙苯出料去加热炉的调节阀。关闭去乙苯抽出线的阀门，关闭加热炉顶部对流段的充氮气阀门，并加盲板。拆除多乙苯去加热炉顶部对流段管线上的盲板，并打开阀门，手动打开塔顶多乙苯出料去加热炉调节阀，调节阀开度约10%，使多乙苯流向打开的火炬线，吹扫多乙苯管线中的氮气，打开苯、多乙苯混合器上游过滤器的前后保护阀，然后关闭火炬放空线的阀门，多乙苯与苯蒸汽混合后进入烷基转移反应器，逐渐增大塔顶多乙苯出料控制器设定值，直到多乙苯缓冲罐液位相对稳定。待运行稳定后投用液位控制器与出料控制器的串级调节，液位控制器设定值为50%。

投多乙苯后，保证苯流量与多乙苯流量质量比为规定值，将烷基转移反应器的入口温度设定在要求值。

3.4.2 乙苯精馏单元开车

(1) 投用稳定塔的放空和冷凝系统

① 打开稳定塔回流罐到火炬的阀门，关闭放空阀，关闭去苯乙烯单元尾气吸收塔的阀门，使稳定塔的放空气去火炬系统，打开稳定塔压力调节阀的前后保护阀，并投自动状态。

② 打开烷基转移反应器出料冷却器锅炉给水调节阀的前后保护阀，手动控制微开锅炉给水调节阀，向烷基转移反应器出料冷却器进锅炉水，将烷基转移反应器出料冷却器液面控制到50%，然后打自动。在烷基转移反应器出料冷却器进水之前，先打开出料冷却器上的放空阀。

③ 向稳定塔塔顶冷凝器进锅炉给水，打开锅炉给水调节阀的前后保护阀，手动控制进水，将锅炉给水液面控制在50%。在稳定塔塔顶冷凝器进水之前，先打开稳定塔顶冷凝器上的大气放空阀。

④ 打开稳定塔放空冷却器回水线的放空阀，然后微开上水线阀门，直至稳定塔放空冷却器内的气体排净，当回水线放空阀处流出水后，关上放空阀，全开上水线、下水线的阀门，投用稳定塔放空冷却器。

(2)苯回收塔和苯汽化器系统的开车

① 打开苯回收塔塔顶冷凝器的锅炉给水调节阀A(补水)的前后保护阀，手动向苯回收塔塔顶冷凝器进水至液位的50%，锅炉给水调节阀B(排水)的前后保护阀暂时不打开，关闭苯回收塔塔顶冷凝器进水的阀门，打开去苯乙烯单元工艺凝液汽提塔的阀门，使凝液向工艺凝液汽提塔排放，在苯回收塔塔顶冷凝器进水之前，先将苯回收塔塔顶冷凝器的放空阀打开，手动关闭苯回收塔塔顶冷凝器蒸汽压力控制阀。

② 短路循环流程。连通苯回收塔回流罐、反应器进料泵、苯进料汽化器壳程、反应器进/出料换热器管程、开工线、温控阀和苯回收塔再沸器到苯回收塔的流程。打开苯进料汽化器出口的蝶阀，然后确认苯到加热炉进料线的切断阀及副线阀、苯到反应器急冷苯进料线的切断阀为关闭状态，打开开工线上的两个切断阀，确认反应器出料线的两个切断阀及其副

线阀为关闭状态。关闭反应器出料线位于进/出料换热器处的蝶阀，手动全开温控阀，手动关闭苯回收塔再沸器副线阀。

③ 确认苯回收塔回流罐放空线去稳定塔的流程。检查苯回收塔回流罐放空线的苯流量调节阀下游的两个切断阀已关闭并加盲板，打开去稳定塔开工线上的两个阀门，手动关闭苯回收塔回流罐尾气排放调节阀，打开其前后保护阀。

④ 将加热炉控制盘上的主物流苯流量联锁按钮打到冷启动位置，按动复位按钮，并到现场旋转复位手柄使之复位。

⑤ 打开原料苯储罐的出料阀和苯进料泵的入口阀，打开苯进料泵至乙苯产品/新鲜苯进料换热器管线上的阀门，打开新鲜苯流量调节阀至30%，关闭去稳定塔的湿苯线阀门。到稳定塔的管线加盲板，打开新鲜苯流量调节阀的前后保护阀。

⑥ 全开苯进料泵回流线限流孔板的前后保护阀，启动苯进料泵向苯回收塔送料。

⑦ 微开新鲜苯去苯回收塔流量调节阀的阀门，缓慢向苯回收塔进料，待苯回收塔再沸器液位接近50%时，关小新鲜苯到苯回收塔的阀门，保持苯回收塔再沸器的液位为50%。

⑧ 在苯回收塔釜再沸器液位到达50%之前，打开开工线的阀门，并检查盲板处于打开位置，使苯回流泵与苯回收塔塔釜相连，检查并关闭苯回流泵原入口线上的两个阀门，然后打开苯回流泵出口开工线到苯回收塔回流罐的入口阀门，启动苯回流泵，用苯回流泵出口阀控制苯回收塔回流罐的进料，保持苯回收塔回流罐的液位为50%，直到反应器进料泵启动；苯进料汽化器进料至50%液位时停苯回流泵。

⑨ 在用苯回流泵将苯回收塔塔釜物料送入苯回收塔回流罐时，用新鲜苯流量调节阀手动控制，继续向苯回收塔进料，保持苯回收塔塔釜液面为50%。

⑩ 在反应器进料泵启动之前，应先预热苯进料汽化器的蒸汽管线，打开苯进料汽化器高压蒸汽调节阀的前保护阀，关闭后保护阀，打开导淋阀，微开苯进料汽化器蒸汽管线与高压蒸汽总管连接的阀门，当导淋阀放净凝液后，再排汽5min，在导淋阀无凝液后，关小此阀开度。逐渐开大与高压蒸汽总管连接的阀门，使苯进料汽化器蒸汽管线温度与高压蒸汽温度接近一致，待苯进料汽化器预热后，关闭导淋阀。

⑪ 打开反应器进料泵最小回流线调节阀的前后保护阀，将最小回流调节阀打自动，设定到规定值，打开苯回收塔回流罐底的出料阀，启动反应器进料泵。

⑫ 手动逐渐打开苯流量调节阀，向苯进料汽化器进料，慢慢使苯进料汽化器液位达50%，手动关闭苯进料调节阀。

⑬ 在苯进料汽化器液位达30%时，开始预热苯进料汽化器。确认系统满足联锁条件，手动关闭苯进料汽化器蒸汽调节阀，按动联锁按钮，搬动手柄，复位调节阀，打开后保护阀，打开苯进料汽化器凝液线的导淋阀。手动微开蒸汽阀，以小流量蒸汽预热苯进料汽化器，当凝液线导淋排出蒸汽后，关闭导淋阀，打开凝液线疏水器的前后保护阀，手动逐渐增加苯进料汽化器蒸汽流量，在苯进料汽化器液面保持稳定的情况下，手动开大苯进料调节阀，使流量达到要求。

此时苯进料依次通过反应器进/出料换热器管程、开工线和反应器进/出料换热器的温控阀，经苯回收塔再沸器回到苯回收塔。

⑭ 苯蒸气在苯回收塔内上升，置换塔内氮气。手动逐渐打开尾气排放调节阀，使苯回收塔回流罐的未凝气排到稳定塔再排向火炬，然后将稳定塔的压力投自动控制，设定为300kPa。如塔压超过450kPa，则需打开稳定塔压力调节阀的旁路，增加排放速度。苯回收

塔塔顶温度逐渐上升，苯回收塔回流罐液面升高，系统内吹扫完成后，手动关闭苯尾气流量控制器。如果稳定塔回流罐液位超高，启动稳定塔回流泵打回流。

⑮ 当苯回收塔冷凝器产生蒸汽后，置换苯回收塔冷凝器内的空气，在放空阀排出蒸汽后，逐渐关小放空阀，打开蒸汽并网阀门，当苯回收塔冷凝器蒸汽压力达到规定值后，手动微开蒸汽压力调节阀，将蒸汽并入管网。投用苯回收塔压力控制器，用苯回收塔压力控制器调节塔压到设计值。

通过新鲜苯流量调节阀向苯回收塔充新鲜苯，维持苯回收塔回流罐的液位，回流泵暂时不开。

⑯ 确认苯回流泵至苯储罐的流程。打开苯回流泵去乙苯抽出线的阀门，打开乙苯输送冷却器出口阀和去苯储罐的阀门，关闭去不合格乙苯罐的阀门，打开位于苯储罐入口处的阀门，打开乙苯输送冷却器的冷却水阀，投用乙苯输送冷却器。

当苯回收塔塔底液位升高到75%时，启动苯回流泵向乙苯抽出总管出料，经乙苯输送冷却器冷却后进入苯储罐，保持苯回收塔塔釜液位为50%。

(3) 稳定塔升温开车

① 调节塔顶压力控制器，将压力稳定在420kPa并打自动。

② 打开稳定塔再沸器蒸汽流量调节阀的导淋阀，微开与高压蒸汽总管连接的阀门，预热蒸汽管线，待导淋阀排净凝液后再排汽5min，关小导淋阀，全开与蒸汽总管连结的阀门，待稳定塔再沸器投用后，关闭导淋阀。

③ 控制苯回收塔回流罐液面为50%。逐渐手动打开尾气流量调节阀，使苯蒸气流量达到规定值，苯蒸气经开工线进入稳定塔。

④ 当稳定塔冷凝器上的放空阀排出蒸汽后，逐渐将蒸汽并入低低压蒸汽管网，缓慢关上放空阀。

⑤ 当稳定塔回流罐有液位后，打开最小回流线的阀门，启动稳定塔回流泵打回流，用回流调节阀控制回流罐液位稳定，然后投用稳定塔回流罐液位与回流调节阀的串级控制。

⑥ 当稳定塔塔釜见液位后，打开塔釜再沸器蒸汽调节阀的前后阀，微开调节阀。打开再沸器的放空阀和疏水器导淋阀排气，预热稳定塔再沸器。当苯回收塔塔釜液面为50%时，向稳定塔再沸器通蒸汽，打开疏水器前后阀，在塔内缓慢建立蒸发。

⑦ 提高加热蒸汽流量，使塔釜再沸器蒸汽流量达到设计要求。

⑧ 确认稳定塔塔底到苯回收塔的流程。打开稳定塔塔釜泵入口阀，复位塔底出料阀按钮，打开出料阀的前后保护阀和下游阀门，检查确认去乙苯抽出线的阀门已关闭，并加盲板。待稳定塔塔釜液位超过50%时，打开稳定塔塔釜泵最小回流线控制阀，并投自动。启动稳定塔塔釜液泵，用出料流量调节阀控制稳定塔塔釜液面稳定。然后，投用塔釜液位与出料流量的串级控制，将塔釜液位设定为50%。

(4) 乙苯回收塔

① 打开乙苯塔顶冷凝器锅炉给水调节阀的前后保护阀，手动逐渐打开调节阀，控制液面至50%，在进水前打开冷凝器放空阀。

② 确认乙苯塔顶的乙苯出料流程，关闭去脱氢单元汽化器的阀门，并在阀后加盲板。

③ 打开乙苯回收塔再沸器蒸汽调节阀的前后保护阀，将导淋阀打开，微开高压蒸汽总管处的阀门，预热管线，当导淋阀排净凝液后再排汽5min，关上导淋阀，全开蒸汽总管处阀门。

④ 打开不合格乙苯调节阀的前后保护阀及管线上的阀门，启动不合格乙苯泵向乙苯回收塔送料。

⑤ 手动逐渐打开不合格乙苯调节阀，缓慢控制乙苯回收塔塔釜液位上升。

⑥ 当乙苯回收塔塔釜液位达到30%时，预热乙苯回收塔再沸器，预热完成后，打开下游疏水器的前后保护阀，在乙苯回收塔塔釜液面接近50%时，手动逐渐打开蒸汽流量调节阀，缓缓升高塔釜温度。

⑦ 乙苯塔塔顶冷凝器蒸汽并网阀未打开时，再沸器蒸气流量不得高于2000kg/h。当乙苯蒸气在冷凝器中冷凝时，壳程产生的蒸汽通过放空阀放空，当蒸汽压力指示高于250kPa时，将蒸汽并入低压蒸汽管网。

⑧ 随着塔内沸腾，塔压升到接近操作压力时，调节压力控制器，手动控制调节阀，向火炬总管排气，当达到操作压力时，投用分程控制来稳定塔压。

⑨ 当乙苯回收塔回流罐液位上升至50%时，启动回流泵，用回流调节阀手动控制打回流，逐渐增大塔釜蒸汽流量，使回流量达规定值，当回流罐和乙苯回收塔塔釜液面都稳定在50%后，关闭不合格乙苯进料调节阀，使乙苯回收塔全回流操作。

（5）蒸馏系统水分的脱除

① 水洗过程残留下的水在苯回收塔顶聚集，这些水被苯回收塔回流罐尾气带入稳定塔，如果苯回收塔回流罐的水分过多，不能由苯回收塔回流罐尾气流带走，可以使用湿苯线将含水的苯送入稳定塔，稳定塔底泵把干苯送回到苯回收塔中。

② 稳定塔进料中的水分被稳定塔再沸器汽化后，在回流罐的集水器中聚集，排到苯乙烯单元的粗苯乙烯分离罐。

③ 当苯回收塔回流罐中的水含量小于150×10^{-6}时，才可以向反应器进料。

④ 如果苯原料水分含量高，则将新鲜苯改进稳定塔脱水，再由稳定塔塔底泵送入苯回收塔中，具体步骤如下：

打开新鲜苯到稳定塔管线上的阀门，关闭到苯回收塔的阀门，将苯引入稳定塔，调节稳定塔塔釜的蒸汽量和塔顶回流量，当稳定塔塔底的水含量小于250×10^{-6}后，用泵将合格的干苯送入苯回收塔中。

（6）建立乙苯的大循环（初次开车）

当反应器升温后，连通不合格乙苯罐到稳定塔、稳定塔到苯回收塔的流程。乙苯由苯回收塔塔底进入乙苯回收塔中，用乙苯回收塔回流泵送到乙苯抽出总管，经乙苯输送冷却器冷却后，进入不合格乙苯罐中。

① 切换流程。关闭不合格乙苯到乙苯回收塔的阀门，打开进入稳定塔的阀门，手动打开回炼调节阀。使乙苯进入稳定塔塔釜，乙苯由稳定塔塔釜进入苯回收塔中。

② 调整苯回收塔的操作温度，维持塔压为800～850kPa，使塔底温度高于250℃，灵敏板的温度达225℃以上，打开乙苯回收塔进料调节阀前、后保护阀，手动打开进料调节阀向乙苯回收塔进料，注意苯回收塔塔釜液面应保持稳定。

③ 打开乙苯冷却器上、下冷却水阀门，投用乙苯冷却器，关闭乙苯产品出料流量控制阀下游到乙苯罐的阀门，打开到乙苯抽出线的阀门，打开乙苯产品出料流量控制阀前后保护阀，手动打开调节阀，乙苯经乙苯输送冷却器冷却后进入不合格乙苯罐中。

④ 在乙苯回收塔进料调节阀处取样分析，苯含量小于0.2%为合格。调整乙苯回收塔操作，使塔顶压力稳定于90kPa。

(7) 多乙苯回收塔的开车

① 启动抽真空设备，将多乙苯回收塔压力(A)控制在23kPa。

② 打开多乙苯回收塔塔顶冷却器锅炉给水调节阀的前、后保护阀，打开多乙苯塔塔顶冷却器的放空阀，向多乙苯回收塔塔项冷却器加入锅炉水，待液面达50%时切换到自动控制。打开多乙苯回收塔尾气冷却器的上、下冷却水阀门，投用尾气冷却器。

③ 在多乙苯回收塔进料前，打开塔釜再沸器蒸汽调节阀的前、后保护阀和导淋阀，打开蒸汽总管处阀门，预热蒸汽管线。

④ 打开多乙苯回收塔进料调节阀的前、后保护阀，手动缓慢打开调节阀，由乙苯回收塔塔釜向多乙苯回收塔进料。

此时，由于向多乙苯回收塔进料，乙苯回收塔塔釜液位将降低，可以采取增大回流，或减小乙苯产品出料流量的方法来保持乙苯回收塔塔釜液面恒定。

⑤ 打开再沸器到多乙苯回收塔管线的阀门，确认去苯乙烯单元尾气汽提塔的残油补充调节阀前、后保护阀及其副线阀为关闭状态。确认多乙苯去混合残油储罐的阀门、流量调节阀前、后的保护阀及其副线阀均为关闭状态。

⑥ 打开多乙苯残油泵密封冲洗线上过滤器的入口阀，打开冷却器上、下给水阀和多乙苯残油泵的入口阀。当多乙苯回收塔塔釜液面达30%时，启动多乙苯残油泵，使多乙苯回收塔塔釜物料循环通过再沸器。

⑦ 关闭再沸器蒸汽调节阀的放空阀，打开再沸器的放空阀，微开蒸汽调节阀，预热再沸器，然后关闭放空阀，打开疏水器前、后保护阀，手动缓慢打开蒸汽调节阀，使塔底物料汽化。

⑧ 多乙苯回收塔塔顶冷却器产生蒸汽后，关小放空阀，当多乙苯回收塔塔顶冷却器的蒸汽压力达到40kPa时，将蒸汽并入低低压蒸汽总管。

⑨ 确认多乙苯循环/回流泵出口去加热炉的管线上阀门已关闭，并加盲板，检查去乙苯抽出线的阀门已关闭，手动关闭出料调节阀和保护阀，打开多乙苯回收塔回流调节阀的前、后保护阀。当多乙苯缓冲罐液位达50%时，启动多乙苯循环/回流泵，手动缓慢打开回流调节阀，调节回流量达到正常值。

⑩ 当多乙苯回收塔操作稳定后，乙苯回收塔塔底继续向多乙苯回收塔进料，多乙苯回收塔塔顶物料进入不合格乙苯罐，投用塔釜多乙苯残油冷却器，残油进入不合格乙苯罐。

(8) 精馏系统的操作调整

① 当烷基化反应器投入乙烯后，苯回收塔接收的物料组成产生了变化，取样分析反应器出料的乙苯含量。

② 控制苯回收塔塔温不低于260℃，让苯回收塔塔压自由升高，但不超过1050kPa，保证灵敏板的温度在230℃以上，投用苯回收塔釜液位的串级控制。停止由不合格乙苯罐向稳定塔的进料，关闭不合格乙苯调节阀，停不合格乙苯泵。

③ 调整乙苯回收塔的操作，投用色谱分析仪，观察乙苯产品中苯、甲苯和邻、间、对二甲苯的含量，保证产品规格符合要求。

④ 当乙苯产品合格后，乙苯产品改进乙苯产品储罐，停去不合格乙苯罐。

⑤ 当不合格乙苯罐停止向稳定塔进料后，停乙苯回收塔底向多乙苯回收塔的进料，停止多乙苯回收塔的塔顶、塔底向不合格乙苯罐进料，多乙苯回收塔改为全回流操作。

⑥ 当乙苯回收塔釜温上升时，说明多乙苯浓度增加，当达到218℃时，向多乙苯回收塔

进料，乙苯含量不超过7.5%。

⑦ 随着重组分在乙苯回收塔塔底积累，投用灵敏板温度的串级控制。

⑧ 多乙苯回收塔接收乙苯回收塔的进料后，塔顶多乙苯缓冲罐液位上升，将塔顶出料改去不合格乙苯罐，稳定多乙苯缓冲罐液位为50%。

⑨ 通过调节加热炉对流段的旁路调节阀的流量，逐渐升高烷基转移反应器的温度到435℃，然后投用串级控制，由烷基转移反应器进料温度控制加热炉对流段的旁路调节阀。

⑩ 随着烷基转移反应器的升温，调整稳定塔的热负荷，降低稳定塔的塔釜加热蒸汽流量，将稳定塔调节到正常状态。

(9) 多乙苯塔的调整

① 多乙苯回收塔接收乙苯回收塔塔底的出料后，将塔内的乙苯通过多乙苯回收塔塔顶出料排入不合格乙苯罐中。随着进料增多，多乙苯回收塔塔顶温度逐渐上升，塔顶的多乙苯浓度逐渐增加。当塔顶温度、压力等工艺条件合适后，如果乙苯含量小于10%、联二苯含量小于50×10^{-6}，多乙苯物料合格，则准备投用烷基转移反应器。

② 当多乙苯回收塔灵敏板温度达到189℃时，投用灵敏板温度的串级调节，塔底的多乙苯残油送入残油罐。

(10) 稳定塔的调整

① 当稳定塔接收烷基转移反应器的反应出料后，应将其中的C_3、C_4、C_5等轻组分从塔顶尾气中除去。在稳定塔塔底出料泵出口取样分析，应不含轻组分。如果含有轻组分，可以通过加大再沸器的蒸汽量、提高塔釜温度来彻底脱除轻组分。

② 当稳定塔接收了烷基转移反应器的反应出料后，要注意调整稳定塔的出料流量，以保证稳定塔塔釜液位不变。

3.5 乙苯脱氢生产苯乙烯装置的开车

3.5.1 脱氢反应单元的开车

“冷系统”开车指反应器装填新的催化剂后或长期停车后床层温度低于200℃时的开车，下面以国内某150kt/a苯乙烯装置介绍“冷系统”开车步骤。

(1) 开车前的检查及确认

① 检查所有管线和设备上的法兰是否松动，盲板是否安装正确，阀门是否打开，检查仪表风是否送到所有仪表。检查所有联锁是否处于开车状态，检查电源是否接通，检查所有密封部位是否正常。

② 关闭到乙苯蒸发器的乙苯进料阀，关闭循环乙苯阀。关闭乙苯总进料阀，关闭到脱氢液/水分离器的乙苯排污管线上的切断阀。

③ 打开开车管线上的氮气阀门，确保主蒸汽切断阀处于关闭状态。

④ 检查蒸汽过热炉挡板操作是否活动自由，使挡板部分开启。

(2) 真空系统真空试验

① 正压查漏结束后，通氮气除去系统中的氧气，进行真空试验。

② 将真空系统与其他设备隔离，开启到开车喷射泵的蒸汽，打开通向喷射泵入口的阀门，对系统抽空，直到系统压力(A)恒定在14kPa左右为止。

③ 关闭喷射泵入口管线上的阀门，检查系统气密性。如果该系统在20min内压力增加不超过2kPa，可认为真空系统气密性良好，如发生较大的压力增加，必须再重新检查系统可能的泄漏点，重复抽空，直至符合要求。

（3）蒸汽加热炉点火升温

① 从蒸汽加热炉上游向反应系统通入氮气，加热炉点火升温。在加热炉升温的同时，反应器内催化剂床层及相关设备一同升温。

② 过热炉升温期间，烟气温度控制在200℃以内。如有需要，也可点燃其余的火嘴，调节炉子烟囱挡板，控制炉膛氧含量，确保每个火嘴燃烧正常。

③ 当过热炉加热时，检查反应器和反应器下游设备是否泄漏，准备抽真空。

（4）锅炉及辅助系统备用

① 使用来自界外的锅炉给水，向废热锅炉及有关装置提供给水。

② 开启工艺冷凝液系统，准备压缩机密封系统需要的水。

③ 冷凝液汽提系统准备接收来自脱氢液/水分离器的冷凝液。

④ 尾气压缩机辅助系统（润滑、密封等）运行，准备开启尾气压缩机进行氮气循环升温。

⑤ 开启空冷器和水冷器的冷却水。

⑥ 尾气回收系统准备就绪。

⑦ 尾气压缩机密封罐注入密封水并保持一定的液位。

（5）反应器进行氮气循环升温

① 当蒸汽过热炉烟气温度逐渐升高，反应器升温不再明显时，可以开启尾气压缩机，通过循环升温线，使氮气在闭合的流程中循环利用。

② 依据压缩机开车步骤开启压缩机，根据出口压力情况逐渐关闭氮气补充阀，控制压缩机在合适的运行指标范围内，此时尾气不经排放罐，而是经过反应器后重新循环到压缩机吸入口。

③ 循环升温期间，如果压缩机出口压力超过0.2MPa，应通过向火炬系统排放来维持压力。

④ 启动氮气循环后，打开所有到工艺仪表的氮气吹扫管线上的阀门。

⑤ 确保密封罐上的尾气压力控制器设在自动位置。

⑥ 氮气循环形成后，通过点燃更多火嘴或开大燃料火嘴来提高过热炉的温度，使过热炉出口按规定的速度提高到400～500℃，交叉点燃火嘴，使温度均匀上升。

⑦ 催化剂床层温度应每小时检查一次，以确定是否被均匀加热。

⑧ 当废热锅炉汽包开始沸腾时，应维持最低液位，以避免水的夹带。待产生蒸汽后，慢慢调节到正常液位，并置液位控制器于自动状态。

（6）主蒸汽升温

① 当反应器床层出口温度在250℃以上（床层所有温度在200℃以上）时，准备切换蒸汽来完成反应器的升温。停压缩机和氮气循环，关闭压缩机吸入口切断阀，停加氮气。

② 在停止氮气升温以前，蒸汽管线应该尽可能被预热，使输送过程中温降最小。手动控制主蒸汽阀门，打开主蒸汽总管切断阀以加热管线，启用主蒸汽分液罐和排凝阀。

③ 手动控制主蒸汽总管阀门，使小流量的蒸汽进入过热炉，以约4000kg/h的速度增加主蒸汽投入量，需要时点燃其他火嘴。但要使过热炉出来的主蒸汽温升速度在规定的范围内，过热炉出口和反应器出口之间的温差不能大于200℃，调节蒸汽增加量和火嘴燃烧量，

使反应器入口温度上升。

④ 当主蒸汽系统稳定后，逐渐提高蒸汽投入量；投用一次蒸汽，防止乙苯过热器出现异常。

⑤ 准备启动冷凝液汽提塔系统。

a. 向冷凝液汽提塔进少量蒸汽。

b. 启动冷凝液泵向塔进料。

c. 按照比例调节蒸汽加入量。

d. 塔釜的水送往无烟煤处理系统，根据分析指标确认是否回收使用。

⑥ 当乙苯过热器出口温度超过200℃时，应逐步关闭废热锅炉的放空阀，将蒸汽并入蒸汽管网。

⑦ 在提高主蒸汽出口温度的同时，继续以规定的速度逐渐增加主蒸汽流量，使反应器入口温度接近550℃。

(7) 反应器投乙苯进料及调整

① 打通乙苯进料流程，将乙苯引到乙苯蒸发器的流量控制阀处。

② 检查并投用乙苯蒸发器的加热蒸汽。

③ 置乙苯进料阀于手动，慢慢将乙苯送入蒸发器。

④ 逐步增加乙苯投入量，保持乙苯完全汽化。

⑤ 进料及蒸发稳定后，将进料调节阀切换到自动控制。

⑥ 当乙苯/蒸汽进入反应系统后，发生脱氢反应，生成苯乙烯和氢气。

⑦ 在脱氢反应发生的同时，注意调节反应器入口温度，以10℃/h 的速度把进口温度提高到所需温度。

⑧ 继续增加乙苯进料量，直至达到设计投料量值的50%。在增加乙苯进料量的同时，需要增加主蒸汽流量，以保持总蒸汽与总烃(质量)比在1.8以上。应先增加蒸汽流量，后增加乙苯流量。

⑨ 此时压缩机未运转，所以尾气将继续通过尾气排放罐放空或进入火炬系统。当条件较稳定时，准备启动尾气回收系统。

(8) 尾气回收系统开车

① 尾气回收系统事先接收部分多乙苯残油作为吸收剂。

② 打通尾气回收系统的流程。

③ 保证尾气冷却器有正常的冷却水流通。

④ 用水把压缩机排出罐充注到最小液位，并充满其与尾气冷却器之间的密封管。

⑤ 按照压缩机启动步骤启动压缩机，投用三台氧气分析仪。

⑥ 以10kPa/h 的速度开始降低压缩机入口压力(A)的设定值，直至达到设计值(28kPa左右)。每次减压都要检查氧气分析仪，避免不正常的反应器压降。

⑦ 投用尾气回收系统的残油循环泵及相关换热器，保证尾气中的有机物得到回收。

(9) 工艺冷凝液处理系统的调整

① 反应系统投料后，进入冷凝液汽提塔中的有机物就需要通过调整操作来回收。

② 冷凝液汽提塔在较低的压力下可以达到较好的处理效果。因此应尽快投用压力控制流程，一般其压力(A)可控制在40kPa左右，塔顶温度73℃。

③ 在冷凝液汽提塔开车初期，不合格的冷凝液排放到污水系统，操作条件稳定后，分

析冷凝液中的有机物含量，达到要求的指标后投用无烟煤过滤器，以进一步除去冷凝液中的固体杂质等，保证冷凝液可以进入废热锅炉或循环水系统。

(10) 氧化脱氢反应器开车

① 将氧化系统停车的微分温度联锁器置旁路状态。

② 打通氧气到氧化脱氢反应器的流程。

③ 调节氧化脱氢反应器稀释蒸汽的温度和流量至规定值。

④ 开始小流量加入氧气，仔细观察氧化床层的温度分布。

⑤ 慢慢增加氧气的注入量使氧化床层的出口温度达到要求值，最大升温速度不超过25℃/h。

⑥ 将氧化脱氢反应器的氧化床层微分温度停车联锁投入运行。

⑦ 将下一段脱氢反应器出口温度停车联锁投入运行。

⑧ 当氧气注入量稳定后，可将蒸汽/氧气比例控制器投入运行。

3.5.2 Lummus 工艺苯乙烯精馏单元的开车

3.5.2.1 粗苯乙烯精馏塔开车

① 确认蒸汽可供使用。

② 确认塔的气密性良好。

③ 检查确认粗苯乙烯精馏塔、精苯乙烯塔、闪蒸罐和其他相关设备的阀门已与大气隔绝。

④ 连通粗苯乙烯精馏塔与真空泵的流程，并打开管路中的阀门。

⑤ 连通粗苯乙烯精馏塔与塔顶冷凝器，并供给循环冷却水。投用粗苯乙烯精馏塔尾气深冷器以及冷冻水。

⑥ 连通真空泵的密封液循环回路，并用液体充满整个系统。

⑦ 连通经过转子流量计的密封液管路，但是让转子流量计进口侧的切断阀处于关闭状态。

⑧ 连通粗苯乙烯塔深冷器到真空泵管线上的压力控制阀的流程。

⑨ 系统抽真空，准备脱氢液进料。

⑩ 连通阻聚剂进料管线的流程。

⑪ 将粗苯乙烯精馏塔塔底流量控制器置于手动状态，并关闭阀门。连通从粗苯乙烯精馏塔塔底泵到不合格料冷却器的管线，并让不合格料总管的最终阀门处于打开状态。关闭通往苯乙烯塔的切断阀。

⑫ 连通粗苯乙烯精馏塔塔顶泵，以备操作塔打回流(泵暂不启动)。关闭回流控制阀和塔顶产品控制阀，并使其处于手动状态。

⑬ 检查粗苯乙烯精馏塔的真空度，压力达到设计值后，停真空泵并关闭其入口切断阀。检查 30min 塔内的压力增加量，若增长速率超过 1kPa/h，则要检查塔和设备的阀门是否关严，法兰是否泄漏。检查、处理泄漏，直至达到正常的要求后，打开真空泵入口阀，启动真空泵。

⑭ 使粗苯乙烯精馏塔再沸器液位罐的液位处于手动控制状态，并关闭控制阀。

⑮ 打开再沸器壳程排气阀。微开蒸汽管线上的旁路阀，预热蒸汽线、再沸器、再沸器液位罐和冷凝液管线。

⑯ 当再沸器预热完成后，关闭再沸器排气阀。

⑰ 启动脱氢液输送泵，向粗苯乙烯精馏塔进料，流量为正常值的50%。当流量稳定时，使流量控制器处于自动控制状态，向粗苯乙烯精馏塔加入阻聚剂。

⑱ 随着塔釜液位增加,启动塔底泵,打开出口阀。利用调节阀使塔底物料流向不合格系统。

⑲ 塔底物料开始排出后，应不断冲洗塔釜液位计。

⑳ 打开蒸汽管线旁路阀，缓慢增加再沸器蒸汽流量，使不凝气体从塔顶排出，并保持塔压力稳定。再沸器的冷凝液进入粗苯乙烯塔凝水罐，使凝水罐液位调节阀处于自控状态，然后打开蒸汽切断阀，关闭蒸汽管线旁路阀(冬天不要全部关紧，留少量开度以防冻坏)。可以通过改变液位调节阀的给定值来控制蒸汽流量。

㉑ 继续增加进入再沸器的蒸汽流量，以保持塔釜液位在规定范围内。

㉒ 当进入再沸器蒸汽流量稳定时，使再沸器流量控制器处于自控状态。

㉓ 当粗苯乙烯塔回流罐开始显示液位时，利用液位界面指示器和液位计检查回流罐集水器的水界面。若有水，将水送到排出罐。

㉔ 当塔顶回流罐液位达到20%～30%时，启动粗苯乙烯精馏塔塔顶泵，开始打回流，使塔顶液位控制计处于自控状态。

㉕ 打开密封液进料阀，使密封液进入粗苯乙烯塔密封液冷却器。当粗苯乙烯塔真空泵密封罐的有机物开始溢流时，使其液位控制器处于自控状态。

㉖ 回流开始时，随着塔釜液位增加，增加塔底物料流量，使塔釜液位控制器处于自动重调状态。

㉗ 随着以上步骤的完成，不断增加进入再沸器的蒸汽量。

㉘ 当回流量达到正常值的40%时，使塔顶产品进入不合格料系统，并确认通往乙苯回收塔的阀是关闭的。

㉙ 继续增加蒸汽流量，直到回流比达到7。根据取样分析，调节排往不合格料系统的塔顶产品流量，从而在塔底产品中获得大约99.3%的苯乙烯，其中的乙苯含量小于0.05%。

㉚ 利用塔顶出料取样点检查苯乙烯含量。根据需要调整蒸汽流量和回流比，以保证塔顶产品质量合格。塔底取样并分析阻聚剂含量，如果偏低，则调整进料泵的冲程，增加新鲜阻聚剂的进料量，从而保持分离塔釜液中阻聚剂的含量为1500×10^{-6}。

㉛ 当粗苯乙烯精馏塔塔顶温度已达到71℃、塔底物料中苯乙烯含量≥99.3%、乙苯含量<0.05%时，则将粗苯乙烯精馏塔塔底产品从不合格料系统切换到精苯乙烯塔。

㉜ 当粗苯乙烯精馏塔塔顶产品的苯乙烯含量≤1.9%时，可将塔顶产品从不合格料系统切换去乙苯回收塔。为了保持脱氢液储罐内组分稳定，塔顶、塔底产品应同时切换。

㉝ 粗苯乙烯精馏塔的操作负荷为设计值的50%，一旦其他塔进料，要对各种流量进行少量的调整(如进料、蒸汽、塔顶产品)。

㉞ 若脱氢系统生产能力增加，则精馏系统的脱氢液进料也相应增加，保持两系统平衡生产。

㉟ 开车正常后，投用塔顶在线分析仪。

3.5.2.2 精苯乙烯塔开车

(1) 准备工作

① 在精苯乙烯塔开车前，粗苯乙烯塔已调整合格。

② 确认蒸汽可以稳定供应。

③ 检查精苯乙烯塔、闪蒸罐与有关设备是否正确接通。

④ 接通到苯乙烯塔冷凝器、成品过冷器的冷却水。

⑤ 接通到成品精苯乙烯塔深冷器的冷却水。

（2）开车步骤

①精苯乙烯塔真空系统开车步骤与粗苯乙烯塔真空泵系统开车相同，检查塔是否泄漏，保证塔顶压力正常。

② 接通由产品阻聚剂到精苯乙烯塔塔顶气相管线的流程。不启动泵，关闭流量计下游的切断阀。

③ 将苯乙烯塔塔底流量控制器置于手动位置，并关闭控制阀，接通塔底泵到不合格物料冷却器的流程，并保证不合格料总管上的切断阀关闭。

④ 将苯乙烯塔回流控制器和回流罐液位控制器置于手动控制状态，同时关闭控制阀。接通苯乙烯塔塔顶泵到塔回流管线的流程，接通塔顶冷凝器、成品过冷器和塔顶产物控制阀到不合格料总管的流程，关闭到苯乙烯产品罐的切断阀。

⑤ 将再沸器液位罐的液位控制器置于手动并关闭控制阀。

⑥ 打开再沸器壳程的排放阀，预热蒸汽进料管线、再沸器、再沸器凝水罐和冷凝液管线。在再沸器加温时，不要将此阀开得过大，再沸器预热后关闭排放阀。

⑦ 将粗苯乙烯塔塔底物料从不合格冷却器切换到精苯乙烯塔，向精苯乙烯塔进料。清洗苯乙烯塔塔釜液位变送器及液位计。

⑧ 当塔釜内出现液位时，启动塔底泵使物料流入不合格物料总管中。

⑨ 一旦塔釜出现液位，打开蒸汽管线旁通阀慢慢增加蒸汽流量，使不凝气从塔顶除去。

⑩ 精苯乙烯塔再沸器凝水罐中的冷凝液液位达到80%后，将液位调节阀放在自动位置上。然后打开蒸汽管线切断阀，关闭旁通阀(冬天稍开一点)。

⑪ 逐步增大蒸汽流量，调节蒸汽流量维持塔釜液位在控制范围内。

⑫ 逐步关闭塔底泵抽出副线的切断阀，重新调节塔底流量控制器，增加再沸器的蒸汽流量以保持塔釜液位稳定。当塔底流量达到正常值的50%、再沸器蒸汽流量和塔釜液位处于稳定状态时，自动调节蒸汽进料以维持塔釜液位。

⑬ 启动产品阻聚剂进料泵，调节泵的冲程使产品阻聚剂的进料量达到正常值的50%左右。

⑭ 当苯乙烯塔的回流罐液位达到规定值时，开启泵向塔内回流，将回流控制器置于自动控制状态，同时按需要调节流量，保持较低的回流罐液位。

⑮ 逐渐增加回流量至正常值的20%，打开去不合格总管上的阀门，使塔顶产品流到不合格总管，继续把回流增加到正常值的50%。当增加回流量时，确认去再沸器的蒸汽流量不断增加并能自动调节，而且塔釜液位稳定。

⑯ 对塔顶产品进行取样分析(苯乙烯含量、颜色、乙苯浓度、α－甲基苯乙烯、TBC和聚合物的含量)。

⑰ 对塔底产品取样，分析其挥发物(苯乙烯、α－甲基苯乙烯)。重新调整产品流量和塔釜温度，使塔底产品中挥发物的含量在规定值。

⑱ 调整去苯乙烯塔塔顶管线的阻聚剂流量，保持苯乙烯产品中的阻聚剂含量为$(10 \sim 20) \times 10^{-6}$。

⑲ 如果苯乙烯塔塔底温度达到要求值，并且至少持续了1h，将塔底产品切换到焦油加

热器和闪蒸罐(或薄膜蒸发器)。

由精苯乙烯塔塔底泵来的釜液被蒸汽加热后进入闪蒸罐，闪蒸罐顶部气体返回精苯乙烯塔，闪蒸罐底部焦油去焦油罐。

⑳ 如果塔顶产品各项指标已经达到要求，则将苯乙烯塔塔顶产品从不合格料系统切换到苯乙烯产品储罐。

㉑ 根据需要，调整塔底产品流量和回流量，保持挥发物的含量达到要求值。

㉒ 精馏区三个塔开车平稳后，应冲洗不合格料总管，以除去其中的焦油和苯乙烯等物料，以防止堵塞。

㉓ 开车稳定正常后，投用在线分析仪。

3.5.2.3 薄膜蒸发器

① 打开薄膜蒸发器转子机械密封的冲洗循环回路，调整密封冲洗液出口的压力到规定值，打开下部转子轴承的残油冲洗阀门，冲洗轴承部分，并启动转子。

② 打开蒸汽的切断阀，将蒸汽压力调整到规定值，开始预热薄膜蒸发器的夹套。

③ 为焦油泵补充密封液，打开焦油泵的出入口阀门，使焦油泵处于待启动状态。

④ 将精苯乙烯塔塔釜物料切进薄膜蒸发器，同时提高蒸汽加入量，蒸汽冷凝液排到冷凝液管网。

⑤ 当缓冲罐出现液位后，启动焦油泵，将焦油送到焦油罐。

⑥ 打开缓冲罐液位计的残油冲洗阀门，用残油冲洗液位计。

⑦ 调节焦油泵的转速，使缓冲罐液位保持稳定。

⑧ 根据分析结果，调节薄膜蒸发器的蒸汽加入量。

⑨ 当薄膜蒸发器调整正常后，将部分焦油循环到粗苯乙烯塔的进料管线，调节粗苯乙烯塔的阻聚剂加入量及其他工艺参数。

3.5.2.4 乙苯回收塔开车

① 确认再沸器蒸汽处于备用状态。

② 检查乙苯回收塔及辅助设备已正确接通。

③ 接通乙苯回收塔冷凝器的工艺水。

④ 接通塔底到不合格料冷却器的流程，保证不合格料总管上阀门处于关闭状态。

⑤ 接通乙苯回收塔塔顶泵的流程。

⑥ 把塔顶产品流量控制器置于手动状态，关闭控制阀，接通塔顶产品去不合格料冷却器的管线，不合格物料总管上的阀门处于关闭状态。

⑦ 把从乙苯回收塔回流罐出来的放空气体排到火矩。设定该塔的压力控制器到规定值，缓慢打开氮气，直至塔顶压力稳定为止。

⑧ 将再沸器的蒸汽控制器置于手动状态，并关闭控制阀，慢慢打开蒸汽总管上的切断阀，加热蒸汽管线，当管线被加热后，全部打开蒸汽管线上的切断阀。

⑨ 关闭乙苯回收塔再沸器蒸汽管线疏水器下游的阀门，打开再沸器放空管线上的放空阀。打开冷凝水排放阀。轻轻打开蒸汽控制阀，加热再沸器和冷凝液管线。当再沸器预热完成后，关闭蒸汽调节阀，然后关闭排放阀和放空阀。

⑩ 将粗苯乙烯塔塔顶产品从不合格物料总管切换到乙苯回收塔，给乙苯回收塔进料。

⑪ 当塔釜内出现液位后，手动缓慢打开蒸汽，观察塔顶压力。

⑫ 当液体在塔内积累时，继续增加蒸汽流量，但不能使塔内超压。当塔釜液位达到正

常值的50%时，开始把塔底物料送到不合格物料冷却器。

⑬ 当乙苯回收塔回流罐出现液位时，检查集水罐的液位计，当需要时排水。

⑭ 当液位达到10% ~20%时，用泵向塔顶打回流。逐步调整设定点，直到液位达到50%为止。

⑮ 当再沸器蒸汽流量稳定时，把其调节阀切换到自动控制状态。

⑯ 当塔顶回流量达到正常值的40%时，将塔顶产品改去不合格物料总管。逐步增加回流量，避免塔的回流紊乱。

⑰ 根据需要增加去再沸器的蒸汽流量，直到塔顶温度达到要求值。

⑱ 当塔顶温度稳定在要求值后，重新调整塔顶产品流量。

⑲ 从乙苯回收塔塔顶和塔底取样分析，塔顶和塔底产品的组分合格后，停止向不合格物料系统排放。塔顶产品送入苯/甲苯塔，塔釜产品送脱氢反应系统。

⑳ 当进料量发生变化时，必须相应调节进再沸器的蒸汽流量和塔顶采出量，使塔的各项参数稳定。

3.5.2.5 苯/甲苯塔开车

① 确认再沸器蒸汽处于备用状态。

② 检查苯/甲苯塔与辅助设备正确接通。

③ 接通苯/甲苯塔冷凝器的工艺水。

④ 接通塔底到不合格料冷却器的流程，保证不合格料总管上的阀门处于关闭状态。

⑤ 接通苯/甲苯塔塔顶泵的流程。

⑥ 把塔顶产品流量控制器打到手动，关闭控制阀，接通塔顶产品去不合格料冷却器的管线，不合格物料总管上的阀门处于关闭状态。

⑦ 把从苯/甲苯塔回流罐出来的放空气体排到火矩。设定该塔的压力控制器到规定值，缓慢打开氮气，直至塔顶压力稳定为止。

⑧ 将再沸器的蒸汽控制器置于手动控制状态，并关闭控制阀，慢慢打开蒸汽总管上的切断阀，加热蒸汽管线，当管线被加热后，全部打开蒸汽管线上的切断阀。

⑨ 关闭苯/甲苯塔再沸器疏水器下游的阀门，打开再沸器放空管线上的放空阀。打开冷凝水排放阀。轻轻打开蒸汽控制阀，加热再沸器和冷凝液管线。当再沸器预热完成后，关闭蒸汽调节阀，关闭排放阀和放空阀。

⑩ 将乙苯回收塔塔顶产品从不合格物料总管切换到苯/甲苯塔，给苯/甲苯塔进料。

⑪ 当塔釜内出现液位时，手动缓慢打开蒸汽阀，观察塔顶压力。

⑫ 当液位升高后，继续增加蒸汽流量，但不能使塔超压。当塔釜液面达到正常值后，把塔底物料送到不合格物料冷却器。

⑬ 当苯/甲苯塔回流罐出现液位时，检查集水罐的液位计，当需要时排水。

⑭ 当液位达到10% ~20%时，用泵向塔顶打回流。逐步调整回流量，直到液位达到50%为止。

⑮ 当再沸器蒸汽流量稳定时，将调节阀切换到自动控制状态。

⑯ 当塔顶回流量达到正常值的40%时，将塔顶产品改去不合格物料总管。

⑰ 根据需要调节再沸器的蒸汽流量，直到塔顶温度达要求值。

⑱ 塔顶温度稳定在要求值后，重新调整塔顶产品流量。

⑲ 从苯/甲苯塔塔顶和塔底取样分析，塔顶和塔底产品合格后，停止向不合格物料系统

排放。塔顶、塔釜产品改进相应的储罐。

⑳ 当进料量发生变化时，必须调节进再沸器的蒸汽流量和塔顶采出量，保持塔的各项参数稳定。

3.5.3 Badger 工艺苯乙烯精馏单元的开车

3.5.3.1 苯/甲苯塔开车

① 真空系统投用正常后，连通粗苯乙烯罐经尾气/粗苯乙烯换热器至苯/甲苯塔的流程。

② 启动粗苯乙烯进料泵，打开苯/甲苯塔进料流量控制阀，以每次不超过5%的开度向塔内进粗苯乙烯，直至流量稳定在要求值。

③ 将尾气进入尾气/粗苯乙烯换热器的切断阀打开，关闭换热器的旁路阀。

④ 当苯/甲苯塔底液位达40%时，连通苯/甲苯塔塔底至不合格苯乙烯储罐流程，确认苯乙烯输送冷却器已投用冷冻水，启动苯/甲苯塔塔底泵。

⑤ 连通阻聚剂至苯/甲苯塔的流程，启动阻聚剂进料泵向苯/甲苯塔送阻聚剂。

⑥ 当苯/甲苯塔底液位达50%时，调节再沸器低压蒸汽流量控制阀的开度，把塔底温度升至要求值，适当调整回流，控制塔顶温度不超过要求值。

⑦ 连通塔顶冷凝器去不合格苯乙烯储罐的流程，当塔顶冷凝器液位升至50%时，启动苯/甲苯塔塔顶泵把塔顶馏出物送至不合格苯乙烯储罐，控制塔顶冷凝器液位在50%。

⑧ 在塔顶冷凝器逐步建立起液位后，将塔顶冷凝器集水包液位控制器设定为50%，开启苯/甲苯塔水泵，把塔顶冷凝器中的水送入沉降罐。

⑨ 对苯/甲苯塔塔底物、塔顶馏出物进行采样分析。塔顶馏出物合格后，切换到苯/甲苯储罐；塔底馏出物合格后，切换到乙苯循环塔。

⑩ 苯/甲苯塔操作稳定后，投用自动控制及先进控制。

3.5.3.2 乙苯循环塔开车

① 投用真空系统。当苯/甲苯塔釜馏出物向乙苯循环塔进料后，乙苯循环塔液位逐渐上升。当液位达到50%时，调节再沸器低压蒸汽流量控制阀的开度，提高塔底温度至要求值，适当调整回流量，控制塔顶温度达到要求值后，投用在线苯乙烯分析仪。

② 连通塔顶冷凝器去不合格苯乙烯储罐的流程，当塔顶冷凝器液位达50%时，启动塔顶泵把塔顶馏出物送到不合格苯乙烯储罐。

③ 为了保持乙苯循环塔塔底液位在50%，可用塔底苯乙烯排出线把塔底物排入不合格苯乙烯储罐。

④ 当乙苯循环塔塔釜和塔顶冷凝器液位稳定在50%后，打通乙苯循环塔塔底至苯乙烯产品塔进料的流程。

⑤ 对塔顶进行采样分析，塔顶产品合格后，连通塔顶冷凝器至乙苯进料汽化预热器的循环乙苯流程，手动打开循环乙苯流量控制阀，同时逐步关闭去不合格苯乙烯储罐的阀门。

⑥ 对塔底进行采样分析，检查阻聚剂浓度是否在 1500×10^{-6}，如果有偏差就要及时调节阻聚剂进料泵的冲程，塔底合格后送去苯乙烯产品塔。

⑦ 乙苯循环塔操作稳定后，投用自动控制及先进控制。

3.5.3.3 苯乙烯产品塔开车

① 投用真空系统。当乙苯循环塔釜馏出物向苯乙烯产品塔进料后，塔釜液位逐渐上升。当苯乙烯产品塔底液位升至70%时，对再沸器低压蒸汽管线进行暖管，暖管后，打开低压

蒸汽流量控制阀，加热苯乙烯产品塔底物料，并启动再沸器蒸汽凝液泵，排放凝液。

② 启动产品阻聚剂进料泵向苯乙烯产品塔塔顶注入 TBC。

③ 当塔顶冷凝器液位达 20% 后，启动塔顶泵，进行全回流操作，保持塔顶冷凝器液位稳定。

④ 调节再沸器负荷，使苯乙烯产品塔塔底温度升至要求值，塔顶温度不超过要求值，适当调整回流，保证塔顶不超温。

⑤ 随着塔底温度的升高，塔顶冷凝器液位从 20% 逐步上升，至 50% 时，连通塔顶冷凝器经苯乙烯抽出总管至不合格苯乙烯储罐的流程，打开苯乙烯产品流量控制阀，把塔顶馏出物送去不合格苯乙烯储罐。

⑥ 把苯乙烯产品塔塔底液位控制在 50%，启动塔底泵，把塔底物送入残油闪蒸罐。

⑦ 当残油闪蒸罐液位达 50% 时，启动残油循环泵，在闪蒸罐再沸器与闪蒸罐之间建立强制循环。

⑧ 当闪蒸罐再沸器中压蒸汽管线暖管后，打开中压蒸汽流量控制阀，把闪蒸罐罐底温度逐步升至要求值。

⑨ 连通闪蒸罐至残油储罐的流程，打开闪蒸罐去残油储罐的残油流量控制阀，建立闪蒸罐至残油储罐的残油流量，闪蒸罐液位控制在 50%。

⑩ 苯乙烯产品塔和残油闪蒸罐系统全部运行后，调整产品塔回流量和塔底出料量到正常值。

⑪ 对塔顶产品进行分析，合格后切换到苯乙烯产品储罐，如果 TBC 含量低，则连通产品阻聚剂进料泵至苯乙烯产品冷却器出口的流程，把 TBC 补充到苯乙烯产品中。

⑫ 对残油闪蒸罐罐底采样，控制苯乙烯含量在 10%，打开循环残油到苯/甲苯塔的流量控制阀，向苯/甲苯塔送循环残油，同时根据乙苯循环塔塔底分析结果适当调整阻聚剂进料泵的冲程。

⑬ 在苯乙烯产品塔和残油闪蒸罐操作稳定后，投用自动控制及先进控制。

3.5.3.4 热井尾气洗涤塔开车

① 连通热井尾气洗涤塔、吸收塔热交换器、富油加热器、尾气汽提塔的流程。

② 打开吸收塔贫油过冷器与热井尾气洗涤塔间的切断阀。

③ 把尾气汽提塔塔底液位控制器设定值由 50% 提至 75%，升高尾气汽提塔塔釜液位。

④ 打开热井尾气洗涤塔的进料流量控制阀，将贫油引进洗涤塔，流量控制在要求值，然后将流量控制器置于自动控制状态。

⑤ 连通热井尾气洗涤塔塔底泵最小回流线的流程，启动塔底泵，塔底液位控制器置于自动控制状态，设定值为 50%。

⑥ 尾气汽提塔液位控制器设定值降回到 50%。

⑦ 转动热井尾气洗涤塔上游的三通阀，把尾气切换至热井尾气洗涤塔。

第 4 章 正常操作及控制

4.1 液相分子筛工艺生产乙苯的正常操作及控制

4.1.1 反应单元的正常生产操作及控制

4.1.1.1 正常操作

（1）乙烯压缩机

① 入口压力控制。乙烯压缩机入口压力由乙烯总管切断阀和入口调节阀共同控制。

② 出口压力控制。乙烯压缩机出口压力由出口循环调节阀控制。刚开车或者不稳定时将其切换到手动控制；工艺稳定时将其切换到自动调节，从而使出口压力保持在较稳定的状态。

（2）烷基化反应器

① 入口温度的控制。在开工时，通过调节开停工加热器的加热蒸汽流量来控制第一烷基化反应器入口温度。当开停工加热器蒸汽调节阀全关、循环量达到设计正常值、操作稳定后，通过调节烷基化原料苯换热器的旁路流量控制第一烷基化反应器入口温度。其余烷基化反应器的入口温度通过调整烷基化反应器出料冷却器管程旁路物料的流量来控制。

② 床层温升的控制。由于烷基化反应是一个放热反应，所以床层的温升与反应的深度和反应物的浓度有很大关系。正常操作时，苯的流量基本保持在相对稳定的状态，通过调节乙烯的加入量来控制床层温升。乙烯加入量提高则床层温升提高，乙烯加入量降低则床层温升降低。

烷基化反应器出口温度需要控制在要求范围内，出口温度过低可能是由于乙烯未全部转化或进料流量偏低。出口温度过高，可能是由于乙烯进料流量偏大或原料苯进料量偏小，应该及时查清原因，并进行调整。否则对催化剂寿命和稳定操作带来不良影响。在烷基转移反应催化剂运行末期，为提高烷基转移反应器的入口温度，最后一个烷基化反应器的出口温度将有所增加。

③ 出口压力的控制。烷基化反应在液相条件下进行，故必须保持反应器中有足够的压力，以维持反应物料处于液相。烷基化反应系统的压力由出口压力控制器来控制，压力控制器的调节必须自动控制，不可手动，因手动灵敏度不够，可能导致反应器超压。反应器出口压力与原料苯的流量有很大关系，原料苯流量增加，反应器出口压力也增加；原料苯流量降低，反应器出口压力也降低。

④ 苯/烯比的控制。乙苯产量主要决定于乙烯进料量，所以需要将其流量控制稳定。苯/烯比决定了乙苯选择性、床层温升和乙烯是否能完全溶解在液相物流中，进入烷基化反应器的原料苯流量也需要控制稳定。烷基化反应器各床层的乙烯进料应该稳定在设计的比例，乙烯流量由每段床层的进料调节阀控制。原料苯的总进料量由原料苯进料调节阀控制，苯/烯比由比值控制器来控制。

⑤ 烷基化反应液循环量的控制。烷基化反应液的循环量是一个重要参数，其大小直接影响烷基化反应器催化剂床层的温升，同时还直接影响注入的乙烯是否能完全溶解在苯和循环烷基化反应液中。烷基化反应液循环量由循环液流量调节阀来控制，正常操作时应该稳定在设计值。

(3) 烷基转移反应器

① 入口温度的控制。烷基转移反应器进料温度是影响多乙苯转化率和乙苯选择性的重要工艺参数。进料温度高则多乙苯转化率高。但是进料温度过高，副反应加快，对目的产物乙苯的选择性和催化剂的稳定性会有不利的影响。

烷基转移反应催化剂的初期进料温度要控制在较低范围内，以后根据催化剂活性情况可以逐步提高，以保证多乙苯的转化率。烷基转移反应器进料温度由烷基化反应液经过烷基转移反应原料预热器的旁路流量进行控制。当需要较高温度时，则热烷基化反应液经过烷基转移反应原料预热器的流量加大，与冷物料换热量增加，以提高烷基转移反应器入口温度；反之，则少一些。

② 出口压力的控制。反应压力由烷基转移反应器出口压力控制器控制在要求值，以保证烷基转移反应器中的苯与多乙苯在液相条件下反应。出口压力与原料苯的流量有很大关系，原料苯流量增加，反应器出口压力也增加；原料苯流量降低，反应器出口压力也降低。

③ 苯/多乙苯比的控制。苯/多乙苯的比值是影响烷基转移反应生成乙苯选择性的主要因素之一，比值越大，乙苯选择性越高。但苯/多乙苯比也不宜太高，如果太高，回收苯量增大，能耗增加。苯/多乙苯比由比值器控制在要求的范围内。

4.1.1.2 烷基化反应单元的负荷调整操作

当烷基化反应单元需要调整负荷时，首先缓慢调节苯的进料量，同时注意观察各烷基化反应器的压力，如果压力变化较快，可以将反应器出口压力切换到手动，手动调节压力，防止发生因反应器压力过高或过低引起的联锁。在调整苯进料量的同时，缓慢调整各段床层的乙烯加入量，使各段床层的温升控制在要求范围之内。

在烷基化反应单元调整负荷时，需要同步进行乙苯精馏单元各塔的调整工作，调整各塔的再沸器蒸汽量、回流量及采出量，保证各塔产品合格。

4.1.1.3 乙烯压缩机的切换

(1) 备用压缩机开车前的准备、检查工作

① 电源线、接地线等完好；

② 机身油位正常、油质取样分析合格，油温控制合适；

③ 除放水阀外，进/回水管路上各阀门必须全开，确保冷却水畅通；

④ 盘车一圈以上，检查有无撞击声等杂音；

(2) 启动备用压缩机

① 开启辅助油泵，油压保持在规定值，使曲轴、划道、十字头等部分得到良好的润滑；

② 将压缩机置于零负荷状态，关闭进气口阀门，打开排气口阀门，确保开机前无乙烯气体进入压缩机；

③ 点动电机一、二次，确保转向正确；

④ 启动备用压缩机，油压合适后，关闭辅助油泵，将辅助油泵的开关置于自动位置；

⑤ 逐步打开压缩机进气阀门；

⑥ 运转后要随时注意观察所有仪表的工作情况及数值是否正确；

⑦ 根据工艺对乙烯压力、流量的要求逐步调节压缩机的负荷及旁通阀，同时降低另一台压缩机的负荷。

(3) 停运运行的压缩机

① 待停压缩机的负荷降至零后，逐渐关闭进气口阀门，确保机器进入无负荷运转状态；

② 无负荷运转一定时间后，断开电源；

③ 关闭压缩机级间冷却器循环水进出口阀；

④ 排净气液分离罐和储气罐内的冷凝液体；

⑤ 长期停运时，必须把压缩机和冷凝器中的水排放干净，尤其在冬天，以免冻裂机器，导淋阀必须全开。

4.1.1.4 润滑油泵的切换

(1) 备用机泵启动前的准备、检查工作

① 电源线、接地线等完好；

② 检查油冷却器冷却水管路，应该连接完好，无泄漏；

③ 检查仪表应完好。

(2) 开启备用机泵

① 微开泵出口阀门，启动润滑油泵；

② 逐步打开泵的出口阀到正常位置；

③ 注意观察压力表、电流表数值及噪声、震动情况，如有异常情况立即停机，查找原因。

(3) 停运行机泵

① 逐步关闭出口阀门；

② 停电源；

③ 关闭进口阀门；

④ 关闭辅助系统各阀门。

4.1.2 乙苯精馏单元的正常操作与控制

4.1.2.1 正常操作

(1) 预分馏塔

① 塔顶压力的控制。预分馏塔塔顶压力由压力控制器控制在要求范围内，该压力控制器用来设定预分馏塔冷凝器发生蒸汽的压力。通过重新设定产生蒸汽的压力，来调节预分馏塔冷凝器中的传热温差和传热量，从而达到控制塔顶压力的目的。当塔顶压力较高时，就要降低塔顶冷凝器发生蒸汽的压力；当塔顶压力较低时，就要提高塔顶冷凝器发生蒸汽的压力。

② 灵敏板温度的控制。预分馏塔再沸器用高压蒸汽作为加热介质，塔底温度由温度控制器控制。温度控制器与再沸器蒸汽凝液罐的液位调节器构成串级调节，温度控制器为主回路，再沸器蒸汽凝液罐的液位调节器为副回路，由此来控制塔釜温度，从而达到控制灵敏板温度的目的。当灵敏板温度较低时，可以通过增加蒸汽进入量来提高温度；当灵敏板温度较高时，可以通过减少蒸汽进入量来降低温度，也可以通过回流量来调节灵敏板温度。

③ 塔顶、塔釜组分的控制。预分馏塔的作用是将从反应系统来的烷基化和烷基转移物料进行预分馏，从塔顶回收一部分苯，使进入苯塔的物料能适应苯塔的操作条件。当塔顶物

料含重组分较高时，可以适当降低灵敏板温度或者增加回流量。当塔釜含轻组分较高时，可以适当提高灵敏板温度或者降低回流量。

④ 塔釜液位的控制。预分馏塔塔底物料经新鲜苯加热器、预分馏塔塔釜出料冷却器冷却至要求范围内，再经预分馏塔塔釜液位控制器和塔釜采出流量控制器送往苯塔作为苯塔的进料。预分馏塔塔釜液位由塔釜液位控制器和塔釜采出流量控制器串级控制。当塔釜液位较高时增加塔釜采出量，当塔釜液位较低时降低塔釜采出量。

⑤ 集水包液位的控制。预分馏塔回流罐下部有集水包，正常时，无游离水排出；不正常时，含苯污水排入污水系统。集水包液位通常手动控制，必要时手动放水。

（2）苯塔

① 塔顶压力的控制。苯塔塔顶压力由压力控制器控制在要求范围内，该压力控制器用来设定苯塔冷凝器发生蒸汽的压力。通过设定产生蒸汽的压力，来调节苯塔冷凝器中的传热温差和传热量，从而达到控制塔顶压力的目的。当塔顶压力较高时，就要降低塔顶冷凝器发生蒸汽的压力；当塔顶压力较低时，就要提高塔顶冷凝器发生蒸汽的压力。部分装置的苯塔塔顶压力还设有分程控制系统，当塔顶压力较低时可以通过增加氮气流量来提高压力；当塔顶压力较高时可以通过减少氮气来降低压力。

② 灵敏板温度的控制。苯塔再沸器用高压蒸汽作加热介质，灵敏板温度由温度控制器与再沸器的蒸汽流量串联控制，温度控制器为主回路，再沸器蒸汽流量为副回路。当灵敏板温度较低时，增加蒸汽进入量来提高温度；当灵敏板温度较高时，减少蒸汽进入量来降低温度，也可以通过调节回流量来调节灵敏板温度。

③ 塔顶、塔釜组分的控制。当苯塔塔顶物料中含重组分较高时，可以适当降低灵敏板温度或者增加回流量来调节。当塔釜含轻组分较高时，可以适当提高灵敏板温度或者降低回流量来调节。

④ 塔釜液位的控制。苯塔塔底物料经塔釜液位控制器和塔釜采出流量控制器送往乙苯塔，作为乙苯塔的进料。苯塔塔底液位由塔釜液位控制器和塔釜采出流量控制器串级控制。当塔釜液位较高时增加塔釜采出量，当塔釜液位较低时降低塔釜采出量。

⑤ 集水包液位的控制。苯塔回流罐下部有集水包，正常时，无游离水排出；不正常时，含苯污水排入污水系统。集水包液位通常放在手动控制，必要时手动放水。

（3）乙苯塔

① 塔顶压力的控制。乙苯塔塔顶压力由压力控制器控制在要求范围内，该压力控制器采用分程控制，通过调节氮气补充量或排火炬量控制塔顶压力稳定。

② 灵敏板温度的控制。乙苯塔再沸器用高压蒸汽作为加热介质，灵敏板温度由温度控制器与再沸器的蒸汽流量串联控制，温度控制器为主回路，再沸器蒸汽流量为副回路。当灵敏板温度较低时，通过增加蒸汽进入量来提高温度；当灵敏板温度较高时，通过减少蒸汽进入量来降低温度。

③ 塔顶、塔釜组分的控制。乙苯塔的作用是将从苯塔送来的物料进行分馏，从塔顶得到精乙苯，塔釜的物料进入多乙苯塔。当塔顶物料含重组分较高时，适当降低灵敏板温度或者增加回流量。当塔釜含轻组分较高时，适当提高灵敏板温度或者降低回流量。

④ 塔釜液位的控制。乙苯塔塔底物料经塔釜液位控制器和塔釜采出流量控制器送往多乙苯塔，作为多乙苯塔的进料。乙苯塔塔釜液位由塔釜液位控制器和塔釜采出流量控制器串级控制。当塔釜液位较高时增加塔釜采出量，当塔釜液位较低时降低塔釜采出量。

(4) 多乙苯塔

① 塔顶压力的控制。多乙苯塔塔顶压力由压力控制器控制在要求范围内，塔顶压力采用分程控制，通过调节补充氮气量或真空泵出口返回入口的气体量使塔顶压力保持稳定。

② 灵敏板温度的控制。多乙苯塔再沸器用高压蒸汽作为加热介质，灵敏板温度由温度控制器与再沸器的蒸汽流量串联控制，温度控制器为主回路，再沸器蒸汽流量为副回路。当灵敏板温度较低时，通过增加蒸汽进入量来提高温度；当灵敏板温度较高时，通过减少蒸汽进入量来降低温度。

③ 塔顶、塔釜组分的控制。多乙苯塔的作用是将从乙苯塔送来的物料进行分馏，从塔顶得到多乙苯。当塔顶的二苯乙烷等重组分含量较高时，可以适当降低灵敏板温度或者增加回流量。当塔釜含轻组分较高时，可以适当提高灵敏板温度或者降低回流量。

④ 塔釜液位的控制。多乙苯塔底物料经塔釜液位控制器和塔釜采出流量控制器送往残油罐。多乙苯塔釜液位由塔釜液位控制器和塔釜采出流量控制器串级控制。当塔釜液位较高时增加塔釜采出量，当塔釜液位较低时降低塔釜采出量。

4.1.2.2 生产提负荷操作

当精馏塔需要提负荷时，应该缓慢提高进料量，同时缓慢提高再沸器蒸汽加入量，直到灵敏板温度达到要求为止。在提高蒸汽加入量的同时，应该适当提高回流量，并提高塔顶、塔釜采出量，直至满足技术要求、工艺稳定为止。

4.1.2.3 生产降负荷操作

当精馏塔需要降负荷时，应该缓慢降低进料量，同时缓慢降低再沸器蒸汽加入量，直到灵敏板温度达到要求为止。在降低蒸汽加入量的同时，应该适当降低回流量，降低塔顶、塔釜采出量，直至满足技术要求。

4.1.2.4 苯进料泵的切换

(1) 备用机泵启动前的准备、检查工作

① 电源线、接地线等完好；

② 检查油冷却器冷却水管路，应该连接完好不泄漏；

③ 检查仪表应完好；

④ 检查机械密封系统完好；

⑤ 检查增速箱油位、油质是否符合要求，油位应该达到要求值，过多易引起泡沫，过少则供油不足；

⑥ 预润滑实验：开启油泵或操纵手动油泵，从润滑油压力表观察油压，油压不低于要求值为止；带压检查润滑油路的密封性，若有泄漏应排除；重新检查油位，如油位低应补充加油。

(2) 灌泵与辅助系统开动

① 打开泵循环冲洗液进出口阀门，确保冲洗液管路畅通、循环冲洗设备工作正常；

② 打开泵进口阀门，让料液完全充满泵腔，并手动盘车；

③ 打开泵排气阀，排放泵内的气体，预热泵一段时间；

④ 给油冷却器通入冷却水，确保冷却水进出口阀门打开，水路畅通；

⑤ 带油压点动电机，检查电机转向。

(3) 启动备用机泵

① 微开泵出口阀门；

② 操纵手动油泵手柄，上下运动4~5次，确认油压不低于要求值，就可以启动备用机泵；

③ 逐步打开机泵出口阀门到正常状态；

④ 检查泵的扬程和电动机的电流电压正常；

⑤ 调节冷却水流量，使齿轮箱油温控制在要求范围内；

⑥ 调整齿轮箱润滑油压力在要求范围内。

(4) 停止运行机泵

① 逐步关闭出口阀门；

② 停电源；

③ 关闭进口阀门；

④ 关闭辅助系统各阀门，如：油冷却器冷却水进、出口阀门，密封液进、出口阀门。

4.2 气相分子筛工艺生产乙苯的正常操作及控制

4.2.1 反应单元的正常生产操作及控制

4.2.1.1 正常操作

(1) 加热炉

加热炉辐射段用来加热烷基化反应器第一床层的苯进料，对流段用来加热烷基转移反应器的进料，它既可以烧燃料油也可以烧燃料气。

燃料气流量和燃料油流量由调节阀控制，根据烷基化反应器入口温度和到加热炉的苯流量调节燃料的流量，使入口温度达到要求值。

加热炉燃料流量采用先进控制系统控制，先进控制系统不能投用时，操作人员手动调节燃料气流量调节阀或燃料油流量调节阀，以满足烷基化反应器第一床层苯进料温度的要求。

(2) 乙烯进料

界区来的乙烯由调节阀稳定在2.2MPa左右，然后分成六股分别与苯混合后送到烷基化反应器每个催化剂床层，乙烯的分配由先进调节控制系统实现。

乙烯流量的分配，可以人工直接控制，也可以由先进控制系统进行自动控制。当使用先进控制系统时，操作人员只需输入总乙烯流量的设定值，各床层乙烯流量将自动按比例分配。

乙烯供给压力低于低限将会引起联锁动作，关闭总乙烯线的电磁阀和各床层急冷苯的切断阀。联锁发生后，操作人员需调节苯进料汽化器高压蒸汽流量为原来的60%左右。

(3) 苯的进料汽化系统

来自苯回收系统的烷基化反应器的苯进料进入苯进料汽化器，被高压蒸汽汽化，然后进入反应器进/出料换热器壳程，被管程的反应器出料过热。

到苯进料汽化器的总苯流量由超前液压控制器串级控制，超前液压控制器接受汽化苯流量和苯进料汽化器液位两个信号的输入。增加苯汽化率将需要更多的液苯补充到苯进料汽化器中，苯进料汽化器液位将自动设定总苯流量，使总苯流量以最快的速度达到要求值。

苯进料汽化器液位过高，将触发苯进料汽化器液位高联锁动作，造成乙苯单元总停车。

(4) 主物流苯进料

被苯进料汽化器汽化的苯流到反应器进/出料换热器管程，在进入反应器前，分为六股物流，其中一股为主物流，另外五股为急冷苯，苯和乙烯混合后进入各床层，第一床层的主物流苯在加热炉中进一步过热到指定温度。主物流流量降低到正常流量的40%时将引起流量低报警，降到正常流量的30%时，将引起联锁动作。

主物流苯流量由先进控制系统设定，用来控制第一床层进料中的苯/烯比，维持苯进料与总乙烯的预定比率，随着进入反应器的总乙烯流量变化，系统可自动控制到第一床层的主物流苯的流量。

为避免烷基化反应器过热，当到第一床层的苯/烯比为60:1时，将产生低报警；当苯/烯比降到50:1时，将产生苯/烯比低联锁动作，关闭乙烯和急冷苯的电磁阀，主物流苯继续通过反应器。

通过调节苯进料汽化器中蒸汽流量控制主物流苯流量，为了防止苯进料汽化器液位过低，当苯进料汽化器中蒸汽流量达到高限时，控制系统不允许增大主物流苯流量。

主物流苯先后在加热炉的对流段和辐射段被加热，当出口温度达到联锁值时，将触发主物流苯温度高温联锁。

被加热炉加热的主物流苯与乙烯混合后进入第一床层，先进控制系统根据混合后的温度与流量调节加热炉燃料流量，当主物流苯流量变化时，先进控制系统可以及时调整加热炉热负荷。当先进控制系统不能投用时，需手动调节加热炉的燃料使第一床层入口温度达到要求值。

当第一床层入口压力高于规定值时，将引起高压报警。

(5) 急冷苯进料

来自反应器进/出料换热器的急冷苯分五路加入五个催化剂床层，来达到冷却床层的目的。急冷苯与乙烯混合后进入各床层，每个床层的急冷苯都带有流量控制，急冷苯流量与床层入口温度采用串级控制。

急冷苯流量低将触发低流量报警，床层入口温度高将触发高温报警。

(6) 烷基化反应器

烷基化反应器顶部床层的苯与乙烯进料比正常为88:1(质量比)。急冷苯和乙烯混合物首先进入床层的分离器，然后与上部床层的出料混合后进入下一床层，加入急冷苯可以控制床层的入口温度，各床层的温升均为18℃。为尽量减少齐聚反应，应使每个床层入口乙烯浓度相对恒定。

每个床层有多个测温点，每个床层的顶部和底部温度过高都会引起高温报警。

反应器出料在反应器进/出料换热器中将总苯进料过热。出料温度设有高温报警和低温报警。当出料温度达到规定值后，触发联锁使乙苯单元停车。

(7) 烷基转移反应器

多乙苯经加热炉加热后与苯回收塔的苯蒸气混合，经烷基转移反应进/出料换热器与烷基转移反应器出料换热，通过控制旁路流量来控制烷基转移反应进料的温度。然后烷基转移反应进料经加热炉对流段盘管加热后进入烷基转移反应器，通过控制加热炉的旁路流量来控制烷基转移反应器入口温度。

4.2.1.2 生产提负荷操作

① 根据负荷要求，按比例提高新鲜苯的进料量。

② 提高苯汽化器的高压蒸汽量，提高主物流苯的流量。

③ 提高苯进料加热炉的燃料油、燃料气流量，保证烷基化反应器的入口温度。

④ 从反应器第一床层开始增加乙烯进料量，当出口温度增加后，提高急冷苯的进料量，保持出口温度不变。

⑤ 提高负荷后，注意调整精馏系统，保证产品合格。

⑥ 提负荷时速度要慢，否则温度变化快易损坏催化剂。

⑦ 注意控制好苯汽化器和苯回收塔回流罐的液位，避免高液位联锁。

4.2.1.3 生产降负荷操作

① 根据负荷要求，按比例减少乙烯和苯的进料量。

② 减少苯汽化器的高压蒸汽量，减少主物流苯的流量，减少苯进料加热炉的燃料油、燃料气流量，保证烷基化反应器的入口温度，按要求降低到需要的负荷。

③ 降负荷后，注意调整精馏系统，保证产品合格。

④ 降负荷时速度要慢，否则温度变化快易损坏催化剂。

⑤ 注意控制好苯汽化器和苯回收塔的液位，避免高液位联锁停车。

4.2.1.4 设备的切换(再生切换)

反应器再生系统服务于烷基化反应器和烷基转移反应器。反应器再生系统设备包括再生气换热器、再生气电加热器，在乙苯单元正常操作时这两个设备都不使用。

(1) 烷基化反应催化剂再生

在生产过程中，烷基化反应器的催化剂因结焦而逐渐失活，在一年或更长的时间后，烷基化反应器催化剂必须再生。再生方法是将氮气和工业风按一定比例混合后，混合气顺序经过再生气换热器壳程、再生气电加热器、烷基化反应器或烷基转移反应器、再生气换热器管程，然后排入大气。在烷基化催化剂或烷基转移催化剂中的焦炭燃烧后，催化剂得到了再生。

烷基化反应催化剂可在乙苯单元热备用时再生或乙苯单元停车时再生，当在热备用状态下进行再生时，降低加热炉燃烧速度，相应调整下游设备的操作。

烷基化反应器打旁路后，把它隔离，卸压，吹扫，连通与反应器再生系统的流程，再生时间为24h，从乙苯生产停车到乙烯重新引入乙苯单元共需72h。

(2) 烷基转移反应催化剂再生

烷基转移反应催化剂可在不中断乙苯生产的情况下再生。再生时，循环多乙苯排到不合格乙苯罐；重新开车后，将不合格乙苯罐的多乙苯送入稳定塔，然后进入乙苯单元。

烷基转移反应催化剂再生前，将循环多乙苯改去不合格乙苯罐。苯回收塔的不凝苯蒸气从加热炉对流段炉管流出后，经烷基转移反应器的旁路进入稳定塔。将烷基转移反应器隔离、卸压，连通反应器和再生系统的流程。氮气经再生气加热器、再生气电加热器后，进入烷基转移反应器，然后去加热炉或排入大气。

在烷基转移反应器中的烃类完全吹扫干净后，使用再生气电加热器将烷基转移反应器进料温度升高到所需的再生温度。最初氮气只由再生气电加热器加热，但随着系统的加热，再生气加热器将输出更多的热量。系统达到合适的温度后，将小流量空气通入氮气中。进入烷基转移反应器的再生气中的氧含量约是0.7%(体)，正常温度约是385℃，催化剂烧焦的峰值温度是470℃。

反应器进料中的氧气与催化剂中的焦炭反应使之氧化成 CO 和 CO_2，焦炭燃烧造成的温升可由反应器床层的热电偶测出。

随着再生的进行，燃烧峰(温升区)将沿反应器床层向下移动，最后反应器中的氧气消耗将减少到零(出口浓度等于入口浓度)。调节空气的流速，使氧气含量从 0.7%(体)缓慢上升到 7.0%(体)，催化剂床层呈“净化燃烧”状态，净化燃烧期间，密切监视催化剂温度。净化燃烧的正常再生温度是 455℃。当通过反应器的氧气含量不再变化且温度不再升高时，可认为再生完成。

烷基转移反应催化剂再生时间为 4h，烷基转移反应器系统的总停工时间预计为 12h。当再生结束后，切断空气流。氮气流继续通入，以置换反应器中的氧气，然后断开反应器和再生系统，准备接受烃类进料。

从烷基转移反应器进料盘管来的苯进入烷基转移反应器，关闭旁路阀。用回流泵将多乙苯送入加热炉多乙苯对流盘管，再去烷基转移反应器进料/出料换热器，关闭去不合格乙苯罐的阀门，逐步将生产恢复正常。不合格乙苯罐中储存的多乙苯可逐步经乙苯返回线送到稳定塔。

4.2.2 乙苯精馏单元的正常生产操作及控制

4.2.2.1 正常操作

(1) 稳定塔

稳定塔系统的压力通过分程控制系统控制，通过控制氮气加入量或尾气排放量，控制稳定塔压力和烷基转移反应器入口压力在规定范围内。

稳定塔回流罐设有界面控制系统，接受器积累的水由界面控制阀排放到粗苯乙烯沉降罐。

稳定塔塔底液位可采用液位与流量的串级控制，也可采用流量平稳液位控制系统控制。在串级控制方案中，塔底液位控制器的输出设定塔底流量控制器。流量平稳液位控制系统从塔底液位控制器接收输入，逐步设定塔底流量控制器。后者充分利用了塔底的缓冲容积，使塔底流量平稳，非常有效地减少了塔底流量变化对下游设备(苯回收塔)操作的干扰。

(2) 苯回收塔

苯回收塔再沸器的液位可采用液位流量串级控制方案，也可采用流量平稳液位控制系统控制。在串级控制方案中，塔底液位控制器的输出设定塔底流量控制器。流量平稳液位控制系统从塔底液位控制器接收输入，逐步设定塔底流量控制器。后者充分利用塔底的缓冲容积，使塔底流量平稳，非常有效地减少了塔底流量变化对乙苯回收塔等下游设备的干扰。苯回收塔的塔底产品由再沸器壳程流入乙苯回收塔。

苯回收塔回流罐的压力通过调节冷凝器的蒸汽压力来控制，如果回流罐压力升高，则降低冷凝器的蒸汽压力；如果回流罐压力降低，则提高冷凝器的蒸汽压力。

(3) 乙苯回收塔

乙苯回收塔再沸器的高压蒸汽流量由灵敏塔板上方的温度变送器设定。

乙苯回收塔再沸器的液位可采用液位流量串级控制方案，也可采用流量平稳液位控制系统控制。在串级控制方案中，塔底液位控制器的输出设定塔底流量控制器。流量平稳液位控制系统从塔底液位控制器接收输入，逐步设定塔底流量控制器。后者充分利用塔底的缓冲容积，使塔底流量平稳，非常有效地减少了塔底流量变化对多乙苯回收塔等下游设备的干扰。

(4) 多乙苯塔

多乙苯回收塔压力由喷射器系统的压力控制阀控制。

4.2.2.2 生产提负荷操作

① 反应负荷提高后，苯回收塔的出料量按比例提高，及时调节回流量和采出量，保持塔的物料平衡。保证灵敏板的温度和塔釜温度在正常范围内，避免塔釜带过多的苯，造成乙苯不合格。

② 控制好苯回收塔的压力，及时调节压力控制阀，保持压力稳定。

③ 按比例提高乙苯回收塔的蒸汽量，加大回流量和采出量，保持压力稳定。

④ 按比例提高多乙苯回收塔的蒸汽量，加大回流量和多乙苯采出量，及时调整苯/多乙苯比例。

⑤ 按比例提高稳定塔的蒸汽量，加大回流量和稳定塔到苯回收塔的进料量，注意保证塔釜的液位和回流罐的液位。

4.2.2.3 生产降负荷操作

① 反应负荷降低后，苯回收塔的出料量按比例降低，及时调节回流量和采出量，保持塔的物料平衡。保证灵敏板的温度和塔釜温度在正常范围内，避免塔釜带过多的苯，造成乙苯不合格。

② 控制好苯回收塔的压力，及时调节压力控制阀，保持压力稳定。

③ 按比例降低乙苯回收塔的蒸汽量，减少回流量和采出量，保持压力稳定。

④ 按比例降低多乙苯回收塔的蒸汽量，减少回流量和多乙苯采出量，及时调整苯/多乙苯比例。

⑤ 按比例降低稳定塔的蒸汽量，减少回流量和稳定塔到苯回收塔的进料量，注意保证塔釜的液位和回流罐的液位。

4.2.2.4 设备的切换(多乙苯泵的切换)

(1) 开备用泵前的准备

① 检查附件是否齐全，擦洗泵体及附件，检查轴承箱里润滑油是否在规定范围之内，油质是否符合要求。

② 检查冷却水系统、密封冲洗是否投用。

③ 打开泵入口阀，打开泵出口灌泵线上的阀门，将物料充满吸入管线及泵壳后，关闭泵出口灌泵线上的阀门。

④ 点动电机，检查油位是否正常，并注意泵内有无摩擦声或异物滚动等杂声，如有故障应消除。

(2) 开备用泵

① 打开电机电源开关，启动多乙苯泵。

② 逐渐打开泵出口阀。

③ 开泵时要密切注意泵的声响、振动和电机声音，观察机械密封的泄漏情况。

④ 检查泵进出口压力和流量值，正常后投用最小回流线。

(3) 泵的切换

备用泵运行稳定后停原运行泵。

（4）停备用泵

① 关闭出口阀。

② 停泵，关闭最小回流线上的阀门。

③ 关闭泵的入口阀，将泵腔内的残液排空。

④ 保持泵处于备用状态。

4.3 乙苯脱氢生产苯乙烯的正常操作及控制

4.3.1 脱氢反应单元的正常生产操作与控制

4.3.1.1 正常操作

（1）蒸汽过热炉

蒸汽过热炉以燃料气（或燃料油）、工艺尾气作燃料。通过调节到辐射段烧嘴的燃料量控制主蒸汽出口温度，稳定的燃料来源可使主蒸汽出口温度波动最小。烟道气中氧气含量的大小决定了过热炉的热效率。空气量太大，大量的显热会随烟道气离开过热炉，降低加热炉的热效率；空气量太小，会使过热炉局部区域氧气不足，燃料燃烧不完全，并在过热炉内形成热点造成炉管损坏。通过调节烟道挡板和炉底风门控制过热炉中过剩空气量。

① 炉膛压力的控制。苯乙烯装置蒸汽过热炉一般采用箱式结构，在对流段有烟道挡板，通过调节烟气挡板开度，使炉膛压力保持微负压，一般控制炉膛压力在0～－40Pa，以保证燃料在炉膛内正常燃烧。

② 炉膛氧气含量的控制。蒸汽过热炉的热损失很大一部分是通过烟气排放到大气中的，控制炉膛氧气含量，对提高蒸汽过热炉的热效率有利。通过调节炉底燃烧器的风门开度控制氧气含量，一般控制烟气氧气含量在2%～4%之间，主要是为了减少加热炉的热损耗及避免烟气中未燃烧燃料的二次燃烧。

③ 火焰燃烧的控制。燃烧器使用的燃料主要有燃料气、装置废气、残焦油及其他燃料，保持燃料压力稳定，调节燃烧器使火焰长短和大小均匀一致，避免火焰直接接触到炉管；根据工艺条件变化，及时调整炉膛压力和炉膛氧气含量，使燃料充分燃烧。

④ 蒸汽出口温度的控制。为乙苯脱氢反应器提供热量的蒸汽经蒸汽过热炉加热到一定温度，通过调整相应炉膛温度来控制加热炉出口蒸汽温度，一般应保持蒸汽温度波动在±5℃以内。

（2）乙苯蒸发器

乙苯蒸发器普遍采用共沸蒸发流程，通过在进料乙苯中加入一定比例的蒸汽（或冷凝水）来降低蒸发温度。

① 乙苯进料温度的控制。乙苯进料（乙苯蒸发器出口）温度与一次蒸汽量、加热蒸汽量、系统压力均有关联，影响较大的是一次蒸汽（配汽）加入比例，一般控制在乙苯进料量的40%～50%。

② 乙苯蒸发器液位的控制。乙苯蒸发器液位主要依靠管程的加热蒸汽量来控制，另外与系统压力也有一定关系，压力低更有利于蒸发。乙苯蒸发器下游是乙苯过热器，对蒸发物中液体的夹带比较敏感，因此应严格控制其液位在要求范围内（一般不超过40%）。在乙苯蒸发器上安装了高液位报警及联锁仪表，在液位超过高限时切断乙苯进料，防止液体夹带到

乙苯过热器中，影响设备的安全运行。

(3) 脱氢反应器

脱氢反应器是苯乙烯装置的关键设备，操作温度高、系统压力低、物料易燃易爆，因此设置了高温联锁及空气泄漏安全保护系统。在正常操作过程中要控制乙苯转化率，乙苯转化率的高低主要通过控制反应器入口温度来实现。第二脱氢反应器出口压力是第二个主要控制点，应保持尽量低，以达到好的反应选择性。这个压力通过调节尾气压缩机吸入口压力来控制。总水比是另一重要控制点，水比过大，蒸汽量消耗大，生产成本上升；水比过小，催化剂表面易积炭，降低催化剂性能。

① 反应压力的控制。二段床层的出口压力是一个主要的控制指标，应保持尽量低，以使乙苯脱氢反应产生较好的苯乙烯选择性。该压力通过调节下游尾气压缩机的吸入口压力来控制，压缩机转速提高，则系统压力降低；反之，压力升高。

② 反应器入口温度的控制。第一脱氢反应器入口温度是由蒸汽过热炉“B”室蒸汽出口温度与乙苯蒸发器出口温度决定，其中蒸汽温度起主要作用，通过调整蒸汽温度来控制反应器入口温度达到要求值；第二脱氢反应器入口温度是由过热炉“A”室蒸汽出口温度决定，通过调整“A”室燃料量来实现温度的控制。

③ 水比的控制。乙苯脱氢反应的水比主要与使用的脱氢催化剂有关，目前普遍使用的催化剂，可以在水比1.3~1.5(质量比)下稳定运行。水比过小，催化剂表面易结焦，降低催化剂性能；水比过大，蒸汽量消耗大。一般在催化剂运行末期才适当提高操作水比，以维持催化剂的性能，另外，当催化剂表面结焦比较严重时，可以通过提高水比来脱除焦炭，恢复催化剂活性。根据第一脱氢反应器及第二脱氢反应器出口水比的分析数据，通过调整蒸汽(或进料乙苯)加入量，使水比保持在合适状态。

(4) 冷却冷凝系统

① 低压废热锅炉液位的控制。低压废热锅炉主要用于回收乙苯脱氢反应物料的热量，并产生两种等级的低压蒸汽，供装置其他部位使用。锅炉液位是通过给水控制系统控制的，要求调节过程平稳进行，防止液位波动过大对设备及蒸汽管网造成影响。为保证设备的安全运行，每个废热锅炉均设置高、低液位报警及低液位联锁，防止锅炉缺水引发事故。

② 空冷器入口温度的控制。在空冷器(或主冷器)入口设置急冷器，通过加入雾化的急冷水将脱氢反应物料冷却到饱和温度左右，减少可能发生的聚合反应。控制急冷器加水量，使空冷器入口温度在70℃左右，既要避免水量小造成急冷效果降低，也要避免因加水量过大，未汽化的水串至低压废热锅炉。

③ 空冷器出口温度的控制。空冷器出口温度主要通过调节风机风量(或主冷器循环水量)控制，而风量的大小通过改变电机频率来控制，应尽量使各组空冷器负荷均衡。空冷器出口温度正常控制在52~60℃。

(5) 脱氢液/水分离罐

① 水室界面的控制。水室界面的控制是脱氢液/水分离效果好坏的关键，界面过高则容易使脱氢液中夹带水分；反之，则水中夹带有机物，增加冷凝液处理难度。水室界面主要通过向下游输送的水量来控制，另外在下游设置的有机物聚结器界面控制对其也有影响。一般界面控制在75%左右，以保证合适的分离时间，达到需要的分离效果。

② 脱氢液室液位的控制。脱氢液室的液位主要依靠向下游的粗苯乙烯分离塔(或脱氢液储罐)的输送量控制，应保持有稳定的液位和输送量。

(6) 工艺冷凝液汽提塔

① 进料温度的控制。进入汽提塔冷凝器管程的工艺冷凝液被汽提塔来的塔顶蒸汽预热后，通过汽水混合器使之被蒸汽加热到73℃，然后进入顶部塔板。

② 塔压的控制。塔顶含有机物的蒸汽经冷凝器壳程被冷凝，换热出来的冷凝液由液位控制流到脱氢液/水分离罐中。不凝气被排放到后冷器，汽提塔塔顶压力(A)控制在0.042 MPa。

③ 汽提蒸汽进料量的控制。0.04MPa 蒸汽在流量控制下直接加到底部塔盘，在正常操作过程中，蒸汽流量与进料成比例，一般维持在冷凝液进料的1/18(质量)左右。

④ 汽提后工艺冷凝液水质的控制。经过汽提处理后的冷凝液，其中的有机物被回收，冷凝液可以根据装置需要循环使用或外送。正常情况下，处理后水中有机物的含量在1×10^{-6}以下，可以作为装置内的锅炉水使用，或者作为循环水系统的补充水使用。

(7) 尾气压缩机

尾气压缩机一般由蒸汽透平驱动，尾气经增压后，通过尾气回收系统从尾气中回收几乎所有的芳烃类有机物。尾气压缩机设置有完善的安全联锁保护系统，防止工艺及设备参数异常损坏压缩机。在压缩机出口尾气管线上有三台氧分析仪，并设置报警、联锁系统，以监测系统的空气泄漏。

① 入口压力的控制。入口压力采用分程控制，调节压缩机转速或循环气量来实现，利用调速器来调节透平转速，从而控制压缩机吸入口压力；当透平达到最小允许速度时，部分排出气循环返回到吸入口以维持吸入口压力。

② 转速的控制。压缩机的转速与驱动透平同步，通过电子(或手动)调速系统输出信号，控制进入蒸汽透平的蒸汽量，达到控制转速的目的。电子调速系统可以保证转速更加稳定，系统压力平稳。

(8) 尾气洗涤系统

经尾气压缩机增压后，脱氢尾气中含有相当数量的有机物，一般采用尾气洗涤系统加以回收，吸收剂一般采用装置内副产的多乙苯残油，这些吸收剂可以循环使用。部分装置的吸收操作采用低温工艺，进塔的吸收剂温度在10℃左右；汽提回收系统采用负压操作，更有利于吸收剂中的有机物被回收。

(9) 苯罐

苯乙烯装置原料苯储罐是装置中操作频繁的储罐之一，因此应保证储罐的氮气密封系统运行良好，在保证安全运行的同时减少物料的挥发损失。储存温度应保持在25℃左右，冬季时可以根据装置特点投用储罐内设置的蒸汽盘管。

(10) 残焦油罐

装置副产的残焦油黏度较大，尤其在温度低的情况下，其流动性明显降低。因此残焦油储罐必须保持合适的温度，可以通过蒸汽加热盘管控制温度在规定值，以方便装车作业或向蒸汽过热炉燃料系统输送；另外储罐液位应保持在较低位置，减少因残焦油中重组分的积累影响其流动性。

(11) 苯乙烯罐

苯乙烯罐是用于储存产品苯乙烯的储罐，每批苯乙烯产品经检验合格后输送给其他用户使用。储存期间应保持较低的温度，以使外送温度不高于15℃；按照要求添加产品阻聚剂，防止在储存、运输期间出现聚合。苯乙烯储罐设置有呼吸阀，该部位容易出现苯乙烯聚合堵塞通道等问题，应定期检查呼吸阀并处理积聚的聚合物。

（12）氧化脱氢反应器

① 稀释蒸汽/氧气比的控制。为了确保反应器安全运行，稀释蒸汽/氧气摩尔比必须控制在6.5以上。

② 控制乙苯混合物-氧气-蒸汽在安全区域操作。氧气的存在对反应系统是极其危险的，其参与的反应一般都是剧烈的，氧气脱氢工艺需要氧气参与反应，因此，必须控制其在安全范围内进行反应。

生产过程中要控制氧化床层温升小于规定值，以保证乙苯的高转化率，同时还须控制脱氢尾气中氧气含量$<1\%$。

③ 氧化催化剂活性的控制。通过监测氧化催化剂床层内的温度曲线来判断氧化催化剂的活性。催化剂活性越高，在催化剂床层起始部位温升越大，即入口温度梯度越大。当氧化催化剂活性下降以至于达不到需要的床层出口温度时，可能发生氧气穿透，未转化的氧气会离开氧化床进入脱氢床，使脱氢催化剂表面的铁氧化，引起乙苯脱氢催化剂暂时失活。如果氧气穿透终止，脱氢催化剂能够还原恢复活性。

发生氧气穿透后，一部分氧气无选择地消耗其他反应物，使产品产量减少。

4.3.1.2 生产提负荷操作

① 提负荷时首先提高蒸汽加入量，保证水比达到要求。

② 蒸汽量增加后，通过调节蒸汽过热炉燃料逐渐提高蒸汽温度，使反应器温度逐渐上升，检查并调整过热炉压力及氧气含量。

③ 提高乙苯进料量，相应提高一次蒸汽(配汽)量，调节乙苯蒸发器加热蒸汽量，稳定蒸发器液位。

④ 提高尾气压缩机转速(或关闭循环阀)，降低系统压力，保证第二脱氢反应器出口压力合适。

⑤ 适当增加急冷器加水量及空冷器(主冷器)的负荷，使温度符合要求。

⑥ 根据废热锅炉液位变化情况加以调整。

⑦ 调整脱氢液/水分离罐外送量，保持各自界面(液位)稳定。

⑧ 冷凝液汽提塔负荷增加后，按比例增加汽提蒸汽的加入量，维持分离效果。

⑨ 增大尾气回收系统吸收剂循环量及汽提蒸汽加入量，稳定吸收效果。

⑩ 增加样品分析，参照分析数据对反应温度进行再调整，满足生产的需要。

4.3.1.3 生产降负荷操作

① 接到降负荷通知时，先降低乙苯流量再低降蒸汽流量，乙苯流量的降幅一般不超过$5m^3/h$，否则可能导致反应器温度异常升高。

② 乙苯进料量降低后，通过调整蒸汽过热炉燃料逐渐降低蒸汽温度，保持反应器入口温度在要求范围内。

③ 逐渐降低蒸汽加入量，维持合适的操作水比，避免蒸汽浪费。如果从高负荷状态调整负荷，也可以维持较高水比一段时间(3天左右)，有助于保护催化剂性能的。

④ 根据反应系统压力情况调节尾气压缩机负荷，维持反应器出口压力稳定。

⑤ 调整主冷器(或空冷器)运行负荷及急冷器加水量，使出入口温度达到要求。

⑥ 根据反应系统总进料变化情况调整脱氢液/水分离罐向下游的输送量，维持液位和界面的稳定。

⑦ 调整冷凝液汽提塔运行参数，在保证处理效果的前提下减少蒸汽用量。

⑧ 根据分析结果对脱氢反应温度及水进行再调整。

4.3.1.4 设备切换操作

乙苯脱氢反应系统设备多在负压下运行，切换设备时应防止空气通过打开的设备进入真空系统，一旦空气进入真空系统，将对系统造成较大影响，严重时导致联锁停车，尤其是泵的切换应注意顺序。

① 切换泵前确认备用泵电源、检测仪表、过滤器能正常使用。

② 关闭备用泵的导淋阀及其他放净阀。

③ 打开备用泵的入口阀，通过灌泵流程将入口管线、泵体充满液体。

④ 启动备用泵，观察出口压力，达到要求时逐渐打开出口阀，同时逐渐关闭在运泵的出口阀。

⑤ 确认备用泵运转后能满足生产需要，停需检修的泵，关闭出、入口阀门，放净泵体及管线内残液，交检修单位处理。

4.3.2 Lummus 工艺苯乙烯精馏单元的正常生产操作及控制

4.3.2.1 正常操作

(1) 粗苯乙烯塔

① 塔顶压力的控制。粗苯乙烯塔压力采用分程控制系统控制，通过调节流入塔顶的氮气流量或真空泵出口气体的返回量使塔压在正常范围内。

② 再沸器蒸汽量的控制。通过调整再沸器内冷凝液的液位来控制进入再沸器蒸汽的量，调节再沸器液位罐排放阀的大小，来控制再沸器液位罐的液位，从而控制再沸器的蒸汽量。

③ 塔釜阻聚剂含量的控制。用阻聚剂泵将阻聚剂加入塔中，此外在焦油采出泵中循环的阻聚剂进入进料管线中，通过调节阻聚剂泵的冲程和循环阻聚剂的流量来控制塔釜阻聚剂含量在正常范围内。

④ 塔顶回流量的控制。通过塔顶回流量调节阀来控制回流量的大小，使塔的组分处于合格状态。

⑤ 塔顶、塔釜组分的控制。通过调节塔的采出量和回流量来控制塔顶、塔釜组分。

⑥ 液位控制。塔釜液位控制器与塔釜采出流量控制器进行串级调节。当液位升高时，增大产品采出量，当液位下降时，减少塔底物料采出量。

⑦ 回流罐集水包液位的控制。根据集水包液位指示器的指示，通过切水阀门来控制集水包液位处于正常液位。

(2) 乙苯回收塔

① 塔顶压力的控制。塔顶压力采用分程控制，通过调节塔顶罐到火炬管线的排放气量或进入系统的氮气量，使塔压处于正常状态。

② 再沸器蒸汽量的控制。乙苯回收塔再沸器的蒸汽量采用蒸汽流量调节阀控制，蒸汽冷凝液经疏水器进入冷凝液管网。

③ 灵敏板温度的控制。通过调节回流量的大小和再沸器蒸汽的加入量来调节灵敏板温度至正常值。

④ 塔顶回流量的控制。塔顶回流量用调节阀来控制，使塔的温度、压力、组成处于正常状态。

⑤ 塔顶、塔釜组分的控制。通过调节回流量、塔顶、塔釜来控制塔顶、塔釜组成合格。

⑥ 液位控制。塔釜液位由塔釜产品采出流量控制器来控制。当液位升高时，增大产品采出量，当液位下降时，减少塔底物料采出量。

⑦ 回流罐集水包液位的控制。根据集水包液位指示器的指示，通过切水阀来控制集水包液位处于正常液位。

（3）精苯乙烯塔

① 塔顶压力的控制。精苯乙烯塔压力采用分程控制系统控制，通过调节流入塔顶的氮气流量或真空泵出口气体的返回量使塔压在正常范围内。

② 再沸器蒸汽量的控制。通过调整再沸器内冷凝液的液位来控制进入再沸器蒸汽的量，调节再沸器液位罐排放阀的大小，来控制再沸器液位罐的液位，从而控制再沸器的蒸汽量。

③ 产品阻聚剂含量的控制。用产品阻聚剂泵将产品阻聚剂加入塔中，通过调节产品阻聚剂泵的冲程来控制产品阻聚剂含量在正常范围内。

④ 塔顶回流量的控制。通过塔顶回流量调节阀来控制回流量的大小，使塔的组成处于合格状态。

⑤ 塔顶、塔釜组分的控制。通过调节塔回流量、塔底采出量、塔顶采出量来控制塔顶、塔釜组分。

⑥ 产品苯乙烯温度的控制。合格产品苯乙烯经过苯乙烯产品深冷器进入储罐，其温度由深冷器来控制。

（4）薄膜蒸发器

① 进料量控制。薄膜蒸发器的进料量由精苯乙烯塔的塔釜流量控制器控制。

② 苯乙烯回收率控制。夹套加热蒸汽量由流量控制器控制，通过控制蒸汽流量使苯乙烯回收率达到设计要求，一般要求焦油中的苯乙烯含量为5%。

③ 缓冲罐液位的控制。缓冲罐的液位通过调节焦油泵的转速控制。

④ 正常操作的注意事项。转子的上端面密封是双端面密封，用残油作为密封冲洗液，正常操作中要控制好密封液的流量并检查密封液的压力。

转子下端的轴承用残油进行冲洗润滑，残油的加入量要适当控制。

为了防止焦油在缓冲罐的液位计上聚合，必须用小流量的残油冲洗液位计。

（5）苯/甲苯塔

① 塔顶压力的控制。塔顶压力采用分程控制，通过调节塔顶罐到火炬管线的排放气量或进入系统的氮气量，使塔压处于正常状态。

② 再沸器蒸汽量的控制。苯/甲苯塔再沸器的蒸汽量采用蒸汽流量调节阀控制，蒸汽冷凝液经疏水器进入冷凝液管网。

③ 灵敏板温度的控制。通过调节回流量的大小和再沸器蒸汽的加入量来调节灵敏板温度至正常值。

④ 塔顶回流量的控制。塔顶回流量用调节阀来控制，使塔的温度、压力处于正常状态。

⑤ 塔顶、塔釜组分的控制。通过调节回流量、塔底采出量、塔顶采出量来控制塔顶、塔釜组分合格。

4.3.2.2 生产提负荷操作

① 负荷提高后，精馏负荷按比例提高，提高塔的进料量，调节回流量和采出量，保持塔的物料平衡。及时提高塔釜的蒸汽量，保证塔顶和塔釜温度在正常范围内，避免塔的组分出现不合格。

② 控制好塔的压力，及时调节压力控制阀，保持压力稳定。

③ 提高阻聚剂的加入量，及时采样分析，保证阻聚剂的浓度在要求的范围内。

④ 按比例提高产品塔的蒸汽量，加大回流量和塔顶苯乙烯的采出，提高产品阻聚剂TBC的加入量，采样分析苯乙烯产品的纯度和TBC含量。

⑤ 提高闪蒸罐的蒸汽量，控制好焦油闪蒸的温度，保证焦油中的苯乙烯含量在指标范围内。

4.3.2.3 生产降负荷操作

① 降低负荷后，精馏负荷按比例降低，降低塔的进料量，调节回流量和采出量，保持塔的物料平衡。及时减少再沸器的蒸汽量，保证塔顶和塔釜温度在正常范围内，避免出现组分不合格。

② 控制好塔的压力，及时调节压力控制阀，保持压力稳定。

③ 减少阻聚剂的加入量，及时采样分析，保证阻聚剂的浓度在要求的范围内。

④ 按比例减少产品塔的蒸汽量，减少回流量和和塔顶苯乙烯的采出量，减少产品阻聚剂TBC的加入量，采样分析苯乙烯产品的纯度和TBC含量。

⑤ 减少闪蒸罐的蒸汽量，控制好焦油闪蒸的温度，保证焦油中的苯乙烯含量在指标范围内。

4.3.2.4 设备切换操作

(1) 备用真空泵的切换前的准备

① 检查阀门的开闭是否正确；校对压力表、真空表、温度表是否准确。

② 检查轴承的润滑脂是否足够。

③ 手动盘车。

④ 检查电机转向是否正确。

⑤ 启动前应注意阀门的关闭状态。

⑥ 检查密封液是否已达到正常液位。

⑦ 检查冷冻水是否正常投用。

(2) 启动备用泵电机开关，观察塔顶压力的变化，及时调整塔顶压力至正常。

(3) 观察备用泵启动后状况

① 检查真空泵机组的轴功率(电流)是否正常。

② 气液分离器液位计的液位显示是否在正常范围内。

③ 设备的运转声音是否正常。

④ 泵的轴承温度是否正常。

⑤ 泵填料密封是否有泄漏。

⑥ 泵的工作液温是否正常。

(4) 待备用泵正常运行后，停先前运行的真空泵，关闭出入口阀门，调节塔顶压力至正常值。

4.3.3 Badger 工艺苯乙烯精馏单元的正常生产操作及控制

4.3.3.1 生产操作及控制

(1) 苯/甲苯塔

塔顶馏出物必须保证乙苯含量小于0.15%，它是通过经压力补偿的温度来控制的，温度的控制值既取决于组成也取决于压力。如果塔顶指示的温度比要求的温度高，表示塔顶馏出物的乙苯含量超过了规定值，必须减少馏出物的抽出量，增加回流量。

塔顶压力通过调节抽真空设备循环线上的调节阀控制。

苯/甲苯塔塔底液位可采用液位与流量的串级控制，也可采用流量平稳液位控制系统控制。在串级控制方案中，塔底液位控制器的输出设定塔底流量控制器。流量平稳液位控制系统从塔底液位控制器接收输入，逐步设定塔底流量控制器。后者充分利用了塔底的缓冲容积，使塔底流量平稳，非常有效地减少了塔底流量变化对下游设备(乙苯循环塔)操作的干扰。

(2) 乙苯循环塔

乙苯循环塔塔顶馏出物设有在线气相色谱分析仪，如果在循环乙苯中苯乙烯的浓度太高，调节系统将降低循环乙苯的流率，回收塔冷凝/收集器的液位将增加，液位控制系统将提高回流量保持液位稳定。如果馏出物的指标不合格，塔顶馏出物将自动切换到不合格苯乙烯罐。

(3) 精苯乙烯塔

① 苯乙烯产品塔进料由进料流量控制器控制，它由乙苯循环塔塔底液位控制器串级设定或由流量平稳液位先进控制器设定。

② TBC 溶液注入到苯乙烯产品塔塔顶气相管线中，在塔顶泵出口有一小股苯乙烯作为载流体与 TBC 混合，帮助 TBC 在塔顶充分均匀地分布。

③ 塔顶压力由真空泵返回线上压力控制阀的开度来控制。

④ 苯乙烯再沸器低压蒸汽流量由流量控制器控制，蒸汽凝液用蒸汽凝液泵送到凝液管网。

⑤ 苯乙烯产品塔塔底物在闪蒸罐进料流量控制器控制下经闪蒸罐再沸器送入闪蒸罐。闪蒸罐进料流量控制器可由苯乙烯产品塔塔底液位控制器串级控制或流量平稳液位先进控制系统控制。

⑥ 塔顶冷凝器液位由冷凝器液位控制器控制，它通过设定塔顶产品采出量控制液位稳定。

⑦ 苯乙烯产品塔回流量由回流阀的开度来调节。

⑧ 苯乙烯产品冷却器下游的在线分析仪可分析产品中乙苯、对二甲苯、间二甲苯和α-甲基苯乙烯的含量，如果含量超标，DCS 将发出报警信号。

⑨ 闪蒸罐的温度由进料温度控制器控制，它设定再沸器中压蒸汽流量，调节再沸器的热负荷，调整闪蒸罐进料温度，使闪蒸罐罐底的物料含有10%的苯乙烯。

⑩ 闪蒸罐罐底残油用残油循环泵抽出，其中95%的残油经闪蒸罐再沸器循环回闪蒸罐，其余残油以5:1的比例分两路，大部分去苯/甲苯塔，小部分送去残油储罐。残油储罐的流量控制器由闪蒸罐液位控制器串级设定。

4.3.3.2 生产提负荷操作

操作步骤如下：

① 脱氢反应负荷提高后，精馏负荷按比例提高，提高苯/甲苯塔的进料量，调节回流量和采出量，保持塔的物料平衡。及时提高塔釜的蒸汽量，保证灵敏板的温度和塔釜温度在正常范围内，避免过多苯/甲苯带到乙苯循环塔，影响乙苯质量及增加乙苯循环塔的能耗。

② 控制好苯/甲苯塔的压力，及时调节压力控制阀，保持压力稳定。

③ 提高阻聚剂的加入量，及时采样分析，保证阻聚剂的浓度在要求的范围内。

④ 提高乙苯循环塔的蒸汽量，加大回流量和采出量，控制好灵敏板温度，保证苯乙烯产品合格。

⑤ 按比例提高产品塔的蒸汽量，加大回流量和塔顶苯乙烯的采出量，提高产品阻聚剂TBC的加入量。采样分析苯乙烯产品的纯度和TBC含量。

⑥ 加大闪蒸罐的蒸汽量，控制好焦油闪蒸温度，保证焦油中的苯乙烯含量在指标范围内。

4.3.3.3 生产降负荷操作

操作步骤如下：

① 脱氢反应降低负荷后，精馏负荷按比例降低，降低苯/甲苯塔的进料量，调节回流量和采出量，保持塔的物料平衡。及时减少塔釜的蒸汽量，保证灵敏板的温度和塔釜温度在正常范围内，避免塔顶乙苯含量过高。

② 控制好苯/甲苯塔的压力，及时调节压力控制阀，保持压力稳定。

③ 减少阻聚剂的加入量，及时采样分析，保证阻聚剂的浓度在要求的范围内。

④ 减少乙苯循环塔的蒸汽量，加大回流量和采出量，控制好灵敏板温度，保证苯乙烯产品合格。

⑤ 按比例减少产品塔的蒸汽量，减少回流量和塔顶苯乙烯的采出量，减少产品阻聚剂TBC的加入量，采样分析苯乙烯产品的纯度和TBC含量。

⑥ 减少闪蒸罐的蒸汽量，控制好焦油闪蒸的温度，保证焦油中的苯乙烯含量在指标范围内。

4.4 关键设备的正常操作及控制

4.4.1 乙烯压缩机

4.4.1.1 开车

① 检查机组紧固情况，电机接线应正确。

② 检查压缩机外露部位的紧固情况，各螺纹连接处不允许有任何松动，人工盘车，使压缩机旋转1~2转，转动应轻松，声音应均匀有节奏。

③ 检查机身油池并确认无不清洁现象后，加入经过精过滤的润滑油。

④ 打开排气切断阀，关闭进气切断阀，启动电动机驱动压缩机，空载运转的声音应均匀有节奏。

⑤ 用肥皂水检查各密封部位，应无泄漏状况。

⑥ 在升负荷试车中应全面观察压缩机机组各部分的运转情况，应运转平稳可靠，声音

均匀有节奏。

⑦ 随时观察压缩机的压力表、温度表，指示应在规定数值内。

4.4.1.2 停车

① 使压缩机空负荷运转，关闭进气阀，打开工艺管线上的放空阀，用氮气吹扫压缩机气路系统，然后关闭电动机，使压缩机停车。

② 压缩机短期停车时至少每周盘车 1～2 次，以免各摩擦面锈蚀。

③ 压缩机长期停车时，必须对各运动部分进行检查，然后涂上防锈油。应特别注意汽缸内部工作表面是否锈蚀。冬季还应将汽缸中的冷却水放尽，以免冻裂设备。

4.4.2 加热炉

4.4.2.1 正常操作与控制

蒸汽过热炉以燃料气、燃料油、工艺尾气等作燃料，正常情况下，工艺尾气约提供过热炉燃料量的88%。通过调节到辐射段烧嘴的燃料量来控制主蒸汽出口温度，稳定的燃料来源可使主蒸汽出口温度波动最小。烟道气中氧气含量的大小决定了过热炉的热效率，过热炉中过剩空气量是通过调节烟道挡板和炉底风门来控制的。

正常操作时应注意：

① 检查蒸汽过热炉出口蒸汽温度，出口蒸汽温度正常时波动范围应在5℃以内。

② 检查燃料燃烧情况、炉膛温度变化情况，烟囱冒烟情况、炉墙及炉附件情况。

③ 检查烟气氧含量分析仪指示的烟气氧含量，检查炉膛真空度，通过调节烧嘴根部阀门及烟道挡板开度，使烟气氧含量与炉膛真空度控制在工艺指标范围内。

④ 检查蒸汽过热炉辐射段、对流段各部分温度，排烟温度 <200℃。

⑤ 检查现场各设备运行情况，各点温度、压力、流量指示值，应及时加以调节，控制其在工艺指标范围内，检查设备、工艺管线系统泄漏情况，发现问题及时汇报处理。

⑥ 联锁信号报警仪表动作后，必须立即根据具体情况进行处理，并立即向班长汇报，迅速与前后系统取得联系，以取得其他系统的配合。

⑦ 控制火焰燃烧均匀。每个烧嘴的火焰长短和大小尽可能地均匀一致。在任何情况下，都不能使火焰直接接触到炉管，每进行一次温度或燃料气压力调节，每发生一次波动，都应检查火焰燃烧状况，避免其接触到炉管。火焰形状不正常有五种主要原因：

a. 空气量不足，火焰有烟、不规则而且闪烁。

b. 烧嘴堵塞。应将堵塞部位进行清理。

c. 烟道抽力过大。抽力太强时火焰闪烁，应调整烟道挡板，减小抽力。

d. 烟道抽力不足。加热炉冒烟，火焰从看火孔、风门或对流段弯头箱盖窜出。应降低烧嘴燃料量，并加大烟道挡板开度。

e. 燃料过量。在烧嘴燃料量高的情况下，火苗长而不规则。应降低燃烧量，减小燃料气量。

⑧ 防止二次燃烧。当燃烧空气量不足时，烟气中将含有一氧化碳，随其含量不同，会在对流段、烟囱底部甚至顶部发生二次燃烧，其后果是将烧坏对流段炉管。

为防止二次燃烧，应根据烟气氧气含量调节风门，控制氧气含量为2%～4%。

如果发生二次燃烧，应立即降低燃料量，开大烧嘴风门，加大空气量，风门开大时速度不可过快，应缓慢调节。二次燃烧停止后，再逐渐增大燃料量。

⑨ 防止烧嘴熄火，烧嘴熄火原因主要是：

a. 加热炉抽力太大。

b. 烧嘴的燃料气压力比设计压力高或低。

c. 燃料量急剧降低时，未及时调节抽力和过剩空气量(即未及时关小风门)。

4.4.2.2 开停车步骤

① 从主蒸汽进料管线向系统通适量N_2。

② 投用烟道挡板调节系统，并确保良好，适当打开烟道挡板。

③ 控制长明灯用燃料气压力在0.1MPa。

④ 在过热炉"A"、"B"室各点一个长明灯，将火焰调至尽可能小，避免炉温上升过快。

⑤ 按烘炉曲线要求，逐渐开大长明灯切断阀，全开后方可点燃其他长明灯，以保持升温速度的稳定。

⑥ 以8～10℃/h将炉膛温度升至120℃后，在(120±5)℃恒温24h。

⑦ 以10～15℃/h将炉膛温度升至350℃，恒温42h，检查炉管及热力管道情况。

⑧ 在350℃以前尽可能全用氮气升温、恒温，反应器床层在200℃以上时再投主蒸汽进行升温。

⑨ 根据需要点燃长明灯后，逐个点燃烧嘴，以维持升温速度。

⑩ 以15～20℃/h将炉膛升至550℃后恒温12h，全面检查记录炉内衬、耐火砖、炉管等情况。

⑪ 确认加热炉运行良好，炉管无异常后，方可继续升温，装置转入正常操作或以40℃/h降至常温。

4.4.3 尾气压缩机

4.4.3.1 开车前应具备的条件

① 设备、管线、仪表、电器等具备使用条件，流程正确。

② 水、电、汽、风等公用公程系统已正式运行，能力及规格符合要求。

③ 上岗人员掌握开车方案、《操作法》、《工艺规程》等内容，开车确认卡发到操作人员手中。

④ 防毒、防护、事故急救设施齐全，消防器材配备就位。

⑤ 仪表联锁系统整定、调校正确无误。

⑥ 压缩机油、调速器油具备使用条件，各储油箱液位合适。

⑦ 系统氮气气密试验、置换合格。

4.4.3.2 检查内容

① 检查各现场仪表是否好用，与控制室内是否一致；调节阀是否灵活好用。

② 对联锁、报警表盘进行模拟试验，确保动作准确可靠。

③ 检查尾气排放罐液位计是否显示正确，溢流管应有小流量水流出；用氮气置换排放线。

④ 检查润滑油冷却器、压缩机夹套冷却水是否已正常运行。

⑤ 引入透平前的高压蒸汽应符合规格要求。

⑥ 各阀门、盲板、安全阀是否处在合适位置。

4.4.3.3　开车准备工作

① 开车所需的工具齐备，相关人员在场。

② 润滑油集合管入压缩机处及回油管路中加 80 ~100 目过滤网。

③ 启动辅助油泵，油运 30min，或直到过滤网清洁为止，拆除过滤网。

④ 检查并调整润滑油集合管压力、轴承润滑油压力。

⑤ 停辅助油泵，启动并调试主油泵，达到正常使用要求，试验超速跳闸、低油压联锁，要求灵活好用。

⑥ 主油泵油运，检查并确认润滑油温度、各润滑点油压是否合适。

⑦ 油运时应及时对压缩机盘车。

4.4.3.4　开车

压缩机大修或长时间停用后的开车，应对透平和压缩机进行试运转，确保开车后各项性能正常。该试运转包括透平的无负荷试运转和透平与压缩机联动氮气试车。

（1）主油泵开车步骤

① 小透平需加优质调速油和润滑用油，加油量应合适。

② 首次启动透平前，全部管线必须用蒸汽吹扫干净，保证固体颗粒不会随蒸汽进入透平。

③ 打开蒸汽入口线、透平壳体、出口线上的低位导淋阀。

④ 透平夹套送冷却水。

⑤ 打开排汽线上的所有阀门。

⑥ 逆时针将调速器转至最底处，速度设定在最低可调转速位置；挂上联锁装置。

⑦ 逐渐打开蒸汽入口线上的切断阀，慢慢升速，待速度稳定后，将蒸汽阀全部打开。

⑧ 使用调速器将透平转速调至额定转速：2900r/min。

⑨ 在调速器控制下，透平达到额定转数时压下跳闸杠杆；使透平手动跳闸，检查跳闸系统工作情况。

⑩ 再次启动透平，逐渐关闭各导淋阀，全开进汽阀、排汽阀，随着透平达到额定负荷和转速，透平的效率将达到最佳状态。

⑪ 在条件许可的情况下，应该做超速跳闸试验，透平应在额定跳闸速度的 98% ~102% 范围内跳闸。跳闸后，透平应完全停下。

⑫ 操作杆在透平跳闸时会突然向上弹起，为防止操作人员受伤，应离开操作杆。

⑬ 主油泵透平开车正常后调整工作很少，更多的是日常检查，及时地发现隐患和事故苗头，并采取正确方法处理。

（2）主透平无负荷试运转

① 油运已正常进行 1h 以上。

② 拆除透平与压缩机之间的连轴器。

③ 检查透平转向，从调速器端看，透平应是逆时针转动。

④ 打开蒸汽进口管线、透平蒸汽室、排汽管线等部位的导淋阀，防止在这些部位积存水，引入少量蒸汽预热透平。

⑤ 打开排汽阀，打开进汽的手动阀门。

⑥ 转动调速器手动调速旋钮至最低转速位置，即逆时针转到底。

⑦ 复位超速停车机构(脱扣阀或速断阀)，慢慢打开蒸汽切断阀，将透平逐渐升速至 500r/min。

⑧ 手动打下脱扣阀及跳闸杠杆，检查跳闸系统工作情况。当透平减速时应关闭蒸汽切断阀。

⑨ 再次开启透平，进行500r/min低转速暖机，在此期间应严密注视透平运转情况。

⑩ 给轴承箱冷却水夹套送冷却水，防止轴承过热。

⑪ 检查透平各部位运行情况，发现问题立即停车检查并正确处理。

⑫ 暖机结束后，关闭各蒸汽导淋阀，此时各导淋阀应没有水流出，控制排汽压力稳定在0.32MPa。逐渐全开蒸汽切断阀，使透平升速，预计速度将能达到2000r/min左右。

⑬ 稳定一段时间后，利用调速器将透平转速逐渐升到额定转速。观察有无异常。

⑭ 做透平超速跳闸试验，透平应在额定跳闸速度102%以内跳闸。如在此范围内透平不跳闸则应紧急手动停车，并重新调整跳闸速度设定机构。

⑮ 进行润滑油低压报警、跳闸试验。如不合适，进行正确调整。

⑯ 检查透平排汽压力是否合适，如超过0.35MPa，检查原因并纠正至正常。

⑰ 各项检查工作完成后，透平各部件在工作温度下运转1h后即可停下透平。透平无负荷试运转结束。

（3）透平、压缩机联动氮气试车

① 油运已正常运行。

② 利用内六角扳手（或电盘车机构）对压缩机手动盘车，应转动自由，无阻塞，方向正确。如发现有金属摩擦声、撞击声，需查明原因并妥善处理好。

③ 连接透平与压缩机的联轴器，并找正对中。

④ 排净机体内的残液，关闭压缩机喷淋水阀门。

⑤ 关闭压缩机入口阀，全开循环阀。

⑥ 从压缩机入口处充氮气。

⑦ 按程序投用压缩机密封系统。

⑧ 依透平开车步骤启动透平；当转速升至850~900r/min时，手动停车，检查是否有异常现象。

⑨ 确认机体内残液已排净后，关闭所有机休排液阀。

⑩ 再次启动透平，使机组逐渐升速到正常转速的一半。此时压缩机排出压力不能为零。一旦排出压力为零，应在2min内进行调整，否则应立即停车。

⑪在15min内做以下调整：逐渐关小排出管线上的阀门，使排出气温度达到40℃。

⑫ 在上述条件下运转半小时，观察机组和辅助设备的工作情况，注意是否有不正常振动和噪音。

⑬ 停下透平，手动盘车，检查机组运转是否灵活。各润滑、密封、冷却系统是否良好。

⑭ 按上述开车步骤，启动透平，逐渐升至额定转速，压缩机排出口温度达80℃。

⑮ 运转半小时，检查无误后即可停车，压缩机与透平氮气联运结束。

（4）压缩机的正常开车步骤

全面检查机组，确认具备开车条件并采取相应安全措施后，可按下述步骤进行开车。

① 用氮气吹扫放空管线。

② 关闭压缩机出口缓冲罐排放线上的切断阀，打开循环阀。

③ 压缩机入口通氮气，吹扫下游死区内的空气至氧含量合格。

④ 启动主油泵进行预润滑 30min，引入透平使用的蒸汽，排放凝液，预热透平。

⑤ 对压缩机进行盘车，确保无异常。

⑥ 投用密封系统。

⑦ 关闭压缩机各排液线上的阀门。

⑧ 氮气充满压缩机及旁路。

⑨ 打开压缩机入口阀，启动透平。

⑩ 当压缩机排出口压力(A)达到约 0.14MPa 时，减少至压缩机吸入口的氮气流量，仅维持排出口压力稳定。

⑪ 压缩机转速正常后，应全面检查，润滑油、密封、冷却等必须正常运行。

⑫ 以 10kPa/h 的速度降低入口压力。

4.4.4 高速泵

(1) 启动前准备

① 检查。

a. 检查泵地脚螺栓，电动机法兰连接螺栓，应牢固拧紧。

b. 检查电动机动力线和接地线，应连接正确。

c. 检查油冷却器冷却水管路，应连接完好无泄漏。

d. 检查与泵运转有关的仪表，应处于良好使用状态。

e. 检查机械密封辅助控制系统连接是否正确。

② 给增速箱加油。如增速箱内有防锈油，应先排除干净。

③ 预润滑系统试验。操纵手动油泵手柄，上下运动或起动油泵，从润滑油压力表观察油压，油压不低于 0.1MPa 为合格。带压检查润滑油路的密封性，如有漏油处应予排除。重新检查增速箱油位情况，如油位低则应补充加油。

④ 灌注泵。排放泵腔内的气体，让液体充满泵腔。对于低温或高温介质，泵需预冷或预热。当机械密封为双端面密封或串联密封时，应先通密封缓冲液，后灌注泵。

⑤ 确认电动机转向。卸下电动机冷却风扇的防护罩。带油压点试电动机，其风扇的旋转方向应与产品转向牌所示方向一致。

⑥ 给油冷却器通冷却水。

⑦ 投用机械密封辅助控制系统，使其处于良好状态。

(2) 启动

① 微开泵出口阀门。

② 操纵手动油泵手柄，上下运动 4～5 次，或起动辅助油泵约 30s，如果油压不低于规定值，就可带油压启动主泵。主泵起动后，就应停止操纵手动油泵或在 7～10s 内关闭辅助油泵。

③ 调节泵出口阀门的开度到正常位置。

④ 检查泵的扬程和电动机的电流电压。

⑤ 调节冷却水流量，使齿轮箱油温控制在 60～80℃之间。大约需要 1h，油温才能稳定下来。

⑥ 观察齿轮箱润滑油压力，应在正常范围内。

⑦ 观察密封的泄漏情况。

（3）停机

① 如果泵启动后，扬程、油压、油温、密封或电动机电流、电压不正常，则应紧急停机并处理。

② 泵停机时，应先逐步关闭泵出口阀门，然后切断电源，最后关闭泵入口阀门。

（4）保养

① 泵运转中，如果发现参数不正常或有异常声音，应立即停机检查。

② 泵重新组装后，运转中也可以补加润滑油。油位不能高于规定位置，否则会引起过多泡沫，造成中间轴下部轴承过热或失灵。

③ 泵运转 4000h 后，应停机更换齿轮箱润滑油和油过滤器。

第5章 装置停车

5.1 液相分子筛工艺生产乙苯装置的停车

5.1.1 反应单元的停车

5.1.1.1 烷基化反应系统停车步骤

正常停车的目的是为了使装置安全地停止运行，保证下次开工时能够安全、迅速地开车成功。如果有可能，烷基化反应系统停车时应维持热苯循环，这样重新开车会更容易。但是为维持热苯循环，预分馏塔和苯塔需处于运行状态。

烷基化反应系统存有大量的苯，除非确有必要将苯排出，否则在停车时应将苯封闭在反应器内。

具体的停车程序如下：

① 关闭烷基化反应器各床层的乙烯进料调节阀，切断烷基化反应器的乙烯物流，乙烯经乙烯压缩机旁路冷却器冷却后返回乙烯缓冲罐，维持自循环。

② 关闭烷基化反应器乙烯进料隔离阀。打开烷基化反应器乙烯进料管线上的排气阀，将管线中的乙烯排入火炬系统，停乙烯压缩机。

③ 烷基化反应器停止进乙烯后，要求反应系统进行苯循环2h以上，并取样分析反应器出料的组成，以保证乙烯完全反应。停乙烯进料的初期，反应器中的残存乙烯将继续进行烷基化反应，床层温升将逐渐降低。当残存在反应器中的乙烯完全转化后，床层不再有温升，在此阶段各反应器进口温度、出口压力和原料苯流量均应该控制在正常值。必要时可以开启开/停工加热器，向系统补充热量，以便维持各反应器进口温度在要求值。

④ 反应器出料的组成达到规定值后，可以继续维持烷基化系统和苯塔(或预分馏塔)回流罐之间的热苯循环，系统具备随时投乙烯重新开车的条件。如果不启用开/停工加热器，热苯循环温度会下降，此时如果欲注入乙烯重新开车，需要先启用开/停工加热器将第一烷基化反应器入口温度提升至要求值。

⑤ 由于苯是剧毒物质，排出反应系统中的苯需要时间而且程序复杂，因此，在需要停止热苯循环、但不必要排出苯的情况下，可将苯封存在反应器中。

⑥ 关闭开/停工加热器，停烷基化反应原料苯泵，停循环泵，置苯进料调节阀于手动，并关闭。关闭烷基化反应器出口阀和压力控制阀，关闭烷基化反应器进口处的隔离阀。

⑦ 此时，烷基化反应系统已经被隔离，热苯被封存其中。如果系统欲注入乙烯重新开工，则系统不需要苯充填，可以较快开工。

⑧ 当反应器中的催化剂需要卸出或维修反应器时，需要将其中物料排出，并进行装置吹扫。

5.1.1.2 烷基转移反应系统停车步骤

正常停车的目的是为了安全地停止运行，使装置在下次开车时能安全、迅速开车成功。

如果可能，烷基转移反应系统停车时应维持苯流量不变，但这时苯塔应保持运行状态。烷基转移反应系统正常停车步骤如下：

① 停止向烷基转移反应器进多乙苯。停多乙苯泵，多乙苯流量控制器置于手动关闭状态，多乙苯塔塔顶物料进入多乙苯罐或经有机物冷却器冷却后进入不合格乙苯罐。烷基转移反应器维持热苯循环，苯的流量由苯进料控制器控制在正常值。

② 控制烷基转移反应器进料温度在要求范围内，进行热苯循环 2h 以上，并取样分析反应器出料组成，以便在烷基转移反应器停止进多乙苯后，反应器中未转化的多乙苯能完全转化或被置换出来进入苯塔，防止副反应引起催化剂失活。此时烷基转移反应系统在要求温度下维持着热苯循环，故在需要时烷基转移反应系统可以随时重新开车，恢复多乙苯进料。

③ 置烷基转移反应原料苯进料控制器于手动，并关闭。停烷基转移反应原料苯泵。

④ 关闭烷基转移反应器进料的隔离阀，切断向烷基转移反应器的进料。关闭烷基转移反应器出口切断阀，这样热苯将被存封在烷基转移反应器中。

5.1.1.3 反应单元停车后的处理

为达到卸催化剂和反应器进人检修的目的，需要将反应器中的烃类物质倒空、置换出来。烷基转移反应器应于烷基化反应器之前先行排放液体苯和降压，因为烷基转移反应器更容易冷却降温。如果排苯卸压时床层温度太低，闪蒸出的有机物就少，会造成后续的蒸汽和氮气置换过程延长。在完成烷基转移反应器的排液、降压之后，按步骤接着进行烷基化反应器的处理。凡暂时未被处理的反应器要维持热苯循环，反应器的床层温度控制在要求范围内。

具体步骤如下：

① 反应器停止热苯循环后，确认反应器进出口处的切断阀已关闭，隔离阀也关闭，将反应器完全隔离。打开反应器各催化剂床层的压力平衡阀，以免排液和卸压时催化剂床层压降过大。

② 第一步(排放液苯)：此时反应器内温度较高。将反应器下部液态苯排放管线与有机物冷却器及不合格乙苯罐相连通。慢慢开启反应器下部排苯线上的阀门，在自身的压力下，逐渐将反应器内的液态苯经有机物冷却器冷却后，排入不合格乙苯罐。排料期间，反应器的温度应基本维持恒定。当反应器压力和温度开始快速下降，由视镜观察液态物料无流量时，关闭排放管线上的切断阀。

③ 第二步(降压汽化)：将反应器下部的降压管线与脱非芳塔塔顶冷凝器、脱非芳塔回流罐、脱非芳塔塔顶泵、不合格乙苯罐连通。慢慢打开反应器下部降压管线上的阀门进行降压。启动脱非芳塔塔顶泵，将降压汽化并冷凝下来的苯送至不合格乙苯罐，最终压力降至 0.04MPa 为止。

④ 第三步(蒸汽置换)：向反应器中通入温度适宜的过热蒸汽，直到出来的气体中烃类物质浓度小于 10^{-5}为止。置换的蒸汽经脱非芳塔塔顶冷凝器冷凝后，在回流罐中形成两相，上层为有机相，下层为水相。污水排入污水处理系统，有机相由脱非芳塔塔顶泵抽出，送至不合格乙苯罐。当反应器出口的吹扫蒸汽中有机物含量小于 10^{-5}时，关闭反应器吹扫蒸汽的进、出口阀，停脱非芳塔回流泵，结束蒸汽置换操作，尽快排空蒸汽管线。

⑤ 第四步(氮气置换)：在蒸汽置换之后，立即用热氮将反应器中的蒸汽置换出来，以免降温后有游离水存留在催化剂床层中。氮气流量适中，由氮气加热器加热到 180℃左右，连续置换 2h 以上。

⑥ 第五步(空气冷却)：通入工业风，冷却反应器。将反应器下部的公用工程接口接上压缩空气。压缩空气自下而上通过反应器并排空，直到床层温度低于35℃。

5.1.2 乙苯精馏单元的停车

5.1.2.1 预分馏塔系统停车步骤

由于烷基化和烷基转移反应系统的出料只能进入预分馏塔(或苯塔)，故当预分馏塔(或苯塔)停车时，反应系统必须停车。一般情况下，烷基化和烷基转移反应系统苯循环结束后，才能进行乙苯精馏系统的停车，预分馏塔的停车步骤如下。

① 打开有机物冷却器的冷却水。

② 逐渐减少预分馏塔的进料。

③ 调节塔顶、塔釜采出量和回流量；逐渐减小其流量，保持系统的相对稳定性。

④ 把预分馏塔温度控制器和再沸器液位罐液位控制器打到手动，增加再沸器液位罐的液位，逐渐减少进入预分馏塔再沸器的蒸汽量。液位罐中的液位超过80%时，关闭到预分馏塔再沸器的蒸汽切断阀。

⑤ 预分馏塔塔顶无回收苯馏出后，置回流调节阀于手动并关闭。打开通向有机物冷却器的阀门，烷基化原料苯罐中的苯经冷却后，由预分馏塔塔顶泵送入不合格乙苯罐，当烷基化原料苯排空后，停预分馏塔塔顶泵。

⑥ 借助预分馏塔与烷基转移反应原料苯罐的压力差将侧线塔板集液斗中的液体苯排入烷基转移反应原料苯罐。

⑦ 置预分馏塔塔顶冷凝器蒸汽压力控制器于手动，当预分馏塔冷凝器蒸汽流量为零时，关闭蒸汽出口线与低压蒸汽管网连接的阀门，打开通往大气的阀门，将预分馏塔冷凝器中的剩余蒸汽放空。

⑧ 利用塔釜采出调节阀将预分馏塔塔底物料经有机物冷却器排入不合格乙苯罐。如果压力不够，可使用停工倒料线，用回流泵将塔底物料经过有机物冷却器送至不合格乙苯罐。

⑨ 当预分馏塔压力低于0.15MPa时，为了避免系统产生真空，全开烷基化原料苯罐至脱非芳塔进料的调节阀，使预分馏塔与脱非芳塔压力平衡。

⑩ 打开预分馏塔回流罐去火炬的阀门，将系统中的气体排入火炬系统。

⑪ 把预分馏塔再沸器的蒸汽放空阀打开，打开低点导淋，排放再沸器液位罐中的冷凝液。

5.1.2.2 脱非芳塔系统停车步骤

① 脱非芳塔的进料来自苯塔(或预分馏塔)，故脱非芳塔需要与苯塔(或预分馏塔)一起停车。

② 一般情况下当烷基化反应系统停进乙烯、烷基转移反应系统停进多乙苯后，烷基化反应器和烷基转移反应器均要维持约2~4h的热苯循环冲洗过程，以使烷基化反应器、烷基转移反应器中的物料反应完全。在这一过程中，预分馏塔、苯塔和脱非芳塔仍将继续运行。

③ 确认有机物冷却器已通冷却水。

④ 逐渐关闭苯塔回流罐(或烷基化反应原料苯罐)至脱非芳塔的进料调节阀，逐渐减少脱非芳塔的进料。

⑤ 调节塔顶、塔釜采出量和回流量；逐渐减小其流量，保持系统的相对稳定性。

⑥ 关闭非芳烃通向罐区的阀门，打开通向有机物冷却器的阀门，将回流罐中的物料排

入不合格乙苯罐。当回流罐排空时，停脱非芳塔顶泵。

⑦ 关闭脱非芳塔回流管线上的阀门，停止塔回流。

⑧ 将脱非芳塔底的苯用釜液泵打入苯塔（或预分馏塔）回流罐，或者经有机物冷却器冷却后排入不合格乙苯罐，排空后停泵。

⑨ 打开脱非芳塔回流罐去火炬的阀门，将系统中的气体排入火炬系统。

5.1.2.3 苯塔系统停车步骤

① 苯塔的停车应与烷基化反应单元协调进行。

② 打开有机物冷却器的冷却水，将苯塔塔顶、塔釜的流程切换到不合格乙苯罐。

③ 逐渐减少塔顶、塔釜采出量和回流量，保持系统的相对稳定性。

④ 把苯塔温度控制器和再沸器蒸汽流量控制器打到手动，逐渐减少进入苯塔再沸器的蒸汽量，蒸汽流量减少到规定值后，关闭到苯塔再沸器的蒸汽切断阀。

⑤ 把苯塔再沸器的蒸汽放空阀打开，排放再沸器液位罐中的冷凝液，并打开低点导淋。

⑥ 当苯塔塔顶没有苯馏出后，置回流调节阀于手动并关闭。打开通向有机物冷却器的阀门，回流罐中的苯经冷却后，由苯塔塔顶泵送入不合格乙苯罐，当回流罐中的苯排空后，停塔顶泵。

⑦ 置苯塔塔顶冷凝器蒸汽压力控制器于手动，当苯塔冷凝器蒸汽流量为零时，关闭蒸汽出口线与低压蒸汽管网连接的阀门，打开通往大气的阀门，将苯塔冷凝器中的剩余蒸汽放空。

⑧ 利用塔釜采出调节阀将苯塔塔底物料经有机物冷却器排入不合格乙苯罐 。如果压力不够，可经停工倒料线，用回流泵将塔底物料经过有机物冷却器送至不合格乙苯罐。

⑨ 开大苯塔回流罐去脱非芳塔的阀门，将系统中的气体经脱非芳塔排入火炬系统。

5.1.2.4 乙苯塔系统停车步骤

① 打开有机物冷却器的冷却水，将乙苯塔塔顶、塔釜的流程切换到不合格乙苯罐。

② 逐渐减少塔顶、塔釜采出量和回流量，保持系统的相对稳定性。

③ 把乙苯塔温度控制器和再沸器蒸汽流量控制器打到手动，逐渐减少进入乙苯塔再沸器的蒸汽量。当再沸器蒸汽流量减少到规定值时，关闭到乙苯塔再沸器的蒸汽切断阀。

④ 把乙苯塔再沸器的蒸汽放空阀打开，排放再沸器中的冷凝液，并打开低点导淋。

⑤ 把乙苯塔回流调节阀打到手动并逐渐关闭调节阀，把乙苯塔塔顶回流罐中物料及乙苯塔塔釜的液体用塔顶泵抽出经有机物冷却器冷却后送不合格乙苯罐，直到泵出口压力降低时停泵。

⑥ 当乙苯塔冷凝器蒸汽流量为零时，关闭蒸汽出口线与低压蒸汽管网连接的阀门，打开通往大气的阀门，将乙苯塔冷凝器中的剩余蒸汽放空。

⑦ 利用塔釜采出调节阀将乙苯塔塔底物料经有机物冷却器冷却排入不合格乙苯罐 。

⑧ 打开乙苯塔回流罐去火炬的阀门，将系统中的气体排入火炬系统。

5.1.2.5 多乙苯塔系统停车步骤

大检修停车或塔进行计划检修停车时，多乙塔内物料应全部倒空，清洗合格后交出检修。

（1）停车倒料

① 逐渐停止向多乙苯塔进料，逐渐关闭多乙苯塔进料阀门。

② 调节塔顶、塔釜采出量和回流量；逐渐减小其流量，保持系统的相对稳定性。

③ 把多乙苯塔温度控制器和再沸器液位罐液位控制器打到手动，增加再沸器液位罐的液位，逐渐减少进入多乙苯塔再沸器的蒸汽量。液位罐中的液位超过80%时，关闭到多乙苯塔再沸器的蒸汽切断阀。

④ 多乙苯塔塔釜温度低于要求值时停止真空泵。

⑤ 塔釜液、回流罐中的液体用釜液泵、回流泵送空，送完后停泵。

⑥ 所有管线内物料均应倒空、排净。

⑦ 所有设备内物料均应倒空。

（2）乙苯蒸煮

① 按照真空泵操作程序启动真空泵，逐渐将多乙苯塔压力控制在要求值。

② 向各冷凝器通入循环水，打开多乙苯塔进料管线上的阀门，开启进料泵向多乙苯塔加入乙苯。

③ 将进料调节阀置于手动，控制进料量在正常值范围内。多乙苯塔塔釜液面达到规定值时，开启多乙苯塔再沸器蒸汽管线及凝液排出管线的阀门，排除系统中凝液。开启再沸器蒸汽调节阀前、后切断阀。手动开启调节阀，控制塔釜液的升温速度。

④ 多乙苯塔釜温度升至正常值后，将回水罐液位控制器切到自动控制。

⑤ 当回流罐液面达到一定值时，开启回流调节阀前、后切断阀，启动回流泵，调节阀置于手动状态，调节回流量，控制回流罐液面稳定在适当值，一部分送至中间罐区不合格乙苯罐，一部分回流到塔内。

⑥ 将塔釜液连续采往不合格罐。

⑦ 对多乙苯塔釜进行分析，直至塔釜二乙苯含量小于5%为止，停止乙苯清洗。

⑧ 将塔釜液体、回流罐的液体用釜液泵、回流泵送空，送完后停泵。

⑨ 所有管线内物料均应倒空、排净。

⑩ 所有设备内物料均应倒空。

5.1.2.6 乙苯精馏单元停车后的处理

乙苯精馏单元各塔停车后，如果需要进人检查和检修，必须对塔进行彻底的处理，以达到进入容器作业的要求，乙苯精馏单元各塔停车后的处理主要包括物料倒空、水蒸煮、氮气吹扫、蒸汽吹扫和空气置换等几个过程。

（1）物料倒空

① 将氮气用胶管接至回流管线导淋处，确认回流管线至塔内管线畅通。

② 逐渐打开氮气阀门，将塔充压至要求范围内，关闭氮气阀门。

③ 将与塔连接的物料管线逐条吹扫，直至无物料吹出为止，吹完后关闭与塔连接的阀门，最后打开塔釜最低处的导淋阀门，吹扫塔内物料，直至无物料吹出后泄压至常压。

（2）水蒸煮

① 打开有机物冷却器循环水的阀门。

② 打开塔顶冷凝器壳程中的排气阀，启动蒸汽凝液泵，缓慢地向塔顶冷凝器加入蒸汽冷凝液，液位稳定后将塔顶冷凝器液位控制器切到自动状态。

③ 将塔压力控制器设定到要求值。

④ 向塔内加水，当塔釜液位达到一定值时，缓慢打开再沸器的蒸汽阀门，打开排气阀，预热再沸器。当预热完成后，关闭排气阀，打开蒸汽阀到适当的开度。

⑤ 在塔进水前，塔应处于稍低于正常操作压力状态，如果需要，应该暂时打开塔顶压

力控制器的旁通阀，避免开始进水时塔超压。当压力稳定后，关闭旁通阀，用塔顶压力控制器控制压力。

⑥ 当塔釜液位达到一定值时，调节再沸器蒸汽流量，提高塔釜温度，升温速度控制在要求范围内。

⑦ 当塔釜液位上升太快时，打开塔釜液位的控制阀，将塔釜物料送往不合格乙苯罐。

⑧ 当塔冷凝器壳程中产生蒸汽时，将塔冷凝器壳程液位提高至适宜位置。根据生产实际情况，将蒸汽并入管网或放空。

⑨ 启动塔顶泵对塔打回流，根据情况调节回流量。

⑩ 手动打开塔顶采出阀的前、后阀，将塔顶物料送至不合格乙苯罐，并将塔顶罐液位控制器切到自动状态。

⑪ 将塔釜物料送至不合格乙苯罐，调整塔釜液位稳定后，将液位控制器切到自动状态。

⑫ 工艺稳定后，运转一定时间，从塔顶、塔釜采出物流中观察水中无物料即可停止水蒸煮。

(3) 蒸汽吹扫

塔釜接蒸汽，打开塔顶人孔、塔釜导淋，进行蒸煮。然后进行分析，若分析不合格继续蒸煮，直至合格。

(4) 氮气吹扫

① 将氮气用胶管接至回流管线导淋处，确认回流管线至塔内管线畅通。

② 逐渐打开氮气阀门，将塔内压力充至要求范围内，关闭氮气阀门。

③ 将与塔连接的物料管线逐条吹扫，直至无液体吹出为止，吹完后关闭与塔连接的阀门，最后打开塔釜最低处的导淋阀门，吹扫塔内液体，直至无液体吹出后泄压至常压。

(5) 空气置换

接空气置换塔系统，然后进行分析，若分析不合格继续置换，直至合格。

5.2 气相分子筛工艺生产乙苯装置的停车

5.2.1 反应单元的停车

为了保护催化剂、确保床层的有机物置换干净，反应器在冷却、置换和氮封之前，需进行再生操作。

5.2.1.1 烷基转移反应系统停车

反应系统停车的第一步是切断烷基转移反应器的多乙苯进料，步骤如下：

① 手动关闭多乙苯的进料阀，用氮气吹扫多乙苯盘管到火炬的排放线，停加热炉前，一直保持吹扫氮气流量。如果烷基化反应器已停乙烯进料，则停掉多乙苯泵，否则将多乙苯送到不合格乙苯罐中。

② 打开烷基转移反应器旁路的切断阀，关上放空阀，使苯蒸气旁路通过烷基转移反应器。

③ 将烷基转移反应器到稳定塔泄压管线的所有阀门打开向稳定塔泄压，当压力相等时，关上稳定塔的入口阀，打开去尾气吸收塔泄压管线的阀门，向尾气吸收塔泄压。当与尾气吸收塔压力相等时，关闭去尾气吸收塔的阀门，打开去火炬线的阀门，向火炬系统泄压，泄压

完成后关上放空阀。

④ 将再生气出、入口弯头接到烷基转移反应器位置，打开再生气入口管线的阀门和出口管线的第一个阀门，关上出口管线的第二个阀门。打开氮气吹扫阀，用氮气将烷基转移反应器升压至设计值，然后经火炬放空管线泄压到火炬，直到系统中的有机物含量合格，然后按再生步骤，催化剂进行再生。

5.2.1.2 烷基化反应系统停车

在烷基转移反应催化剂再生之后，烷基化反应器可以停车。调节第6床层乙烯控制阀和急冷苯控制阀，逐渐停第6床层的进料，调整主物流苯的流量，使其顶部床层的苯与乙烯进料比率保持在88:1不变。

同样方法，依次停掉5、4、3、2床的进料，然后关上急冷苯总阀，打开火炬放空阀。

将第1床层乙烯流量控制在设计值的30%，关闭乙烯稳压器。低低压力联锁将动作使乙烯进料电磁阀关闭。维持苯继续通入烷基化反应器30min左右，清除反应器内的剩余乙烯和其他组分。

以28℃/h速度慢慢降低加热炉出口温度，下降到315℃时，关闭加热炉的燃料气、燃料油，保持长明灯燃烧，防止盘管内的物料冷凝；关闭烟道挡板，手动控制苯进料汽化器高压蒸汽流量到正常值的25%。

打开“苯短路循环”开工线上的阀门，关闭去加热炉苯进料线上的切断阀，停止通过加热炉的苯循环，苯经开车反应器旁路线到苯回收塔。

当苯停止进入加热炉后，关闭反应器入口和出口的切断阀，关闭第2至第6床的进料阀，打开火炬放空阀，使烷基化反应器单独隔离开来。打开烷基化反应器去稳定塔泄压线上的阀门，向稳定塔泄压，当烷基化反应器压力等于稳定塔时，关闭去稳定塔的阀门，打开去尾气吸收塔的阀门，向尾气吸收塔泄压，压力相等后，打开火炬线上的切断阀，向火炬泄压，然后关上泄压阀。

将烷基化反应器再生气出、入口的活动弯头连接到烷基化反应器位置，关闭入口弯头上游和出口弯头上、下游的阀门，打开入口弯头下游的阀门，氮气置换烷基化反应器。

引氮气进入烷基化反应器，升压到设计值，然后泄压到火炬，至少反复进行三次。在最后一次泄压前打开第2到第6床层的进料阀门，利用火炬放空线吹扫各床层的进料线，合格后关闭各床层的进料阀门，然后用氮气吹扫各床层的急冷苯线直到合格。当反应系统氮气吹扫合格后，使反应器与再生系统连接，按再生方案再生催化剂。

5.2.2 乙苯精馏单元的停车

5.2.2.1 乙苯精馏单元停车

（1）苯回收塔系统停车

当烷基转移反应器停多乙苯进料后，调节尾气苯流量到正常值的1/3，降低苯回收塔回流罐到烷基转移反应器的苯蒸气流量。

烷基化反应器顶部床层停乙烯后，关闭新鲜苯流量控制器，苯回收塔回流罐的液位开始下降，烷基化反应器的温度逐渐降到315℃，维持苯循环通过反应器，清洗反应器和苯回收塔塔底的物料。清洗完成后，停乙苯回收塔的进料，把苯回收塔再沸器的液位控制到20%。

当加热炉的火嘴关闭后，切断到反应器的苯进料，建立“苯短路循环”后，停苯进料泵和回流泵，关闭总苯流量控制阀。苯进料汽化器中的苯被全部汽化后，切断到苯进料汽化器的蒸汽。关闭苯回收塔冷凝器的锅炉水，打开冷凝器放空阀。当苯回收塔压力下降时，手动关闭尾气苯流量控制器，停止向稳定塔的进料。苯回收塔压力下降后，通入氮气使塔系统保持100kPa的正压。

（2）稳定塔系统的停车

当苯回收塔塔顶尾气苯流量阀关闭、稳定塔没有进料后，稳定塔可以停车。

将稳定塔塔底液位降到30%，停出料泵，关闭塔底液位控制阀，切断到再沸器的蒸汽。停回流泵，手动关上回流控制器，打开氮气补充阀，使稳定塔中保持200kPa的压力。

（3）乙苯回收塔系统的停车

乙苯回收塔的进料停止后，乙苯回收塔可以停车，将乙苯回收塔的塔釜液面降到20%，关闭进料控制器，停止向多乙苯回收塔的进料，关闭蒸汽流量控制阀，停乙苯回收塔再沸器蒸汽。停蒸汽后，关闭回流调节阀，并停回流泵。

当乙苯回收塔进料中断后，将乙苯切换到不合格流程，停去乙苯罐或脱氢单元。

随着系统压力下降，调节压力控制器使系统保持100kPa的正压。

当塔顶冷凝器停止产蒸汽后，逐渐关闭锅炉补水。关闭蒸汽并网阀，打开乙苯回收塔冷凝器的放空阀将冷凝器泄压。

（4）多乙苯回收塔系统的停车

当多乙苯回收塔进料停止后，多乙苯回收塔可以停车。降低多乙苯回收塔塔底液位到20%，关闭从多乙苯残液泵到尾气汽提塔的阀门，停多乙苯回收塔再沸器的蒸汽，停多乙苯残液泵。

关闭回流线上的控制阀，停回流泵。

随着系统的冷却，塔压将会降低，将塔顶压力控制器切换到手动控制，切断到真空喷射泵的中压蒸汽，停真空喷射器。

将氮气充入多乙苯回收塔，使多乙苯回收塔保持100kPa的正压。

当多乙苯回收塔塔顶冷凝器停产蒸汽后，关闭锅炉给水阀，关闭蒸汽并网阀，打开多乙苯回收塔冷凝器放空阀，使壳程泄压。

5.2.2.2 系统退料

① 苯回收塔回流罐和稳定塔回收罐中的物料为纯苯，可以分别用苯回流泵、稳定塔回流泵送到苯罐中。

② 苯回收塔、乙苯回收塔、稳定塔的塔釜物料，由稳定塔塔底泵送入不合格乙苯罐。

③ 将乙苯回收塔塔顶罐的物料送入不合格乙苯罐中。

④ 多乙苯缓冲罐中的物料由多乙苯循环/回流泵送入不合格乙苯罐中。

⑤ 多乙苯回收塔塔底的物料由多乙苯残油泵送入残液罐中。

5.3 乙苯脱氢生产苯乙烯装置的停车

5.3.1 脱氢反应单元的停车

① 开始降低乙苯进料量，降低乙苯进料时要与精馏单元做好沟通。

a. 将乙苯回收塔塔釜物料送入乙苯罐或不合格乙苯罐，停进脱氢单元。

b. 按规定的速度逐步减少乙苯进料量。如果装置内有氧化脱氢反应器，则逐渐减少并停止氧化脱氢反应器的氧气注入，以25℃/h的速度降低氧化床层温度，切断氧气供应切断阀。

c. 停止乙苯进料后，关闭切断阀。

d. 维持乙苯蒸发器的蒸汽流量在规定值，使乙苯过热器出口物流温度在规定范围内。

② 当开始降低乙苯进料时，以约0.01MPa/h的速度将系统压力提高到大气压。

③ 当降低乙苯进料时，通过调节辐射段的火嘴，慢慢降低反应器入口温度。当乙苯进料最后停止时，要达到入口温度约为550℃。

④ 当尾气压缩机循环阀接近全开时，停压缩机，关闭吸入阀。尾气通过排放罐放空或排入火炬。

⑤ 压缩机停车后，停尾气系统的其他设备。将尾气洗涤塔、解吸塔内的物料倒空，并用临时软管接水进行冲洗，冲洗完毕后，接蒸汽蒸煮到合格。

⑥ 接氮气到压缩机吸入端，用氮气吹扫尾气系统2h，以除去系统中的尾气，然后停氮气。

⑦ 停乙苯后，调节加热炉使床层入口温度在550℃左右。用蒸汽吹扫反应器2h后，逐步把主蒸汽流量降到规定值。

⑧ 维持冷凝液汽提塔系统正常运行。

⑨ 当脱氢液泵无流量时，停泵，关闭脱氢液的控制阀。

⑩ 反应器吹扫2h后，逐步降低过热炉蒸汽温度直到反应器床层入口温度达到约350℃。

⑪ 提高油水分离器中的界面液位，把脱氢液送到脱氢液储罐。

⑫ 根据油水分离器的界面，调节到冷凝液系统的冷凝液流量。

⑬ 停急冷器的急冷水。

⑭ 当床层入口温度稳定在350℃时，把每个空气供给阀打开约一圈，进行催化剂的烧炭操作。烧炭后的蒸汽、惰性气体和空气必须排到大气中，以防止在排放系统中形成可燃物。

⑮ 密切注意一段和二段床层出口温度，不要让温度超过500℃，如果3h后，两个床层出口温度稳定或下降到低于500℃，再增加空气流量。

⑯ 如果温度上升到500℃以上，可通入蒸汽并减少空气量来降低床层温度，床层入口温度应控制在接近350℃。

⑰ 通入空气后，就要观察一段、二段床层的出口温度，看是否有局部过热点；同时应注意位于反应器顶部的床层温度，至少每1~2h记录一次温度。

⑱ 分析下游气体中的氧气含量，可以判断烧炭过程。开始时氧气含量较低，随着烧炭的进行，下游气体中的氧气含量逐渐升高，当反应器下游气体中氧气含量在20%以上时视为烧炭结束。

⑲ 烧炭操作完成后，以规定的速度继续降低反应器温度，反应器温度至250℃时改为用氮气降温，停乙苯蒸发器的一次蒸汽，期间根据实际情况逐渐停空冷风机和蒸汽过热炉。

⑳ 反应器催化剂床层温度接近100℃时，改空气置换系统，直到取样氧气含量合格，停止供给空气，关闭空气管线上的切断阀。

㉑ 当废热锅炉停止产汽后，停废热锅炉系统。

㉒ 当进反应器的所有空气全停时，可以打开过热炉烟囱挡板和过热炉的检查孔，停空冷器和所有冷凝器的冷却水。

㉓ 当不再有冷凝液送到冷凝液汽提塔时，停该系统。

5.3.2 Lummus 工艺苯乙烯精馏单元的停车

5.3.2.1 粗苯乙烯塔系统的停车

① 停脱氢液进料泵和阻聚剂进料泵，停阻聚剂循环。关闭脱氢液进料管线上的切断阀和进料流量控制阀。

② 逐步减少去再沸器的蒸汽流量。

③ 将再沸器液位控制器置于手动状态，并且关闭冷凝液液位控制阀。关闭再沸器的蒸汽切断阀，停止供给蒸汽。

④ 将再沸器和再沸器液位罐排空，关闭液位控制阀后面的切断阀。

⑤ 停蒸汽后，将塔底物料排到脱氢液罐，倒空两台釜液泵。

⑥ 停止去再沸器的蒸汽后，切断去回收乙苯塔的进料，将塔顶的物料改进脱氢液罐。

⑦ 使压力控制器处于手动状态，并关闭控制阀，塔内充氮气至压力稍高于大气压。粗苯乙烯塔停车后，关闭真空系统，停密封液和真空泵。

⑧ 当塔顶罐内物料抽空后，停回流泵、关闭回流切断阀。

⑨ 用乙苯冲洗脱氢液进料管线和粗苯乙烯塔。冲洗完毕后，关闭在冲洗管线和粗苯乙烯塔进料管线连接处的切断阀。

5.3.2.2 精苯乙烯塔系统的停车

① 停精苯乙烯塔的进料，将塔顶、塔釜物料送到脱氢液储罐。

② 停止供蒸汽，并关闭蒸汽切断阀和旁路阀。

③ 将再沸器和凝水罐排空，并且打开低处的排液阀。

④ 停供产品阻聚剂溶液。

⑤ 利用回流控制器调节回流，当回流泵吸不到物料时，停泵并关闭切断阀。

⑥ 关闭塔顶馏出液的控制阀和出口的切断阀。

⑦ 停真空系统，使压力控制器处于手动，并关闭控制阀和切断阀，从而使塔和真空泵系统隔离。

⑧ 将塔釜和再沸器内的物料由泵送到脱氢液罐。当无吸入物料时，关闭此泵。

⑨ 苯乙烯塔停车完毕，塔内充氮气到微正压，使塔在氮封状态下。

5.3.2.3 薄膜蒸发器的停车

① 将精苯乙烯塔釜物料切到不合格流程，停进薄膜蒸发器。

② 薄膜蒸发器进料停止后，关闭蒸汽加入阀。

③ 将缓冲罐内的物料排空。

④ 开大残油冲洗液阀门，向缓冲罐内充入残油，液位达到50%。

⑤ 停下薄膜蒸发器的转子，关闭转子的密封冲洗液。

⑥ 把缓冲罐的物料全部送到焦油储罐，冲洗焦油循环管线，然后停焦油泵。

5.3.2.4 乙苯回收塔系统的停车

① 把塔釜、塔顶物料送到不合格物料系统。

② 停止向回收乙苯塔进料，关闭控制阀下游的切断阀。

③ 停乙苯回收塔再沸器蒸汽，关闭蒸汽总管上的切断阀。打开排放管线上的排放阀，放净再沸器中的冷凝液。

④ 物料送完后，切断不合格物料总管。

5.3.2.5 苯/甲苯塔系统的停车

① 把塔釜、塔顶的物料送到不合格物料系统。

② 停止向苯/甲苯塔进料，关闭控制阀下游的切断阀。

③ 把蒸汽控制器置于手动状态，并关闭控制阀。停蒸汽，并关闭蒸汽总管上的切断阀。打开排放管线上的排放阀，放净再沸器中的冷凝液。

④ 再沸器停止工作后，关闭冷凝液排放阀，停冷凝水。

⑤ 塔顶、塔釜内的物料送空后，停输送苯。

⑥ 物料送完后，切断不合格物料总管。

5.3.2.6 苯乙烯精馏单元停车后的处理

粗苯乙烯、精苯乙烯塔塔内件腐蚀大多发生在长时间的停车中，因此应采取适当措施加以保护。其关键是不能让湿空气进入塔内，因此在停车期间必须保持始终用干燥的氮气充满塔。若需进入塔内修理内件必须进行以下的处理步骤，以达到进人操作的条件。

(1) 乙苯冲洗

塔停止操作后，用乙苯多次冲洗塔，使釜液中苯乙烯含量低于5%。冲洗液可以从进料管线(也可以从塔顶回流罐)进入塔内。

(2) 乙苯蒸煮

乙苯蒸煮将减少塔内各部件上的苯乙烯和阻聚剂含量，当塔釜物料的阻聚剂小于50×10^{-6}、苯乙烯含量小于5%时，乙苯蒸煮完成。

(3) 水蒸煮

接临时线向塔内充水，利用再沸器加热，通过蒸煮除去其中的有机物，直到排放的水中基本上无油时，蒸煮完成。

(4) 塔内通入蒸汽干燥

向塔内通入蒸汽，除去塔内件中的水分，蒸汽从进料管线、不合格苯乙烯进料管线和塔底公用口三个位置喷入塔内。

(5) 通氮气冷却

(6) 用空气置换氮气

用干燥空气置换塔内氮气，直到氧气含量达到要求值。

对于乙苯回收塔和苯/甲苯塔，不进行乙苯蒸煮，只进行水蒸煮除去有机物。

5.3.3 Badger 工艺苯乙烯精馏单元的停车

5.3.3.1 苯/甲苯塔系统的停车

① 缓慢关闭去苯/甲苯塔的残油循环控制阀。

② 停蒸馏阻聚剂进料泵，关闭阻聚剂管线上的切断阀，关闭苯/甲苯塔进料控制阀，关闭苯/甲苯塔顶冷凝器去苯/甲苯储罐的控制阀，并用N_2吹扫馏出物管线。

③ 建立塔顶泵至苯乙烯抽出管网的流程，手动关闭再沸器的低压蒸汽控制阀，塔顶冷凝器倒空后停塔顶泵。

④ 把冷凝器集水槽中的液体送入沉降罐，倒空后停塔顶水泵。

⑤ 将苯/甲苯塔底的物料送入乙苯循环塔，排空后手动关闭乙苯循环塔进料流量控制阀，停塔底泵。

⑥ 用乙苯通过残油循环线、残油循环线旁路以及苯/甲苯塔进料过滤器冲洗苯/甲苯塔，

检查排出的乙苯，直至不含阻聚剂为止。

⑦ 关闭阻聚剂进料泵入口阀，打开苯/甲苯塔进料过滤器上游的切断阀，接软管用乙苯将阻聚剂进料泵中的物料冲至苯/甲苯塔。

⑧ 当脱氢反应器停乙苯进料后，沉降罐的有机相液位逐渐下降，关闭沉降罐到粗苯乙烯泵的入口阀，从乙苯冲洗管网引乙苯经沉降罐粗苯乙烯泵送入苯/甲苯塔。

⑨ 苯/甲苯塔底液位达到50%后，缓慢向再沸器内通入低压蒸汽，保持塔底液位，启动蒸汽凝液泵。

⑩ 当塔顶冷凝器液位达到25%时，开启塔顶泵，打开回流阀缓慢建立回流，同时允许收集器液位升高。

⑪ 当塔底和塔顶收集器的液位升至50%时，开启塔底泵，让乙苯进入乙苯循环塔，同时保持苯/甲苯塔和塔顶冷凝器的液位。

⑫ 控制到再沸器的低压蒸汽量和苯/甲苯塔回流量，同时保持液位，直至回流达到设计值。

⑬ 乙苯循环塔液位达20%时，停沉降罐粗苯乙烯泵的乙苯，停塔底泵。

⑭ 保持苯/甲苯塔全回流2~4h，将阻聚剂冲至塔底，关闭再沸器低压蒸汽流量控制阀，停蒸汽凝液泵。

⑮ 将回流量控制器置于手动状态，将塔顶冷凝器内的物料送入苯/甲苯塔，塔顶泵抽空时停泵。

⑯ 乙苯循环塔物料送至苯乙烯产品塔后，开启苯/甲苯塔底泵，将苯/甲苯塔底物料送入乙苯循环塔。

⑰ 重复冲洗苯/甲苯塔，直至阻聚剂浓度降至要求值，苯乙烯含量小于5%。

⑱ 苯/甲苯塔的阻聚剂冲洗干净后，用塔顶泵把塔顶冷凝器内的物料送入苯/甲苯塔，停塔顶泵，将塔顶冷凝器集水包的液体送出后停泵。

⑲ 停苯/甲苯塔底液位器的乙苯冲洗。

⑳ 把苯/甲苯塔物料送入乙苯循环塔，停塔顶尾气冷凝器的冷冻水。

5.3.3.2 乙苯循环塔系统的停车

① 苯/甲苯塔进料停止后，关闭循环乙苯流量控制阀及下游的切断阀，乙苯循环塔全回流操作。

② 将再沸器低压蒸汽流量控制器、回流控制器置于手动，保持塔顶冷凝器液位，逐渐关闭再沸器低压蒸汽流量控制阀和回流阀至全关，停用在线苯乙烯分析仪。

③ 停塔顶泵、蒸汽凝液泵，用塔底泵把乙苯循环塔塔底物料送入苯乙烯产品塔。

④ 将苯/甲苯塔的乙苯引入乙苯循环塔，用再沸器低压蒸汽流量控制阀缓慢将低压蒸汽引入再沸器，开蒸汽凝液泵。保持塔顶冷凝器液位的同时，提高蒸汽流量和回流量，直至回流满足塔顶泵的最小回流量要求。

⑤ 如果必要可增加进入乙苯循环塔的乙苯流量，乙苯循环塔全回流2~4h以冲洗塔及有关设备中的阻聚剂，冲洗完后逐渐停再沸器的低压蒸汽，停塔顶泵、蒸汽凝液泵。

⑥ 把乙苯循环塔塔底物料送入苯乙烯产品塔，直至塔底泵抽空，引乙苯冲洗塔底泵的入口线和苯乙烯产品塔进料流量控制阀。

⑦ 关闭苯乙烯产品塔进料流量控制阀，停塔底泵，停塔底液位器的乙苯冲洗。

⑧ 重复冲洗乙苯循环塔，直至阻聚剂和苯乙烯的浓度达到要求。

⑨ 把塔顶冷凝器内的液体送入乙苯循环塔，停塔顶泵，再用塔底泵把物料送入苯乙烯产品塔，停塔底泵，停塔顶尾气冷凝器的冷冻水。

5.3.3.3 精苯乙烯塔系统的停车

① 用乙苯冲洗到苯/甲苯塔的残油循环线，冲洗完毕后关闭阀门。

② 当苯/甲苯塔进料停止时，将苯乙烯产品送去不合格苯乙烯储罐，停用塔顶在线乙苯分析仪，关闭到苯乙烯产品储罐的切断阀。

③ 停止到苯乙烯产品塔顶的 TBC 注入，关闭苯乙烯产品冷却器管程出口阀，乙苯循环塔物料全部送入苯乙烯产品塔后，切断苯乙烯产品塔进料。

④ 关闭再沸器低压蒸汽流量控制阀，停蒸汽凝液泵。

⑤ 关闭塔顶泵的出口阀，停塔顶泵。

⑥ 把苯乙烯产品塔塔底物料送入残油闪蒸罐，当苯乙烯产品塔处于低液位时停塔底泵，停闪蒸罐再沸器的中压蒸汽，关闭闪蒸罐循环残油流量计下游的球阀。

⑦ 把闪蒸罐的液体送到不合格苯乙烯储罐后停残油循环泵，并关闭至总管的切断阀。

⑧ 切断苯乙烯冲洗、稀释和载体线上的阀门，关闭闪蒸罐去残油储罐残油流量控制阀。

⑨ 用乙苯循环塔的乙苯冲洗苯乙烯产品塔。

⑩ 缓慢向再沸器加入低压蒸汽，使苯乙烯产品塔沸腾，开启蒸汽凝液泵。

⑪ 启动苯乙烯产品塔顶泵，用回流阀建立回流，并提高至设计值，保持苯乙烯产品塔液位。

⑫ 启动苯乙烯塔塔底泵，使物料经闪蒸罐再沸器和闪蒸罐循环，闪蒸罐建立液位后，缓慢打开中压蒸汽流量控制阀向闪蒸罐加入中压蒸汽，阀门不必开至正常操作位置，因为乙苯的沸点比苯乙烯和残油的沸点低很多。

⑬ 把苯乙烯产品塔至闪蒸罐的残油流量提高至设计值，调节闪蒸罐再沸器的蒸汽量。

⑭ 苯乙烯产品塔/残油闪蒸罐全回流 2h，用乙苯冲洗苯乙烯产品塔塔底泵、塔顶泵、残油循环泵的灌泵线，冲洗苯乙烯产品塔塔底泵的最小回流旁路线。

⑮ 采样分析苯乙烯产品塔塔底的阻聚剂，当浓度足够低时，停塔底泵，采样分析闪蒸罐中的液体，整个精馏系统的阻聚剂都应集中在闪蒸罐的底部。

⑯ 建立闪蒸罐经残油循环泵至苯乙烯排出总管的流程，打开切断阀。

⑰ 在保持苯乙烯产品塔/残油闪蒸罐液位的同时，把闪蒸罐内的物料送出，如果必要可加入乙苯，直至阻聚剂浓度降至要求值。

⑱ 逐渐关闭产品塔再沸器低压蒸汽流量控制阀，停蒸汽凝液泵；在保持塔顶冷凝器液位的同时，逐渐关闭回流阀，停产品塔的回流。

⑲ 建立塔顶冷凝器经塔顶泵到苯乙烯排出管网的流程，把塔顶冷凝器内的液体送到不合格苯乙烯储罐，塔顶泵抽空时停泵。

⑳ 降低闪蒸罐液位至 20%，逐渐关闭闪蒸罐再沸器中压蒸汽流量控制阀，停再沸器的中压蒸汽，残油循环泵抽空时停泵。

㉑ 当闪蒸罐再沸器停中压蒸汽且苯乙烯产品塔回流停止后，把塔顶冷凝器内的液体送出，停塔顶尾气冷凝器的冷冻水。

㉒ 停止到仪表的氮气吹扫，停苯乙烯产品塔真空系统的中压蒸汽，停真空系统冷凝器的冷却水，当三个塔的真空系统全部停下后，停真空系统凝液泵。

㉓ 关闭真空系统凝液罐的液位控制阀，关闭热井尾气过冷器的冷冻水。

5.3.3.4 苯乙烯精馏单元停车后的处理

（1）苯/甲苯塔蒸煮

切断到苯/甲苯塔真空设备的中压蒸汽，切断从尾气冷凝器到真空泵的气相线。切断苯/甲苯塔压力控制阀，切断到真空泵冷凝器的冷却水。

切断到收集器的冷却水，通蒸汽前，排净换热器内的凝液，切断到尾气冷凝器的冷冻水。

通氮气吹扫苯/甲苯塔和收集器，将苯/甲苯塔置于微正压状态。打开塔顶排放阀，将蒸汽通入整个系统，直到有机物的含量在要求的范围内。

（2）乙苯循环塔

停止到乙苯循环塔真空设备的中压蒸汽，关闭尾气冷凝器气相线上的阀门，切断到真空泵冷凝器的冷却水，关闭乙苯循环塔真空压力控制阀。

切断到收集器的冷却水，在蒸汽吹扫前，将冷凝器管程的凝液排净，切断到尾气冷凝器的冷冻水，清理回收塔回流过滤器。

向塔内通入氮气，保证系统在微正压状态。连接中压蒸汽胶管，将塔与其他系统隔离，打开塔顶排放阀，用蒸汽吹扫塔，直到有机物含量在要求的范围内。

（3）精苯乙烯塔

向精苯乙烯塔和残油闪蒸罐内通氮气，打通精苯乙烯塔塔釜到工艺污水罐的排污流程，打通残油闪蒸罐到工艺污水罐的排污流程。

切断精苯乙烯塔和残油闪蒸罐有关的管线，打开精苯乙烯塔顶部的排放阀和残油闪蒸罐顶部的排放阀，向精苯乙烯塔和残油闪蒸罐通入蒸汽，直到有机物浓度在要求范围内。

第 6 章　事故判断与处理

6.1 液相分子筛生产乙苯工艺的事故处理

6.1.1 停公用工程的处理

紧急停车属于意外停车，大部分是由于外界干扰引起，例如停电、停风或停蒸汽等。烷基化反应单元和乙苯精馏单元紧密联系，外界干扰将影响整个乙苯单元，在一般情况下，烷基化反应岗位是否需要进行紧急停车取决于乙苯精馏单元能否维持操作。

6.1.1.1　停蒸汽

停蒸汽时，开停工加热器将失去预热蒸汽，预分馏塔、苯塔、乙苯塔、多乙苯塔的再沸器将失去加热蒸汽，塔釜液位急剧上涨，以上各塔将无法继续操作。此时应切断烷基化反应器的乙烯进料，按以下程序进行停车处理。

(1) 关闭各塔再沸器的蒸汽阀门，关闭开停工加热器的蒸汽阀门。

(2) 关闭各反应器的乙烯进料，停烷基化反应原料苯泵、烷基化反应液循环泵，启动联锁，关闭苯进料调节阀和烷基化反应器压力调节阀。

(3) 关闭多乙苯进料阀，停多乙苯进料，将多乙苯改进不合格乙苯罐。停烷基转移反应原料苯泵，将苯改进不合格乙苯罐。停苯进料泵，关闭烷基转移反应苯进料阀、烷基转移反应器压力调节阀。

(4) 将各塔塔底物料改去不合格乙苯罐，切断各塔进料，逐步减小回流量，维持塔顶罐、塔底液位、塔压正常。

(5) 根据需要逐渐停各泵，关闭泵的出入口阀。

6.1.1.2　停电

发生停电事故后，所有运转设备将停止运行，自动联锁停车将使整个烷基化单元处于安全状态。此时，要检查乙烯、苯、多乙苯进料量是否降至零，检查开停工加热器蒸汽调节阀、烷基化反应器压力调节阀、烷基转移反应器压力调节阀是否关闭。

① 在室外关闭界区乙烯进料线的总切断阀和反应器压力调节阀的切断阀，在室内将各进料调节阀置零位。

② 密切监视系统各设备压力，避免系统超压。

③ 把各泵开关打到"停止"位置，关闭泵出、入口阀门。

④ 关闭各股进料线的切断阀，确认所有联锁阀是否启动。

⑤ 停止苯塔、乙苯塔、多乙苯塔再沸器的蒸汽，把所有流量控制器打到零流量状态，各机泵开关打到"关"位置，接通不合格流程。内操密切注意各塔压力，保持压力平稳。当供电恢复后，将各塔的不合格物料排出，恢复开车。

⑥ 如果塔压超过正常值，关闭乙苯塔、多乙苯塔、脱非芳塔等的氮气补充切断阀。

⑦ 全面详细检查整个流程，确保装置停车正常。

6.1.1.3 停仪表风

当停仪表风时，所有的控制器和阀门都设置到使装置处于安全状态。但当仪表风压力恢复时，控制阀会迅速回到原来的位置，使系统处于比较危险的情况。为了避免这种情况，一旦仪表风停，室内操作人员应手动将调节控制器置于安全状态。

① 室内操作人员检查烷基化反应系统、烷基转移反应系统、精馏各塔压力、温度有无异常，通知室外操作人员利用现场副线进行调节。

② 将所有进料物流控制器的设定值手动置于零位。

③ 关闭各塔加热蒸汽的切断阀。

④ 将所有物料改向不合格流程。

⑤ 根据需要停现场泵，关闭泵的出、入口阀。

⑥ 关闭乙烯进料总阀、各反应器乙烯进料切断阀，关闭开停工加热器蒸汽切断阀。关闭烷基化反应原料苯进料调节阀和烷基化反应器压力调节阀的切断阀。关闭多乙苯进料切断阀，关闭烷基转移反应原料苯进料调节阀和烷基转移反应器压力调节阀的切断阀。

⑦ 关闭各塔进料切断阀和补充氮气的阀门。

6.1.1.4 停氮气

若装置停氮气，各塔的压力将下降，影响塔的正常操作，如长时间停氮气则按正常程序将塔停车。

脱非芳塔、乙苯塔、多乙苯塔均采用压力分程控制回路来控制其正常操作压力。在没有氮气时，可降低操作压力，减小负荷维持操作，以避免立即停车。如长时间停氮气，则按正常停车程序停车。

6.1.1.5 停冷却水

停冷却水时，乙烯压缩机旁路冷却器、压缩机润滑油冷却器、脱非芳塔冷凝器、多乙苯塔冷凝器、有机物冷却器、乙苯产品冷却器、多乙苯冷却器将失去冷却水，为保证装置安全，应按以下步骤处理：

① 启动联锁，迅速将各反应器停下来。

② 关闭各塔蒸汽调节阀和切断阀，关闭多乙苯塔蒸汽凝液排放阀，关闭开停工加热蒸汽调节阀和切断阀。

③ 关闭各反应器的乙烯进料调节阀、乙烯进口压力调节阀，现场关闭调节阀的切断阀；关闭烷基化原料苯进料调节阀和烷基化反应器压力调节阀，现场关闭调节阀的切断阀。

④ 关闭多乙苯进料阀，关闭烷基转移原料苯进料调节阀和烷基转移反应器压力调节阀，现场关闭调节阀的切断阀。

⑤ 将各塔塔底、塔顶物料改去不合格乙苯罐，切断各塔进料，逐步减小回流量，维持塔顶罐、塔底液位、塔压正常。

⑥ 关闭烷基化反应原料苯泵、烷基化反应液循环泵的出、入口切断阀。

⑦ 关闭多乙苯进料切断阀，停多乙苯进料，多乙苯改进不合格乙苯罐。关闭烷基转移反应苯进料泵的出入口切断阀，将苯改进不合格乙苯罐。

⑧ 根据需要停各泵，并关闭泵的出、入口阀。

6.1.2 不正常现象处理

烷基化及烷基转移反应系统不正常现象及处理见表6－1。

表6－1 烷基化及烷基转移反应系统不正常现象及处理

不正常现象	可能的原因	排除方法
烷基化反应器出料中多乙苯浓度高	1）总苯/烯比太低 2）催化剂活性低 3）操作温度过高	1）检查苯和乙烯流量计，判定流量是否偏离正常值 2）观察反应器各测温点的温度，以判断催化剂活性衰减情况，决定催化剂是否需要更换 3）观察烷基化反应器进口温度，必要时将其适当降低
烷基化反应器出口压力高	1）压力控制器故障 2）混合器、烷基化反应器出口冷却器或者烷基化反应器床层堵塞	1）检查压力控制器 2）检查混合器、烷基化反应器出口冷却器、烷基化反应器，必要时减少进料量
烷基化反应器进口压力高	烷基化反应器床层堵塞	检查第一烷基化反应器压力分布情况
反应器床层压降升高	1）压差计故障 2）催化剂床层堵塞	1）检查床层压差计 2）检查反应器出口有无催化剂粉尘，必要时减少进料量
反应器出口温度高	1）温度指示器故障 2）反应器进口温度偏高 3）苯流量低或乙烯流量大 4）烷基化反应液循环量低	1）检查温度指示器 2）降低进口温度 3）增加苯流量或减少乙烯流量 4）增加循环量
反应器出口温度低	1）催化剂活性低 2）乙烯流量低 3）反应器进口温度低 4）烷基化反应液循环量太大	1）根据床层温度分布判断催化剂活性 2）增大乙烯流量 3）提高进口温度 4）减少循环量
烷基转移反应器出料中多乙苯浓度高	1）催化剂活性降低 2）苯/多乙苯比低	1）提高反应器进口温度 2）检查苯和多乙苯流量计，检查比值控制器
烷基转移反应器出口压力高	1）压力指示/控制器故障 2）进料量过大 3）出口管线不畅	1）检查压力指示/控制器 2）减少进料量 3）检查管线，必要时停车处理
烷基转移反应器出口温度高	1）温度指示/控制器故障 2）进口温度过高	1）检查温度指示/控制器 2）降低进口温度，调节烷基转移反应进料预热器换热量
反应器床层压降增加过快	仪表指示误差过大	检查校核差压仪表

预分馏塔系统不正常现象及处理见表6－2。

表6-2 预分馏塔不正常现象及处理

不正常现象	可能的原因	处理方法
塔底物苯含量偏高	1)温度控制器控制温度偏低 2)塔进料中的苯含量高 3)再沸器蒸汽压力波动 4)塔液泛	1)适当提高温度控制器的设定值 2)调整烷基化反应操作参数 3)检查蒸汽管网压力 4)塔顶回流过大，应适当减少
塔顶馏出物乙苯含量高	1)回流量偏低 2)温度控制器温度偏高 3)再沸器蒸汽压力波动 4)液泛	1)增加回流量 2)减少温度控制器设定值 3)检查蒸汽管网压力 4)减小回流量
塔顶压力超高	1)进料量偏大 2)塔顶冷凝器效果不好 3)塔底温度偏高 4)回流罐至脱非芳塔管线阀门不畅	1) 降低烷基化反应系统负荷 2)塔顶冷凝器液面过高，应加大排污，降低液位 3)降低塔底温度 4)检查回流罐至脱非芳塔流量调节阀或停车清理

脱非芳塔系统不正常现象及处理见表6-3。

表6-3 脱非芳塔不正常现象及事故处理

不正常现象	可能的原因	处理方法
脱非芳塔塔顶压力过高	1)塔顶压力控制器有故障 2)冷却水停 3)苯塔到脱非芳塔的排气量过大 4)火炬系统压力过高	1)联系仪表工处理 2)按停冷却水的步骤紧急停车处理 3)降低苯塔到脱非芳塔的排气量 4)检查火炬系统压力
塔顶温度低	塔顶产物中非芳含量过高	增大塔顶产物的排放量，将非芳排放到非芳储罐

苯塔系统不正常现象及处理见表6-4。

表6-4 苯塔不正常现象及事故处理

不正常现象	可能的原因	处理方法
苯塔釜馏出物中苯含量高	1)灵敏板温度低 2)淹塔 3)漏液	1)提高温度设定值，逐渐使温度升高 2)进料量或回流量过大，对表进行校正 3)进料量过小
苯塔塔顶馏出物中乙苯含量高	1)回流不足 2)灵敏板温度高	1)增加回流量 2)缓慢降低灵敏板温度
苯塔压差高或不稳	1)淹塔 2)塔板堵塞 3)回流量不足	1)减少进料量或回流量 2)严重时停车处理 3)增加回流量

乙苯塔系统不正常现象及处理见表6-5。

表6-5　乙苯塔不正常现象及处理

不正常现象	可能的原因	处理方法
乙苯塔顶馏出物含重组分	1)灵敏板温度高 2)淹塔	1)降低灵敏板温度 2)减少进料量或回流量
乙苯釜液中乙苯含量高	1)乙苯塔灵敏板温度低 2)漏液	1)提高灵敏板温度 2)增加蒸发速率和回流量
乙苯塔压差高或不稳	1)淹塔 2)塔板堵塞	1)减少进料量或回流量 2)严重时停车处理

多乙苯塔不正常现象及处理见表6-6。

表6-6　多乙苯塔不正常现象及处理

	不正常现象	可能的原因	处理方法
1	真空度下降	1)真空管线或阀门有堵塞 2)再沸器冷凝器泄漏 3)尾气管线不畅通 4)系统漏气	1)切换备用泵，检查清理真空管线 2)确定泄漏的设备，停车消漏 3)查找堵塞部位，停车消除 4)查出漏点，并加以消除
2	塔液面上升	1)液面调节阀失灵 2)真空度下降 3)循环管线堵塞或漏气 4)釜液泵故障	1)用副线操作，请仪表工修表 2)根据真空度下降的原因处理进行相应的处理 3)轻微堵塞时，降温后从导淋接氮气吹通，严重时停车处理；漏气时找出漏点消除 4)切换到备用泵
3	再沸器列管堵塞	1)塔釜温度过高 2)塔釜残液排放不及时	1)轻微堵塞时降低负荷维持生产，严格控制釜温 2)及时排放残液
4	塔中大量带水	冷凝器或再沸器泄漏	停车检修

6.1.3　联锁停车

6.1.3.1　烷基化反应系统切断乙烯进料，维持苯循环

(1) 联锁目的

防止因反应器出口温度超高或超低、出口压力过低、苯/烯比过低及循环量过低等原因使催化剂失活，主要是为了保护催化剂的性能。

(2) 联锁原因

① 烷基化反应器出料温度超高。

② 烷基化反应器出料温度超低。

③ 烷基化反应器出口压力超低。

④ 总苯烯比(摩尔)超低。

⑤ 苯与循环烃化液流量之和超低。

⑥ 操作人员在控制室或现场操作站紧急启动自保按钮。

(3) 联锁动作

① 关闭各反应器乙烯进料阀，即烷基化反应器的调节阀与隔离阀。

② 延时 30s(可调)打开乙烯排放阀(至火炬气管网)。

③ 设置烷基化反应器各乙烯进料调节器至手动位置，且输出为 0%。

④ 切断开停工加热器蒸汽隔离阀，停止对进料苯加热。

6.1.3.2 烷基化反应系统全部停车

(1) 联锁目的

防止反应器压力超高，主要是为了保护设备和人员安全。

(2) 联锁原因

① 原料苯进料管压力超高。

② 烷基化反应器出口压力超高。

③ 操作人员在控制室或现场操作站紧急启动自保按钮。

(3) 联锁动作

① 关闭烷基化反应器的乙烯进料调节阀与隔离阀。

② 延时 30s(可调)打开乙烯排放阀(至火炬气管网)。

③ 设置烷基化反应器各乙烯进料调节器至手动位置，且输出为 0%。

④ 切断开停工加热器蒸汽隔离阀，停止对进料苯加热(开工时)。

⑤ 切断烷基化反应器的入口隔离阀。

⑥ 停烷基化反应原料苯泵。

6.1.3.3 乙烯压缩机紧急停车

(1) 联锁目的

保护乙烯压缩机，防止出现设备故障。

(2) 联锁原因

① 乙烯压缩机出口压力超高。

② 乙烯压缩机出口温度超高。

③ 乙烯压缩机冷却水压力超低。

④ 乙烯压缩机润滑油压超低。

⑤ 电机电流超高。

⑥ 操作人员在控制室或现场操作站紧急启动自保按钮。

(3) 联锁动作

① 关闭烷基化反应器的乙烯进料调节阀与隔离阀。

② 延时 30s(可调)打开乙烯排放阀(至火炬气管网)。

③ 设置烷基化反应器各乙烯进料调节器至手动位置，且输出为 0%。

④ 关闭乙烯进料阀。

⑤ 停乙烯压缩机。

6.1.3.4 烷基转移反应器切断多乙苯，维持苯循环

(1) 联锁目的

防止因苯/多乙苯比过低使催化剂失活，保护烷基转移反应催化剂的活性。

(2) 联锁原因

① 烷基转移反应器苯进料流量超低。

② 苯/多乙苯比超低。

③ 操作人员在控制室或现场操作站紧急启动自保按钮。

（3）联锁动作

① 关闭烷基转移反应器多乙苯进料阀。

② 关闭烷基转移反应进料预热器入口隔离阀，打开烷基转移反应进料预热器旁路隔离阀，降低烷基转移反应器进料温度。

6.1.3.5 烷基转移反应系统全部停车

（1）联锁目的

防止烷基转移反应器发生超压事故，保护烷基转移反应器。

（2）联锁原因

① 烷基转移反应器出口压力超高。

② 烷基转移反应器进口压力超高。

③ 操作人员在控制室或现场操作站紧急启动自保按钮。

（3）联锁动作

① 关闭烷基转移反应器多乙苯进料阀。

② 关闭烷基转移反应进料预热器入口隔离阀，打开烷基转移进料预热器旁路隔离阀，降低烷基转移反应器进料温度。

③ 关闭烷基转移反应器入口隔离阀。

6.1.3.6 烷基化反应器出料走烷基转移反应进料预热器旁路

（1）联锁目的

防止因反应器出口压力过低、进口温度过高而使反应偏离全液相状态，保护烷基转移反应催化剂。

（2）联锁原因

① 烷基转移反应器出料压力超低。

② 烷基转移反应器进料温度超高。

③ 操作人员在控制室或现场操作站紧急启动自保按钮。

（3）联锁动作

关闭烷基转移反应进料预热器入口隔离阀，打开烷基转移反应进料预热器旁路隔离阀，降低烷基转移反应器进料温度。

6.2 气相分子筛生产乙苯工艺的事故处理

6.2.1 停公用工程的处理

6.2.1.1 仪表风故障

仪表风发生故障后，全装置均需要停车。操作工应仔细分析仪表风故障时气动控制阀的动作(开或关)对装置的影响，因装置一般均有仪表风罐，仪表风不会立即停止。在仪表风故障后应采取以下步骤：

（1）反应器系统

① 切断去第六床层的乙烯，然后按顺序切断其余床层的乙烯和苯。

② 把顶床的苯进料降低至正常的25%。

③ 让苯进料流过反应器进料加热炉和反应器几分钟，从催化剂床层带走烷基化物。

④ 切断多乙苯循环物流。

⑤ 切断到加热炉主火嘴的燃料，保持长明灯正常燃烧。

⑥ 关闭蒸汽控制阀，停止去加热炉的苯进料。

⑦ 切断苯回收塔的回流。

⑧ 将苯回收塔塔底物流停去乙苯回收塔。

⑨ 关闭苯回收塔塔顶罐液位控制器及新鲜苯控制阀。

⑩ 尽快停苯进料泵和多乙苯循环泵。

注：如仪表风故障持续时间长，反应器床温已降至260℃左右，则反应器和加热炉必须卸压置换。

（2）蒸馏系统

① 切断到稳定塔、乙苯回收塔和多乙苯回收塔再沸器的蒸汽。

② 切断稳定塔至苯回收塔、苯回收塔至乙苯回收塔、乙苯回收塔至多乙苯回收塔、乙苯回收塔至储罐的物流。

③ 停多乙苯残液泵。

④ 停稳定塔塔底泵。

⑤ 关闭乙苯产品流量控制阀。

⑥ 一旦稳定塔、苯回收塔、乙苯回收塔的压力开始下降，马上停回流泵。

⑦ 停多乙苯塔循环/回流泵。

6.2.1.2 电力故障

发生电力故障时，必须立即采取以下措施：

（1）反应器系统

① 反应器系统的泵全部停止运转。电力故障时，加热炉主火嘴燃料气线上的电磁切断阀将自动关闭，停反应器进料加热炉。关闭乙烯进料线上的电磁阀和苯进料阀，使到反应器的进料物流中断。

② 关闭多乙苯循环线上的流量控制阀。加热炉烟道挡板全开，火嘴风门全开以冷却加热炉内的耐火材料。

③ 用氮气吹扫进料加热炉和反应器出料的火炬放空线。

④ 如时间允许，关闭加热炉燃料气线上的监控旋塞阀，关闭泵出口阀，控制器切至手动并关闭，关闭控制阀的截断阀，使一个系统与另一系统隔离。

（2）蒸馏系统

① 电力故障会使蒸馏系统的所有泵停运，稳定塔、苯回收塔、乙苯回收塔、多乙苯回收塔失去回流，易导致塔温和塔压升高。

② 关闭再沸器的蒸汽阀，关闭蒸汽线上控制阀的隔离切断阀。

③ 关闭进料、塔底产品和塔顶产品线上的控制阀与切断阀，使一个蒸馏系统与另外的蒸馏系统隔离。

④ 如停电时间长，接氮气到苯回收塔，保持塔内压力，避免形成真空。

6.2.1.3 冷却水故障

① 因泵不能在没有冷却水下的条件下运转，热乙苯不能送至储罐，冷却水故障后乙苯单元将停车。

② 停冷却水后，立即停下所有使用冷却水的泵，停止稳定塔的所有进料，停加热炉，

切断反应器的进料。切断稳定塔、乙苯回收塔、多乙苯回收塔再沸器的蒸汽。停下所有仍在运转的泵，乙苯产品停去储罐。

6.2.1.4 蒸汽故障

① 蒸汽系统故障会造成反应器进料汽化器、乙苯回收塔、多乙苯回收塔和稳定塔再沸器停供蒸汽。如果汽化器液位升高，将触发液位高高联锁，ESD 系统将使乙苯反应系统全面停车。

② 关闭各塔的进料阀门，停稳定塔、苯回收塔、乙苯回收塔和多乙苯回收塔的回流泵，停多乙苯循环泵。停从界区去苯回收塔的苯进料，停去反应器的乙烯和急冷苯进料，关闭主火嘴燃料油(气)管线的阀门，停稳定塔的苯蒸气进料。

6.2.2 不正常现象及处理

反应器进料及加热炉系统异常现象处理见表6-7。

表6-7 反应器进料及加热炉系统异常现象及处理

不正常现象	可能的原因	处理方法
加热炉排烟温度高	1)烷基转移反应器苯进料流量低 2)燃料量过大 3)多乙苯循环量小	1)提高去烷剂基转移反应器的苯流量到正常值 2)调节燃料量 3)关小加热炉的挡板和风门 4)降低去炉子的苯流量 5)降低加热炉出口温度 6)提高多乙苯循环流量
烟道气氧气含量高	1)挡板开度大 2)火嘴结焦，燃烧不完全	1)关小烟道挡板 2)清理火嘴
反应器苯入口温度高	1)加热炉风门和挡板开度小 2)主物流苯流量小 3)燃料量大	1)调节火嘴风门/烟道挡板 2)调节去加热炉的苯流量 3)调节燃料油、燃料气流量
循环多乙苯出口温度高	1)多乙苯流量小 2)过滤器堵塞 3)加热炉对流段温度高 4)燃料油、燃料气燃烧量大	1)调节多乙苯循环量 2)清理过滤器 3)检查对流段温度 4)调节加热炉的挡板和风门 5)调节燃料油量 6)调节燃料气量
去加热炉的苯流量低	1)高压蒸汽压力降低 2)急冷苯流量过大 3)苯进料泵压力不够	1)提高高压蒸汽流量 2)减少反应器急冷苯流量 3)检修苯进料泵

苯回收塔异常现象处理见表6-8。

表6-8 苯回收塔异常现象及处理

不正常现象	可能的原因	处理方法
进料温度偏高	1)反应器进/出料换热器旁路阀开度大 2)苯回收塔再沸器旁路阀开度小 3)乙烯进料量大	1)关小反应器进/出料换热器旁路阀 2)开大苯回收塔再沸器旁路阀 3)检查反应器出口温度，减少乙烯进料

续表

不正常现象	可能的原因	处理方法
塔顶温度偏高	1)苯回收塔进料温度高 2)塔的回流量小 3)塔顶重组分多	1)调节进料温度 2)调节回流量 3)降低多乙苯流量
塔顶压力偏高	1)塔顶冷凝器压力调节阀开度小 2)回流罐尾气流量调节阀开度小 3)次中压蒸汽管网压力高	1)调节冷凝器压力调节阀的开度 2)调节回流罐尾气流量 3)调节中压蒸汽总管压力
进料中的水含量偏高	1)苯带水 2)稳定塔脱水效果差	1)检查稳定塔底的水含量 2)调节去稳定塔底的高压蒸汽量
进料中的乙苯含量偏高	1)苯回收塔的回流量小 2)多乙苯循环量大	1)加大苯回收塔回流量 2)调整烷基转移反应器的苯/多乙苯比例

乙苯回收塔异常现象处理见表6-9。

表6-9　乙苯回收塔异常现象及处理

不正常现象	可能的原因	处理方法
塔顶温度偏高	1)回流量太小 2)高压蒸汽流量大 3)塔的压力高	1)降低回流量 2)降低高压蒸汽流量 3)降低塔顶压力
塔顶压力偏高	1)轻组分多 2)锅炉给水液位低 3)低压蒸汽总管压力高	1)加大采出量，排出轻组分 2)检查锅炉给水的液位 3)检查低压蒸汽总管压力
塔底温度偏高	1)高压蒸汽流量大 2)塔釜重组分多	1)降低高压蒸汽的流量 2)加大塔底采出的流量

多乙苯回收塔异常现象处理见表6-10。

表6-10　多乙苯回收塔异常现象及处理

不正常现象	可能的原因	处理方法
塔顶温度偏高	1)塔的回流量小 2)塔的压力高 3)再沸器的高压蒸汽流量大 4)塔内乙苯过多	1)调整回流量 2)调整塔顶压力 3)检查去再沸器的高压蒸汽流量 4)提高乙苯回收塔的塔底温度
塔顶压力偏低	1)塔顶温度低 2)高压蒸汽流量低 3)进料中重组分多	1)调整塔顶温度 2)调整高压蒸汽流量 3)调整进料中的组分
多乙苯中二苯基物含量大于50×10^{-6}	1)塔的回流量小 2)灵敏板温度高 3)塔釜采出量小 4)塔的压力过低	1)增大回流量 2)降低灵敏板温度 3)提高塔底流量 4)降低塔的压力
塔顶馏出物中的乙苯含量大于10%	乙苯回收塔塔釜物料中的乙苯含量高	检查来自乙苯回收塔的进料组成

6.2.3 联锁停车

紧急事故联锁系统共分为四类情况，每一类情况引起的联锁动作各有不同，下面对每一类情况所引起的联锁动作及处理措施分别说明。

6.2.3.1 第一类情况

第一类情况共3个条件引起联锁动作，动作结果是乙苯单元全部停车。

(1) 联锁条件

① 加热炉烟道温度超高。

② 加热炉长明灯燃料气压力超低。

③ 手动按下总停车按钮。

(2) 联锁设置目的

设置联锁的目的是保护加热炉、烷基化反应器、烷基转移反应器、催化剂。

(3) 联锁动作

① 关闭长明灯电磁阀。

② 关闭总苯进料阀。

③ 全关苯进料汽化器蒸汽阀。

④ 关闭混合燃料气阀，开放空阀。

⑤ 关闭燃料油阀。

⑥ 关闭急冷苯阀

⑦ 关闭乙烯进料阀。

⑧ 关闭循环多乙苯阀。

⑨ 关闭再生气排放阀。

⑩ 关闭苯回收塔回流罐气相苯出料阀。

⑪ 关闭乙苯回收塔进料阀。

⑫ 关闭新鲜苯进料阀。

⑬ 关闭苯回收塔回流阀。

6.2.3.2 第二类情况

(1) 联锁条件

① 苯回收塔回流罐压力超高。

② 苯进料汽化器液位超高。

③ 烷基化反应器出口温度超高。

(2) 联锁设置目的

设置联锁的目的是保护加热炉、烷基化反应器、催化剂。

(3) 联锁动作

乙苯单元全部停车，其中除长明灯电磁阀不关闭外，其他动作与第一类情况相同。

6.2.3.3 第三类情况

(1) 联锁条件

① 烷基转移反应器入口温度高。

② 加热炉出口苯温度高。

③ 苯回收塔回流罐液位高。

④ 混合气压力低。

⑤ 燃料油压力低。

⑥ 雾化蒸汽压力低。

⑦ 苯流量低。

⑧ 手动按下加热炉停车按钮。

（2）联锁设置目的

设置联锁的目的是保护加热炉、烷基化反应器、催化剂。

（3）联锁动作

除关闭苯进料汽化器蒸汽阀到正常流量的25%之外，其余动作与第一类情况联锁动作的第④～⑬条一致。

6.2.3.4 第四类情况

（1）联锁条件

① 乙烯进料压力超低。

② 苯/烯比超低。

③ 烷基化反应器出口温度超低。

（2）联锁设置目的

设置联锁的目的是保护催化剂。

（3）联锁动作

关闭烷基化反应器的乙烯进料阀和五个急冷苯进料阀，而主物流苯仍然经加热炉过热后通过反应器。

6.3 脱氢反应单元的事故处理

6.3.1 停公用工程的处理

6.3.1.1 停电

当发生停电事故时，应采取以下步骤使装置完全停车，防止反应器迅速降温。如果不能平稳停车(温度失去控制等)，用手动联锁按钮触发停车。

① 当停电事故发生时，应该迅速降低主蒸汽流量，以防止过热炉和反应器发生紧急事故停车。

② 当主蒸汽流量降低时，关闭燃料切断阀，停止过热炉内的所有燃烧，将温度控制器置于手动，并关闭燃料控制阀，停长明灯。

③ 停止进入乙苯蒸发器的蒸汽。

④ 关闭乙苯进料阀门。

⑤ 当蒸汽过热炉已停车时，关闭主蒸汽控制阀，打开切断阀上游侧的泄放阀，以保持总管的温度基本不变。

⑥ 停冷凝液汽提塔蒸汽，必要时关闭切断阀，完全停止蒸汽。

⑦ 停止发生蒸汽后，关闭废热锅炉给水控制阀。如液位继续上升，则关控制阀上游的切断阀。

⑧ 如停车时间长，用小流量氮气吹扫主蒸汽管线30min。

⑨ 检查仪表控制器，把其中大部分置于手动，直至恢复供电。

⑩ 供电恢复后，按开车步骤恢复生产。

6.3.1.2 停蒸汽

当停蒸汽时，紧急事故停车系统将使脱氢单元停车。当主蒸汽流量下降到停车点以下时，紧急事故停车将被启动，停车使主蒸汽流量降低到最小值，并停止去过热炉的所有燃料，具体处理步骤如下。

① 当主蒸汽流量降低到最低点时，关闭燃料切断阀，停止过热炉内的所有燃烧，将温度控制器置于手动，并关闭燃料控制阀，尾气排入火炬。

② 停乙苯蒸发器的乙苯进料。

③ 停止进入乙苯蒸发器的蒸汽。

④ 将汽包、废热锅炉的液位控制器置于手动，关闭给水控制阀。

⑤ 停工艺冷凝液汽提塔，将工艺冷凝液改到生产污水管网。

⑥ 检查仪表控制器，把其中大部分置于手动。

⑦ 检查可能出现意外的设备和流程。

6.3.1.3 停仪表风

在停仪表风事故发生时，应进行以下操作使脱氢单元处于安全状态：

① 蒸汽过热炉通最小流量蒸汽。

② 停乙苯进料。

③ 停所有去过热炉的燃料。

④ 尾气从尾气密封罐排放到火炬。

⑤ 停冷凝液汽提塔的进料。

⑥ 停冷凝液处理塔的蒸汽。

⑦ 如果停仪表空气时间较长，应使系统处于氮封状态。

6.3.1.4 停循环水

① 脱氢单元完全停循环水不会引起立即停车。如果循环水不能马上恢复，应该降低乙苯和蒸汽流量。当停循环水时，主冷器（部分装置）、后冷器、尾气冷却器、吸收剂冷却器和尾气压缩机润滑油冷却器等设备将失去冷却。

② 如果水不能在 1 ~2min 内恢复，应采取以下步骤：

a. 如果尾气压缩机还没有因排出温度高停车，停尾气压缩机，关闭尾气压缩机的急冷水。

b. 启动压缩机盘车设备，保持压缩机盘车。

c. 手动打开尾气循环阀。

d. 尾气压缩机停车、尾气排放到火炬后，必须调节过热炉的燃料补充量，并认真检查主蒸汽出口温度。

e. 根据废热锅炉出口温度调节急冷水量。

f. 将工艺冷凝液切换到生产污水管网。

g. 当循环水恢复后，把进料提高到原有流量，使尾气压缩机维持在 0.107 MPa(A)的吸入压力下运行。缓慢增加过热炉的燃料，以 0.01 MPa(A)/h 的速度降低压缩机吸入压力，直至达到正常。

6.3.1.5 停氮气

氮气在脱氢区用来吹扫下列地方：

① 尾气压缩机密封系统以杜绝润滑油进入系统。

② 吹扫反应器压力仪表和取样系统管线。

③ 吹扫膨胀节波纹管。

停氮气将导致尾气压缩机因失去氮气密封而停车，尾气通过排放罐排放到火炬系统。停氮气时按以下步骤处理。

① 如果尾气压缩机还没有因排出温度高停车，停尾气压缩机，关闭尾气压缩机的急冷水。

② 启动压缩机盘车设备，保持压缩机盘车。

③ 手动打开尾气循环阀。

④ 尾气压缩机停车及尾气从尾气排放罐排放到火炬后，必须调节过热炉的燃料补充量，并认真检查主蒸汽出口温度。

⑤ 根据废热锅炉出口温度调节急冷水量。

⑥ 将工艺冷凝液切换到生产污水管网。

⑦ 当氮气恢复时，把进料提高到原有流量，使尾气压缩机维持在 0.107 MPa(A)的吸入压力下运行。缓慢增加过热炉的燃料，以 0.01 MPa(A)/h 的速度降低压缩机吸入压力，直至达到正常。

6.3.2 脱氢反应系统不正常现象及处理

脱氢反应系统不正常现象及处理见表 6－11。

表 6－11 脱氢反应系统不正常现象及处理

不正常现象	可能的原因	处理方法
乙苯蒸发器出口温度降低或温度波动较大	进料泵故障、系统温度波动、重组分的聚积降低了传热速度	检查泵的操作，间歇向脱氢液/水分离罐排放重组分
主蒸汽流量不稳定	1)流量控制阀故障 2)主蒸汽阀堵塞	1)置控制阀于手动，检查仪表 2)检查主蒸汽阀的压力降
烟气温度高	1)空气量不足，使燃烧不完全 2)火嘴过度燃烧	1)调节挡板、检查炉内不同点的空气量 2)减少燃料量
过热炉燃烧不均匀	1)各火嘴阀门开度不一致 2)火嘴孔堵塞 3)炉内空气分布不均	1)调整阀门开度 2)清理火嘴 3)检查风门开度
乙苯转化率比预计低(反应器入口温度为设计值)	1)由于蒸汽或乙苯进料计量错误造成蒸汽与乙苯比太低 2)反应器内温度测量错误	1)取样测量蒸汽与乙苯比，检查乙苯和蒸汽流量 2)检查温度指示器
反应器床层压降增加	1)测压孔部分堵塞 2)催化剂床层粉尘引起部分床层堵塞	1)检查压力表 2)床层出口粉尘量过高时，可通过降低进料量来维持生产

续表

不正常现象	可能的原因	处理方法
二段床层出口压力高	1)压缩机吸入压力高于要求值 2)压力指示器失灵 3)压缩机吸入口上游某个设备的压差过大 4)压缩机吸入阀部分关闭	1)降低吸入压力 2)检查压力变送器 3)检查主冷凝器入口、出口总管，调整冷却器和压缩机吸入罐的压力 4)检查阀位
主冷凝器入口温度高	1)急冷器喷淋水中断 2)水流量计指示不准 3)急冷器喷嘴堵塞	1)调整急冷水流量 2)检查流量计，增加水流量 3)判断堵塞情况，必要时停车处理
主冷凝器出口温度高	1)风机停导致换热不足 2)翅片管结垢	1)检查电机运行是否正常 2)检查有无聚合物，设法清除
压缩机吸入口温度高	1)主冷凝器运转不正常 2)后冷器冷却水结垢	1)见主冷凝器温度高的处理 2)清除水垢
压缩机排出罐液位高	1)液位控制器故障 2)管线上的控制阀堵塞	1)检查控制器 2)用副线手动操作直至清理完毕
压缩机排出口氧气含量高	1)分析仪发生故障，给出错误读数 2)仪表管线泄漏	1)检查分析仪 2)如果系统未跳闸，应切换到正压下操作，检查泄漏
压缩机吸入口压力高	1)压力控制器故障 2)尾气循环阀泄漏或副线阀开度过大 3)空冷器或后冷器冷却不够或中断	1)检查仪表 2)检查控制阀和副线阀 3)检查空冷器供电和冷却水供给
尾气密封罐液位低	供水不足	检查供水阀是否堵塞，保证阀门打开
脱氢液/水相分离不好	脱氢液/水界面、液位不正确	检查仪表
汽提塔塔底出料中有机物浓度高	1)冷凝液进料预热不够 2)汽提塔蒸汽量不够或汽提蒸汽流量表显示错误 3)蒸汽量低于汽提的需要量 4)进料中夹带有机物过多	1)检查汽提塔冷凝器操作，需要时调整进料温度 2)增加蒸汽量，检查流量计，检查蒸汽与进料的比例 3)增加蒸汽流量 4)检查进料中有机物，检查脱氢液/水分离罐操作
汽提塔塔顶压力高	背压控制阀堵塞	检查阀门堵塞情况并处理
汽提塔冷凝器壳程液位高	1)液位指示错误 2)塔盘的孔堵塞，塔不能正常操作 3)汽提塔冷凝器管程泄漏	1)修理指示液位的仪表 2)如发生剧烈淹塔必须清理塔盘 3)停车处理泄漏点
工艺冷凝液过滤器压降迅速增加	1)反洗频率和持续时间不够 2)压降指示错误 3)过滤器层几乎充满聚合物	1)增加频率和反洗时间 2)检查指示器 3)切换过滤器，更换滤料

6.3.3 联锁停车

6.3.3.1 过热炉和反应器联锁停车

(1) 联锁设置目的

保护蒸汽过热炉及脱氢反应器等关键设备，防止设备损坏。

(2) 联锁条件

① 汽包液位超低。

② 低低压废热锅炉液位超低。

③ 反应器进口温度超高。

④ 蒸汽过热炉 A 或 B 室出口蒸汽温度超高。

⑤ 至蒸汽过热炉的主蒸汽流量超低。

⑥ 乙苯蒸发器液位超高。

⑦ 至蒸汽过热炉的燃料气压力超低。

⑧ 蒸汽过热炉燃料气压力超低。

(3) 联锁动作

① 切断燃料气。

② 打开进入燃料气管道的氮气阀门，氮气吹扫持续 2min。

③ 使进入过热炉的主蒸汽流量减小到最小。

④ 启动紧急保护蒸汽进入过热器。

⑤ 切断乙苯蒸发器的乙苯进料。

⑥ 切断乙苯蒸发器的一次蒸汽进料。

⑦ 切断乙苯蒸发器的加热蒸汽。

⑧ 切断急冷水。

⑨ 在乙苯回收塔塔底出料处将调节阀输出设定到 0%。

6.3.3.2 空气泄漏停车

(1) 联锁设置目的

避免因空气泄漏造成高温反应物料发生着火、爆炸等事故。

(2) 联锁条件

① 反应器出口温度超高。

② 三台氧分析仪中任意两台检测出压缩机出口尾气中氧气含量超高。

(3) 联锁动作

逐步把压缩机入口压力调节器的设定值设定到 7kPa。

6.3.3.3 尾气压缩机停车

(1) 联锁设置目的

保护尾气压缩机不受损坏。

(2) 联锁条件

① 尾气密封罐液位过高。

② 尾气排放罐液位超低。

③ 压缩机排出口尾气温度超高。

④ 润滑油过滤器出口压力超低。

⑤ 润滑油供油压力超低。
⑥ 冷却水流量超低。
⑦ 蒸汽透平速度超高。
⑧ 压缩机凸形转子振动（排出侧）大。
⑨ 压缩机凸形转子振动（吸入侧）大。
⑩ 压缩机凹形转子振动（排出侧）大。
⑪ 压缩机凹形转子振动（吸入侧）大。
（3）联锁动作
尾气压缩机停车。

6.3.3.4　长明灯燃料气压力低

（1）联锁设置目的
防止出现回火，避免着火、爆炸事故。
（2）联锁条件
烧嘴的点火气压力超低。
（3）联锁动作
切断至烧嘴的点火气，延迟一段时间后，打开点火气管线上的排放阀。

6.3.3.5　氧化脱氢反应器停车

（1）联锁设置目的
确保氧化脱氢反应器及脱氢单元的安全。
（2）联锁条件
① 氧化催化剂床层温差超高。
② 氧化催化剂床层温差超低。
③ 氧化反应器床出口温度超高。
④ 乙苯/蒸汽混合物流量超低。
⑤ 稀释蒸汽流量超低。
⑥ 其他脱氢反应器的联锁停车。
（3）联锁动作
反应器停止注入氧气，打开氮气吹扫。

6.4　Lummus 工艺苯乙烯精馏单元的停车

6.4.1　停公用工程的处理

6.4.1.1　停电时的处理

（1）停电后，苯乙烯精馏系统内的下述设备将停止运转：脱氢液输送泵、粗苯乙烯塔塔底泵、粗苯乙烯塔塔顶泵、乙苯回收塔塔顶泵、精苯乙烯塔塔底泵、精苯乙烯塔塔顶泵、闪蒸罐出料泵、产品阻聚剂输送泵、阻聚剂输送泵、苯/甲苯塔塔底泵、苯/甲苯塔塔顶泵、粗苯乙烯塔真空泵和精苯乙烯塔真空泵。

（2）长时间停电后的处理
① 关闭粗苯乙烯塔再沸器和精苯乙烯塔再沸器的液位罐控制阀，将蒸汽切断，防止超

压，通知室外操作人员将蒸汽切断阀关闭，再沸器放空阀打开，将蒸汽放空。

② 关闭焦油加热器蒸汽流量控制阀，将蒸汽切断，再沸器放空阀打开，将蒸汽放空。

③ 关闭乙苯回收塔再沸器的流量控制阀，将蒸汽切断。

④ 确认不合格物料冷却器已通冷却水。

⑤ 将粗苯乙烯塔塔顶、塔釜物料改去脱氢液罐。

⑥ 将精苯乙烯塔塔顶、塔釜物料改去脱氢液罐。

⑦ 将乙苯回收塔顶物料、塔釜物料改去脱氢液罐。

⑧ 密切注意乙苯回收塔压力的变化，如果塔压升高可手动打开排火炬的阀门卸压。

⑨ 检查各塔塔顶冷凝温度有无变化，如塔压升高、冷凝温度升高，则可能同时循环冷却水中断，此时尤其要注意控制好塔压。

⑩ 密切注意粗苯乙烯塔、精苯乙烯塔的塔压。

⑪ 关闭循环苯乙烯焦油到粗苯乙烯塔的流量控制阀。

⑫ 如果时间允许，应将各流量和液位控制器置于手动，控制阀处于关闭状态。使系统处于电力恢复状态。一旦电力恢复，用泵把塔内残余物料和罐中的液体送到事故物料总管，直至所有液位接近正常开车值为止。然后按通常的方法，重新启动苯乙烯精馏系统。

6.4.1.2 停蒸汽时的处理

停蒸汽时，整个苯乙烯精馏单元都要停车，操作步骤如下：

① 关闭粗苯乙烯塔、精苯乙烯塔再沸器冷凝液液位控制阀。

② 关闭乙苯回收塔、苯/甲苯塔再沸器和闪蒸罐加热器的蒸汽流量控制阀。

③ 打开所有再沸器壳程的放空阀，向大气排放，关闭进入所有再沸器加热器的蒸汽管线上的手动切断阀。

④ 按照精馏区正常停车程序进行处理，把塔内的物料用泵送至事故系统。

6.4.1.3 停仪表风时的处理

停仪表风后，苯乙烯精馏系统应按正常停车步骤停车，但流量调节必须采用切断阀和控制阀的旁路来调节。所有塔内物料应用泵通过不合格物料总管送到脱氢液罐。当仪表风恢复正常供应时，系统可按正常开车程序重新开车。

① 把不合格物料总管与脱氢液罐接通，给不合格物料冷却器供给冷却水。

② 把所有塔底物料与不合格物料总管接通，打开塔底流出物控制阀的旁通阀。

③ 停所有再沸器和闪蒸罐加热器(或薄膜蒸发器)的蒸汽，切断蒸汽冷凝液，打开再沸器壳程放空阀，把蒸汽排向大气。

④ 用塔顶压力控制阀的副线控制塔的压力。

⑤ 在仪表风恢复之前，把控制室内的所有控制器置于手动，关闭控制阀。

6.4.1.4 停冷却水时的处理

停冷却水后，由于塔顶冷凝减少，苯乙烯精馏单元全部停车，应按如下步骤进行操作：

① 认真观察粗苯乙烯塔、乙苯回收塔、精苯乙烯塔和苯/甲苯塔压力变化。

② 手动关闭再沸器冷凝液液位控制器和蒸汽流量控制阀。

③ 关闭所有去再沸器的蒸汽手动切断阀、疏水器下游的冷凝液切断阀，打开再沸器壳程放空阀，把蒸汽排向大气。

④ 按照精馏系统正常停车步骤进行操作，注意把塔底物料送往不合格物料系统。

6.4.1.5 停氮气时的处理

在苯乙烯精馏单元，氮气主要用来控制塔的压力和作为一种惰性气体用于氮封。短时间停氮气并不会严重影响精馏操作，应密切观察塔的压力。乙苯回收塔、苯/甲苯塔在低于设计压力状态下操作，关闭氮气补充阀，防止氮气管网中串入物料。如果停氮气时间超过1h，本单元应按正常停车步骤停车。

6.4.2 不正常现象及处理

6.4.2.1 粗苯乙烯塔不正常现象及处理

粗苯乙烯塔不正常现象及处理见表6－12。

表6－12 粗苯乙烯塔不正常现象及处理

不正常现象	可能的原因	处理方法
塔顶产品中苯乙烯含量过高	1)粗苯乙烯塔塔顶产品流量太大 2)回流量偏低 3)粗苯乙烯塔淹塔 4)塔内有水影响分离	1)减少去乙苯回收塔的塔顶产品流量 2)检查回流比和回流量。根据需要，利用增加再沸器蒸汽量的方式增加回流量 3)检查回流量和塔内压降，如过高，根据需要降低蒸汽量和进料量 4)检查进料中和塔顶罐内的水量。检查再沸器和分离塔尾气冷凝器有无泄漏
粗苯乙烯塔塔底产品中乙苯含量过高	1)粗苯乙烯塔塔顶产品流量太低 2)蒸汽量不足 3)粗苯乙烯塔淹塔	1)增加塔顶产品流量 2)检查回流比、蒸汽流量和回流量 3)检查回流量和塔内压降，如过高，根据需要降低蒸汽量和进料量
粗苯乙烯塔再沸器停止"工作"	1)阻聚剂长时间不进料引起塔釜中聚合物增加 2)再沸器内冷凝液液位过高 3)再沸器蒸汽流量计损坏或出故障	1)检查阻聚剂进料泵，尽快恢复，若不能恢复，停精馏系统 2)检查冷凝液液位控制阀，若有故障，先用旁路调节，再消除故障 3)检查蒸汽流量控制器
粗苯乙烯塔压力过高	1)真空系统不正常 2)塔顶压力控制器故障 3)塔顶冷凝器缺乏冷却水 4)塔顶深冷器冷却不充分 5)塔内水分过多 6)塔顶罐液位过高 7)空气或氮气漏入粗苯乙烯塔	1)检查密封液温度、密封罐液位和密封补充液流量 2)检查压力控制阀和压力传感器 3)增加水流量 4)检查尾气深冷器温度，增加深冷水流量 5)检查塔顶罐、进料中的水，根据需要排放、检查水收集器、尾气冷凝器和再沸器有无泄漏 6)检查液位计，必要时用旁路阀降低罐的液位 7)检查并消除所有泄漏点
粗苯乙烯塔塔顶压力偏低	塔顶压力控制器故障	检查压力控制器
粗苯乙烯塔塔底产品流量偏低或不稳	1)塔釜液位控制器故障 2)塔底泵密封不严，漏入的空气引起气缚	1)检查塔釜液位计 2)切换到备用泵操作

6.4.2.2 精苯乙烯塔不正常现象及处理

精苯乙烯塔不正常现象及处理见表6-13。

表6-13 精苯乙烯塔不正常现象及处理

不正常现象	可能的原因	处理方法
苯乙烯产品纯度太低	1)来自粗苯乙烯塔塔釜物料中的乙苯量过高 2)苯乙烯产品中α-甲基苯乙烯含量过高	1)见粗苯乙烯塔排除故障方法 2)增加回流量。
再沸器停止蒸发	1)塔中的阻聚剂量太低 2)再沸器冷凝系统工作不正常 3)塔釜液位太高或太低	1)检查阻聚剂进料系统，立即恢复进料 2)检查再沸器冷凝液罐液位计，如不正常，用旁路阀控制液位 3)检查精苯乙烯塔塔釜液位计，必要时加以修理；如液位高，减少回流量，如液位仍降不下来，则将釜液送往脱氢液不合格料总管
塔压过高	1)去真空系统的管线被聚合物堵塞或部分阻塞 2)空气或氮气泄漏进塔内 3)塔顶冷凝器、塔顶深冷器结垢	1)根据管段压力降，确定堵塞部位，如需要，停车清理 2)检查精苯乙烯塔、闪蒸罐加热器泄漏情况并处理 3)增加冷却水、深冷水流量，如需要停车清洗
塔内压力太低	精苯乙烯塔塔顶压力控制器失灵	检查压力控制器，如需要，启用旁路
苯乙烯产品色度不合格	1)水泄漏进入工艺物料中 2)泄漏进塔的空气量过大	1)确定水的来源，必要时停车修理 2)检查塔和设备的泄漏点

6.4.2.3 乙苯回收塔不正常现象及处理

乙苯回收塔不正常现象及处理见表6-14。

表6-14 乙苯回收塔不正常现象及处理

不正常现象	可能原因	处理方法
塔分离不良(塔底物中甲苯含量高或塔顶馏分乙苯含量高)	1)塔灵敏板控制器设定错误或失灵 2)塔顶回流量太低 3)淹塔	1)调整灵敏板控制器的设定值 2)核对回流量，增加蒸汽流量以增加回流量 3)核实塔压降及其他操作条件
塔顶压力高	1)塔顶冷凝器冷却不够 2)压力控制器失灵 3)向火炬排放的控制阀或氮气控制阀失灵	1)检查塔顶温度，增加冷却水量 2)手动操作火炬排放控制阀和氮气控制阀 3)用旁通阀控制压力同时修理控制阀

6.4.2.4 TBC系统故障处理

正常情况下，TBC通过产品阻聚剂泵输送到精苯乙烯塔塔顶馏出口喷嘴，如该喷嘴堵塞，则将TBC加到产品冷却器入口处。当两条管线都不能正常加入时，应将固体的产品阻聚剂加入到苯乙烯产品罐内，以保证产品中的阻聚剂含量在规定范围内，避免苯乙烯聚合。

6.5 Badger工艺苯乙烯精馏单元的不正常现象及处理

6.5.1 停公用工程的处理

6.5.1.1 停电

停电时引起所有电机带动的泵停转，停电时除锅炉控制器外所有电磁阀将处于事故位置，导致全面停车。

(1) 苯/甲苯塔

① 关闭再沸器蒸汽阀，停蒸汽凝液泵，关闭塔进料、回流、塔顶采出、集水包采出、塔底出料、残油循环阻聚剂、尾气线的阀门。

② 所有泵的开关处于“关”的位置。

③ 如果停电时间较长，切断真空泵的中压蒸汽，使苯/甲苯塔系统保持微正压。

(2) 乙苯循环塔

① 关闭再沸器蒸汽阀，停蒸汽凝液泵，关闭塔进料、回流、去乙苯进料汽化预热器的乙苯循环、塔底出料、尾气线的阀门。

② 所有泵的开关处于“关”的位置。

③ 如果停电时间较长，切断真空泵的中压蒸汽，使乙苯循环塔系统保持微正压。

(3) 苯乙烯产品塔

① 关闭进料流量控制阀、去残油闪蒸罐流量控制阀、去苯乙烯产品储罐流量控制阀、去苯/甲苯塔的循环残油流量控制阀、去残油储罐流量控制阀、苯乙烯产品塔塔顶压力控制阀。

② 所有泵开关处于“关”位置。

③ 关闭苯乙烯产品塔再沸器蒸汽流量控制阀和残油闪蒸罐再沸器蒸汽流量控制阀。

④ 停苯乙烯冲洗和TBC进料。

⑤ 用氮气吹扫残油循环线以及到残油储罐的管线。

⑥ 如果停电时间较长，停真空泵的中压蒸汽。苯乙烯产品塔和残油闪蒸罐都充氮气保持微正压，苯乙烯产品塔和残油闪蒸罐塔底尽快用乙苯稀释直至塔底物料含有30%以上的乙苯。

6.5.1.2 停蒸汽

苯乙烯精馏单元主要有以下蒸汽用户：

中压蒸汽：残油闪蒸罐再沸器，苯/甲苯塔真空泵，乙苯循环塔真空泵，苯乙烯产品塔真空泵。

低压蒸汽：苯/甲苯塔再沸器，乙苯循环塔再沸器，苯乙烯产品塔再沸器。

(1) 苯/甲苯塔

① 关闭再沸器低压蒸汽流量阀，停蒸汽凝液泵。

② 塔顶产品切换去不合格苯乙烯储罐，关闭回流控制阀，停塔顶泵。

③ 停真空泵中压蒸汽，关闭塔顶压力控制阀。

④ 停阻聚剂和残油循环，关闭乙苯循环塔进料流量控制阀，将苯/甲苯塔的物料排至不合格苯乙烯储罐后停塔釜泵。

⑤ 将乙苯引入苯/甲苯塔，冲洗阻聚剂。

(2) 乙苯循环塔

① 关闭再沸器低压蒸汽流量阀，停蒸汽凝液泵。

② 切断乙苯循环塔的进料，塔顶冷凝器排空后停塔顶泵。

③ 停真空泵的中压蒸汽，用泵把乙苯循环塔塔底物料送去苯乙烯产品塔，以冲洗高浓度的苯乙烯管线，然后停塔釜泵。

④ 乙苯循环塔充氮气，保持微正压。

⑤ 如果蒸汽较长时间不能恢复，用塔釜泵倒空乙苯循环塔，将物料送至不合格苯乙烯储罐，从苯/甲苯塔引乙苯冲洗该塔。

(3) 苯乙烯产品塔

① 苯乙烯产品停去苯乙烯产品储罐，切换去不合格苯乙烯储罐。

② 关闭苯乙烯产品塔再沸器低压蒸汽流量阀，停蒸汽凝液泵。

③ 关闭残油闪蒸罐再沸器中压蒸汽流量阀。

④ 关闭乙苯进料流量控制阀，关闭去苯/甲苯塔的循环残油流量控制阀，停残油循环泵、苯乙烯产品塔回流泵，停产品阻聚剂进料泵。

⑤ 从乙苯管网接乙苯到苯乙烯冲洗系统，冲洗仪表和泵密封，引乙苯进苯乙烯产品塔，冲洗苯乙烯产品塔塔釜泵进出口管线，引乙苯进残油闪蒸罐，启动残油循环泵，建立残油循环，直至罐内乙苯浓度大于30%。

⑥ 用氮气吹扫循环残油去苯/甲苯塔的管线和残油闪蒸罐进料线，用氮气或蒸汽吹扫循环残油去残油储罐的管线。

⑦ 罐内液位正常后停残油循环泵，停到苯乙烯冲洗系统的乙苯。

⑧ 苯乙烯产品塔和残油闪蒸罐充氮气至微正压，如果残油闪蒸罐液位超过量程，用泵将液体送到不合格苯乙烯储罐。

6.5.1.3 停仪表风

(1) 苯/甲苯塔

停仪表风后，苯/甲苯塔系统控制阀的状态如下：

事故关的阀门：苯/甲苯塔进料控制阀、苯/甲苯塔再沸器低压蒸汽控制阀、乙苯循环塔进料控制阀。

事故开的阀门：苯/甲苯塔回流控制阀。

停仪表风后，苯/甲苯塔的处理步骤如下：

① 停蒸馏阻聚剂进料泵，停蒸汽凝液泵。

② 塔顶冷凝器液位低时停水泵和塔顶泵。

③ 停去苯/甲苯塔的粗苯乙烯进料，停再沸器低压蒸汽。

④ 关闭回流流量控制阀下游的切断阀，停塔釜泵，停真空泵中压蒸汽。

⑤ 苯/甲苯塔充氮气至微正压，停苯/甲苯塔尾气冷凝器的冷冻水和冷凝器的冷却水。

(2) 乙苯循环塔

停仪表风后，乙苯循环塔系统控制阀的状态如下：

事故关的阀门：去乙苯进料汽化预热器流量控制阀、乙苯循环塔再沸器低压蒸汽流量控制阀、苯乙烯产品塔进料流量控制阀。

事故开的阀门：乙苯循环塔回流控制阀。

停仪表风后，乙苯循环塔的处理步骤如下：

① 停蒸汽凝液泵，停再沸器低压蒸汽。

② 停去乙苯进料汽化预热器的循环乙苯，塔顶冷凝器的物料返回乙苯循环塔，排空后停塔顶泵，关闭回流控制阀下游的切断阀。

③ 用塔釜泵把物料送至苯乙烯产品塔，用泵将乙苯循环塔釜的物料送至苯乙烯产品塔，冲洗 2min。

④ 停真空泵的中压蒸汽，乙苯循环塔充氮气保持正压。

⑤ 停乙苯循环塔尾气冷凝器的冷冻水和冷凝器的冷却水。

(3) 苯乙烯产品塔

停仪表风后，苯乙烯产品塔系统控制阀的状态如下：

事故关的阀门：苯乙烯产品塔进料流量控制阀、苯乙烯产品去苯乙烯储罐流量控制阀、苯乙烯产品塔再沸器低压蒸汽流量控制阀、残油闪蒸罐再沸器中压蒸汽流量控制阀、循环残油去苯/甲苯塔流量控制阀、循环残油去残油储罐流量控制阀。

事故开的阀门：苯乙烯产品塔回流控制阀。

停仪表风后，苯乙烯产品塔的处理步骤如下：

① 关闭循环残油去残油储罐流量控制阀下游的切断阀，关闭苯乙烯产品塔再沸器低压蒸汽流量控制阀下游的切断阀，关闭残油闪蒸罐再沸器中压蒸汽流量控制阀下游的切断阀，关闭苯乙烯产品塔回流流量控制阀。

② 停塔顶泵和塔釜泵，停蒸汽凝液泵，停残油循环泵，停产品阻聚剂进料泵。

③ 关闭苯乙烯产品去苯乙烯储罐的切断阀，关闭残油进料流量控制阀下游的切断阀，关闭循环残油去苯/甲苯塔流量控制阀下游的切断阀。

④ 停车后用乙苯冲洗全部苯乙烯和残油管线。

⑤ 苯乙烯产品塔和残油闪蒸罐必须用乙苯冲洗直至容器内乙苯含量为30%。

⑥ 其他步骤与停蒸汽时的处理步骤相同。

6.5.1.4 停冷却水

冷却水中断处理与仪表风中断的处理步骤相近，同时应注意以下两点：

① 停车后用乙苯冲洗全部苯乙烯和残油管线。

② 苯乙烯产品塔和残油闪蒸罐必须用乙苯冲洗直至容器内乙苯含量为30%。

6.5.2 不正常现象及处理

(1) 苯/甲苯塔异常现象及处理

苯/甲苯塔异常现象及处理见表6-15。

表6-15 苯/甲苯塔异常现象及处理

不正常现象	可能的原因	处理方法
塔顶产物中乙苯含量异常	1)进料量大 2)回流量小 3)塔压不稳 4)进料中的乙苯含量高	1)降低进料量 2)增大回流量 3)检查塔压波动原因 4)调整反应温度，提高转化率

续表

不正常现象	可能的原因	处理方法
塔底产物中甲苯含量异常	1)塔底温度低 2)进料量大 3)进料中的轻组分多 4)塔压异常 5)进料带水	1)提高再沸器蒸汽量 2)降低塔的进料量 3)加大塔顶采出量，排出轻组分 4)检查压力异常原因，稳定压力 5)在罐区切出脱氢液中的水

(2) 乙苯循环塔异常现象及处理

乙苯循环塔异常现象及处理见表6-16。

表6-16 乙苯循环塔异常现象及处理

异常现象	可能的原因	处理方法
塔顶馏出物中苯乙烯含量异常	1)塔顶温度高 2)塔的压力不稳 3)进料量大 4)进料中苯乙烯含量变化大	1)增大塔的回流量 2)检查塔压，稳定压力 3)降低进料量 4)调整反应温度，稳定转化率
乙苯及二甲苯含量异常	1)回流量波动 2)塔的压力波动大 3)塔釜采出量小 4)塔顶采出量小	1)检查回流量波动的原因，稳定回流量 2)检查真空泵和蒸汽，稳定压力 3)增大塔釜采出量，保持物料平衡 4)增大循环乙苯流量，保持物料平衡
塔底物中阻聚剂含量异常	1)阻聚剂泵流量不足 2)阻聚剂管线堵塞 3)配制的阻聚剂浓度变化大	1)检修阻聚剂泵 2)清理阻聚剂管线 3)严格按要求配制，保证配制的阻聚剂浓度正常

(3) 苯乙烯塔异常现象及处理

苯乙烯塔异常现象及处理见表6-17。

表6-17 苯乙烯塔异常现象及处理

异常现象	可能的原因	处理方法
苯乙烯纯度异常	1)乙苯循环塔釜乙苯含量高 2)回流量小 3)塔的压力波动 4)采样点物料没有建立循环	1)检查乙苯循环塔塔底物纯度，提高塔釜温度 2)增大产品塔回流量 3)检查塔顶压力，稳定塔压 4)检查产品采样点
苯乙烯产品中的阻聚剂含量异常	1)阻聚剂泵不上量 2)配制的阻聚剂浓度不准确	1)检修阻聚剂泵，调整阻聚剂泵冲程 2)检查阻聚剂泵的标定管，重新标定

6.6 典型事故分析及处理

6.6.1 聚合物堵塞冷凝液汽提系统

某装置乙苯脱氢单元工艺冷凝液汽提塔系统因堵塞无法正常运行，导致冷凝液排至污水管网，大量的水资源被浪费，同时也给环保工作增加了难度。

(1) 主要现象

操作人员先是发现冷凝塔塔底泵过滤网堵塞频繁，过滤网内聚合物量明显增加，后来泵出入口管线、进料调节阀及液位计引压管也被堵塞，汽提塔被迫停车处理。打开下料线及汽提塔检查，发现塔盘等部位积累了大量的聚合物。

(2) 原因分析

① 汽提塔进料中有机物含量超标，塔正常操作时无法将有机物全部汽提出去，有机物在塔及管线等处长时间积累而生成苯乙烯聚合物。

② 塔设计不合理，塔的处理能力小。由于温度升高，苯乙烯聚合速度很快，加之进入凝液罐后有机物漂浮在液面上，停留时间长，产生的聚合物排出困难而最终堵塞系统。

(3) 应对措施

① 该塔进料中有机物主要是脱氢反应物与水在分离罐中无法彻底分离造成的，在装置运行过程中，应通过稳定分离罐操作等措施减少分离后的冷凝液中有机物的夹带量，以保证汽提塔的处理效果。

② 降低汽提塔的操作压力及温度，减少塔内苯乙烯的聚合速度及数量。一般将塔的压力(A)控制在45kPa以内，操作温度70℃左右，在系统内出现聚合的现象将大大降低。

6.6.2 脱氢液中苯乙烯含量低

(1) 事故经过

某苯乙烯装置操作人员发现脱氢液分离罐中苯乙烯含量比平时降低5%，但检查脱氢反应工艺条件未有异常变化。

(2) 主要原因

在排除了各种工艺条件因素后，初步判断为脱氢反应单元的乙苯/蒸汽过热器出现严重泄漏，使部分乙苯蒸气直接泄漏到反应器出料中，引起苯乙烯浓度低。在此后的装置检修期间，发现该过热器有63根列管出现严重泄漏，估计泄漏量达到15%以上。

一般苯乙烯生产工艺中，脱氢反应物的冷却采用卧式三联换热器，其中第一级换热器(即乙苯过热器)温差最大，如果出现冷流体流量急剧变化、列管膨胀量增大、局部受阻不能自由膨胀等问题，容易将管束拉断，造成泄漏。

6.6.3 呼吸阀聚合堵塞，苯乙烯储罐抽瘪变形

(1) 事故经过

某装置苯乙烯储罐外送苯乙烯期间，操作工启动泵向外送料。苯乙烯罐液位开始下降，约2h后，操作工到现场巡检，听到储罐处有吱吱声响，随后观察到苯乙烯罐已严重变形，立即停泵，打开该罐防爆孔。

(2) 原因分析

① 因苯乙烯在呼吸阀处长期积聚，聚合物堵塞呼吸阀，送料过程中罐内压力逐渐降低，氮气不能通过呼吸阀补充到罐内，造成罐内真空度越来越高，最终导致大罐变形受损。

② 操作工未及时发现异常。该罐用单法兰压差表测量液位，送料后，因其真空度不断增大，液位表显示液位下降比正常时快，操作工未能从这一异常现象中判断出储罐处于危险状况，错过了补救处理时间。

6.6.4 空气泄漏引起火灾事故

（1）事故经过

某苯乙烯装置开工10个月后发现第二脱氢反应器与过热器之间的部位出现大面积裂缝，使空气泄漏进第二脱氢反应器，在系统切到正压操作时火焰喷出，引起火灾事故，持续的大火几乎使装置报废。

（2）事故原因

从尾气流量和组成看，在事故之前数小时出现了大面积空气泄漏，但因操作人员还不知道泄漏点的具体位置，于是准备将系统切到正压，然后根据需要来停乙苯进料。当系统到正压时，泄漏处开始喷出火焰。在乙苯进料切断之前，反应器四周已开裂，下部配件脱落，在随后的紧急处理期间，操作人员误开了一个蒸汽阀门，使得蒸汽携带乙苯蒸气流到着火点，引发了更为严重的火灾事故，整个装置已变成了废墟。

（3）事故教训

① 少量空气泄漏也应高度重视，判断少量空气泄漏的方法是看温度变化、是否有高报点、检查尾气中氮气组成的变化、检查反应器内部是否有氧化物生成等。如果不及时处理，少量空气泄漏就会酿成大的火灾事故。

② 装置工艺和有关设备设计应不断改进，设备应定期检测，提高系统本质安全性。

③ 紧急处理程序应科学，操作应合理。如估计到反应器可能进氧，应在升压之前首先切断乙苯进料，然后才允许升至正压，这样即使火焰喷出也不会持久，火焰也容易控制。

④ 提高操作人员素质，紧急时候绝不能出现误操作而引起更大的事故。

6.6.5 主冷凝器严重堵塞

（1）事故经过

某苯乙烯装置发现主冷凝器被聚合物堵塞，压降增加一倍。在此之前的脱氢反应温度都是630℃，水比为1.65（质量比），转化率为65%～75%，急冷器（脱过热器或增湿降温器）水的加入量为2.3t/h。

对装置停车检查，打开主冷凝器发现堵塞严重。其中空冷器入口集合管堵塞30m（总长35m），管箱管束堵塞20组（总共24组），检修共清理出聚合物70m^3。

（2）聚合过程分析

① 经详细分析，这些聚合物含70%～75%的交联型聚合物，说明脱氢反应物中含有浓度较高的苯乙炔和二乙烯基苯。

② 正常情况下第二脱氢反应物料中苯乙炔的浓度为$(40\sim70)\times10^{-6}$，随着反应温度的升高和水比的降低，会导致苯乙炔浓度升高；乙苯进料中含二乙苯量过高（正常情况下小于10×10^{-6}），二乙苯脱氢反应后生成二乙烯基苯，二乙烯基苯在液相中会自聚或与苯乙烯共聚，快速生成苯不溶性聚合物，从而引起严重的聚合物堵塞。

6.6.6 泵密封液过量影响薄膜蒸发器和苯乙烯精馏塔操作

（1）事故经过

某苯乙烯装置精馏单元苯乙烯塔釜泵切换5min后，薄膜蒸发器液位超高，约12min后苯乙烯塔塔釜液位也超高，造成的直接后果是该塔液位无法控制，被迫将塔釜物料排往废油罐，不仅影响了产品产量，而且还造成物耗、能耗上升。

（2）原因分析

DCS 显示该塔所有工艺参数全部正常，塔釜泵采出流量也正常。现场检查发现，新投用的塔釜泵密封液加多了。

因过多的密封液进入泵体，造成塔釜物料采出量减少、薄膜蒸发器进料黏度减小，大量的苯乙烯不能被蒸发。精馏塔塔釜物料采出量减少，致使其塔釜液位超高，最终影响了生产。

第 7 章　苯乙烯装置的安全、环保与节能降耗

7.1　苯乙烯装置的安全

苯乙烯装置为典型的化工生产装置，具有高温、高压等特点，所处理的物料主要有苯、甲苯、乙苯、多乙苯、乙烯、残油、苯乙烯、焦油等，这些物料的闪点低，爆炸范围宽，在管道内流动易产生静电，静电接地不良易造成火灾爆炸事故。由于自身的特性，在生产过程中苯乙烯易发生自聚，给组织生产带来了困难。

苯乙烯装置内的大部分物料的蒸气比空气重，易积聚在现场低洼处，增加了危险性。生产设备均在减压或加压下操作，操作条件严格，稍有偏差，就会发生故障。

7.1.1　苯乙烯装置存在的主要工艺危险

（1）烷基化单元

烷基化单元生产乙苯的原料是乙烯和苯，二者均是易燃易爆物质；该单元采用高温高压的分子筛工艺，极易发生泄漏，易造成着火爆炸等重大事故。

（2）乙苯精馏单元

苯塔、乙苯塔、脱非芳塔在高温、高压操作下，极易发生泄漏，发生泄漏后，苯将发生汽化，在空气中形成爆炸性气体。

苯塔、乙苯塔的塔顶冷凝器实际上是废热锅炉，如果长期缺水，会造成因干锅引起的塔顶冷凝器爆炸事故，塔顶冷凝器缺水时会使苯塔、乙苯塔超压，而造成重大事故。

多乙苯塔为真空操作，如果密封不好，易使空气泄漏到塔中，形成爆炸性气体混合物。

（3）乙苯脱氢单元

蒸汽过热炉使用燃料气和脱氢尾气作燃料，如果点火时可燃物含量量超过其爆炸极限，就会发生严重的爆炸事故。过热炉操作不当，会发生烧毁炉管、炉墙倒塌等事故，这些事故很可能还会引发其他更大的事故。

蒸汽过热炉的温度超过 1000℃，属于明火操作，且周围设备较多，这些设备发生泄漏，极易发生着火爆炸事故。

脱氢反应器温度高达 640℃，并且在真空下操作，一旦发生泄漏，极有可能发生严重的着火爆炸事故。

当乙苯中二乙苯含量高时会引起脱氢单元严重聚合堵塞。

（4）苯乙烯精馏单元

粗苯乙烯塔、精苯乙烯塔均在真空下操作，如发生严重泄漏，空气大量进入粗苯乙烯塔、精苯乙烯塔，易发生爆炸事故。

苯乙烯精馏过程所用的阻聚剂毒性、渗透性极强。

苯乙烯在高温下易聚合，因此必须防止苯乙烯的聚合。

(5) 罐区

罐区储存着苯乙烯装置的原料、产品和中间产品，介质种类多，储存量大，且易燃易爆。如果罐区发生冒罐、泄漏、瘪罐、裂罐事故，易对装置造成毁灭性的影响，是装置内最大的危险源。

7.1.2 苯乙烯装置各区域的安全设施

在装置区域内，均有一定数量的安全设施，这些安全设施对于装置的安全起着重要作用。在控制室内有一定数量的空气呼吸器和灭火器，必要时让操作人员使用。

在危险场所内，根据各危险区域的类别等级，分别选用了不同类型的防爆电机、电力和照明及其他防爆电气设备。

在各区域内，干粉灭火器是一种主要的通用灭火器材，用于扑救石油及其产品、可燃气体、电器设备的初期火灾。干粉灭火器要注意防止受潮和日晒，严防漏气，定期检查。

安全阀和防爆膜是为防止设备超压而设置的，是保证设备安全的重要设施。

消防栓和消防水炮是装置内的主要消防设施，它为消防提供充足的灭火用水，冷却火源周围的设备，防止因高温而出现着火或爆炸。

为了检测装置内的泄漏，在各单元均安装了可燃气体报警器，当装置内发生泄漏或可燃气体超标时，就会触发装置内的可燃气体检测报警仪而发出报警信号，以便操作人员及时处理。

洗眼器是物料溅入眼睛时用于冲洗的个人防护器材。

除了压力表、温度计和液面计等以外，各单元的安全设施如下：

(1) 烷基化单元

在烷基化单元区域内的安全设施主要有干粉式灭火器、洗眼器、安全阀、安全联锁装置、消防栓和消防水炮、可燃气体检测报警仪等。

为保证该单元的安全平稳运行，在烷基化单元设置了安全联锁系统，当设备超压、超温或其他危险情况发生时，联锁装置就会启动，防止事故的发生。

(2) 乙苯精馏单元

在乙苯精馏单元区域内的安全设施主要有干粉式灭火器、洗眼器、安全阀、消防栓、可燃气体报警仪等。

(3) 乙苯脱氢单元

乙苯脱氢单元区域内的安全设施主要有干粉式灭火器、安全阀、防爆膜、安全联锁装置、可燃气体检测报警仪、氧含量检测报警仪、消防栓和消防水炮等。

为保证脱氢单元的安全平稳运行，在该单元设置了安全联锁系统，当设备超温或其他危险情况发生时，联锁装置就会启动，防止事故的发生。

当乙苯脱氢单元尾气中的氧含量超高时，将触发联锁，以保证装置的安全。

(4) 苯乙烯精馏单元

苯乙烯精馏单元区域内的安全设施主要有干粉式灭火器、安全阀、安全联锁装置、可燃气体检测报警仪、消防栓和消防水炮等。

(5) 罐区

罐区单元区域内的安全设施主要有干粉式灭火器、安全阀、呼吸阀、可燃气体检测报警仪、消防栓、消防水炮、防护堤、水喷淋装置、泡沫灭火系统等。

罐区单元是装置内原料、中间产品、产品的储存处，是易燃易爆物质最集中的地方，因此，为防止发生火灾时火灾事故的扩大，各储罐设置有喷淋水系统，发生火灾时用于储罐降温，各储罐均有泡沫灭火系统，用于扑灭火灾。

7.1.3 苯乙烯装置的安全注意事项

7.1.3.1 一般安全注意事项

① 操作人员应熟练掌握装置的工艺流程、温度、压力等工艺条件，熟悉设备的性能和操作方法。

② 操作人员应严格遵守操作规程和安全规程，坚守工作岗位，认真执行巡回检查制度，做到不串岗、不睡岗、不脱岗。

③ 装有物料的设备、管线不允许超温、超压、超负荷运行。储罐物料储存量不允许超过设备容积的85%。

④ 操作人员应了解装置内安全和消防设施的用途、设置位置、使用方法及注意事项。

⑤ 操作人员应经常检查转动设备的润滑情况，按时加油和换油，在加油时严格按照“三级过滤”的要求进行。

⑥ 在启动转动设备前，应详细检查和盘车，在盘车困难时不得连续启动和强行启动，待检查排除故障后再启动。

⑦ 检修前应切断机泵电源，电源开关要挂“禁动”牌，并将机泵内的物料倒空，确认合格后方可交出检修。

⑧ 设备、管线引入可燃物料之前必须用氮气进行置换，合格后方可接收物料。

⑨ 在收送物料的过程中，要认真核对流程，防止物料收送错误，在收送过程中，要认真检查储罐的液位压力等参数，防止发生冒罐或抽瘪的事故。

⑩ 对所管辖的设备(如管道、容器、机泵及附属部件)要严防发生跑、冒、滴、漏现象。

⑪ 严禁随便排放物料，如遇紧急状态需排放时，应采取安全保护措施。

⑫ 对容器进行切水操作时，切水应缓慢，操作人员不许离开切水现场，防止物料泄漏。

⑬ 废热锅炉中断水后，不得盲目向锅炉内加水，待检查允许后方可缓慢进水。

⑭ 需进入受限空间作业时，应按规定办理合格的进入受限空间作业票证，作业时必须设专人监护。不许在带压条件下进行设备、管线抽堵盲板的作业，对有毒有害物料管线抽堵盲板时，应有专人监护并戴好防毒面具，抽加盲板时应记录并设专人负责。

⑮ 当作业环境空气中有害气体浓度超标时，50m以内严禁动火，禁止各种机动车辆通行，禁止开停一切机器设备，并向有关部门领导汇报，及时查找原因，迅速处理，防止重大事故发生。

⑯ 在装置内严禁吸烟，不许带打火机、火柴及各种引火物进入生产岗位。

⑰ 不准穿有钉子的鞋进入装置内，操作人员应穿不产生静电的工作服，以防静电。

⑱ 在装置开停车过程中及正常生产中，维修使用的工具必须是不产生火花的工具。

⑲ 装置内地沟、地井、地坑、池的盖板要完好，不允许任意挪动，如果发现盖板损坏或者丢失应立即恢复。

⑳ 消防用具要放在固定位置，定时检查，不能移作它用。

㉑ 氮气管线与物料管线连接时，必须装设两道阀门，并在两道阀门中间加导淋阀，停用氮气后要关闭两阀门，并打开中间的导淋阀。空气管线与物料管线连接时，在用完后须及

时断开，防止发生互串。

㉒ 各种转动设备的转动部位应设防护罩，生产中不许任意取下，设备检修完，防护罩应恢复原状。

㉓ 禁止在设备运转时擦洗转动部位，以免发生事故。不允许用水或可燃性溶剂冲洗电机和电器设备。不准用汽油或物料擦洗工具、设备零件或衣帽等。

7.1.3.2 正常操作时的安全注意事项

鉴于装置自身安全隐患相对较多的特点，为保障生产和人身安全，操作人员除了要重视前述一般安全注意事项外，对各单元的特殊注意事项更应给予高度重视。

（1）烷基化单元

① 避免烷基化反应器、烷基转移反应器超温超压，严格控制反应器升、降温速度。

② 维持苯/烯比在设计条件下操作，防止因温升过高使催化剂失活。

③ 注意定期检查安全阀的操作状况，如果有泄漏现象，应及时进行校验。

④ 当反应器内压力达到规定值时，再开启烷基化液循环泵，防止因苯汽化损坏泵。

⑤ 控制各段床层的乙烯加入比例在设计范围内，防止因过度反应造成催化剂失活。

⑥ 在正常操作中，要经常检查各段床层的温升情况，掌握催化剂的失活速度。当发现催化剂失活较严重时，要及时查找原因并处理。

⑦ 烷基化单元的废热锅炉壳程与管程压差较大，定期检查烷基化单元的废热锅炉产生蒸汽中的有机物含量，了解换热器的泄漏状况。

（2）乙苯精馏单元

① 控制苯中的含水量，不合格时及时切换流程，避免引起烷基化催化剂失活。

② 控制乙苯中的二乙苯含量小于 10×10^{-6}，避免造成脱氢单元的聚合堵塞。

③ 严格控制多乙苯质量，避免多乙苯中夹带二苯乙烷等重组分引起烷基转移反应催化剂失活。

④ 密切关注预分馏塔、苯塔、脱非芳塔集水包的液位，及时将水排净，防止苯中的水含量超标。

⑤ 控制各废热锅炉液位在正常范围之内，防止因锅炉水供应中断使锅炉“干锅”。

⑥ 烷基化反应单元及乙苯精馏单元产生的蒸汽并网时，首先将管网的水排干净并且预热后方可并网，防止蒸汽带液造成乙苯蒸发器等设备操作失控。

⑦ 出现紧急停电、停风等事故时，都应及时切断各塔再沸器的蒸汽，防止设备超温超压或出现过低的压力。

⑧ 烷基化单元苯进料泵是高速泵，流量大，扬程高，易出故障；所输送的苯温度在正常沸点以上，一旦出现故障，泄漏出的苯将汽化，现场弥漫着大量的苯蒸气，极易发生爆炸事故，应对该泵的润滑油系统、密封系统及电机轴承进行定期监测。如果该系统出现泄漏，现场处理时，作业人员应佩戴空气呼吸器，防止发生窒息或中毒事故。

（3）脱氢单元

① 过热炉点火必须严格按照工艺规程操作，燃料气中氧含量、炉膛中可燃物含量分析合格后方可点火。注意保持燃料量、烟道抽力、炉膛氧含量合适，保持火焰正常燃烧，防止二次燃烧，禁止火焰直接接触炉管，燃料调整要平稳，调节燃料量时应密切注意检查炉子烧嘴的燃烧状况。

② 密切关注反应温度变化情况和尾气中的氧含量，一旦发现氧含量异常升高，应迅速

把尾气切出过热炉。如果反应系统升温异常，应按空气泄漏停车步骤紧急停车处理，防止事故发生。

③ 注意保持脱氢液/工艺冷凝液界面控制稳定，避免因界面控制不好，造成脱氢液严重带水或水中带有大量物料，避免因严重满罐使液体返串入锅炉反应系统。

④ 注意严格控制蒸汽过热炉及反应器的升降温速度，避免温度异常波动。

⑤ 防止苯乙烯精馏单元尾气和脱氢尾气带液进入蒸汽过热炉或含氧量较高而进炉，发现异常情况立即将尾气切出过热炉。

⑥ 操作中应注意影响催化剂活性和寿命的因素，如反应温度波动、反应器进水或乙苯中 Cl^-、二乙苯含量高、水比不足等。

⑦ 蒸汽过热炉有明火，禁止在附近乱排乱放，以免引起火灾爆炸事故。

⑧ 避免乙苯/蒸汽过热器、低压废热锅炉及低低压废热锅炉管线积液，严格控制急冷器喷水量。

⑨ 如果尾气压缩机发生报警，必须到现场确认处理。

⑩ 定期检查尾气压缩机的密封氮气(密封水)系统和润滑油系统的运行情况。发现润滑油进水较多时应立即停下尾气压缩机，查明润滑油中进水的原因。

⑪ 尾气压缩机意外停车后应及时盘车，防止转子被聚合物粘住，以便尽快恢复开车。

⑫ 密切监视尾气密封罐液位，确保溢流水正常，避免因密封罐水封不够造成大量空气进入尾气系统引起事故。

(4) 苯乙烯精馏单元

① 出现紧急停电、停风等事故时，都应及时切断各塔再沸器的蒸汽和控制好进系统的氮气阀门，防止设备超温超压或出现过低的负压。

② 精馏阻聚剂及其溶液毒性很大，该岗位的操作人员必须配戴齐全劳动保护用品，防止吸入阻聚剂粉尘或尘雾，避免皮肤与其接触。

③ 必须保证精馏阻聚剂和 TBC 的加入量，控制深冷水的温度在规定值，防止苯乙烯在塔内、管线内或储罐内聚合引起产品质量不合格或聚合堵塞。

(5) 罐区

① 严格遵守操作规程，各罐液位必须小于 85%，防止发生冒罐事故。

② 定期检查储罐呼吸阀、补氮气自力式调节阀、压力表、温度表等安全设施，确保好用，避免发生储罐负压抽瘪或超压破裂事故。

③ 罐区切水时，操作人员必须一直盯在切水现场，杜绝跑料。要及时排净脱氢液罐、不合格乙苯罐的水，以免物料带水导致精馏单元操作混乱。

④ 密切关注物料平衡，避免储罐跑料、串料等事故发生。

⑤ 外送苯乙烯时，开泵后要检查外送苯乙烯的流量，确认苯乙烯送出后再离开现场，送完苯乙烯后应与调度联系，用氮气吹扫管线，避免苯乙烯管线聚合堵塞。

⑥ 接收完苯后应及时用氮气吹扫管线，防止冬季苯管线冻堵。

7.1.3.3 大检修时的安全注意事项

许多事故是由于设备检修准备工作不足、检修时违规操作或在检修后试运行时违反安全规程发生的，为防止检修期间事故的发生，必须注意以下事项：

① 检修前要确定设备和管线的检修负责人，落实预定的安全措施和具体实施方案。

② 设备及管线检修时，设备和管线中的物料必须彻底排净；切断与其他管线的联系并

加堵盲板；对设备及管线进行彻底清洗、吹扫、置换；分析检修设备中的可燃气和有毒气体含量。

③ 加装盲板较多时必须画出盲板分布图，在安装盲板的地方还应有明显的标志，安装及拆除盲板时，必须有专职负责人在现场监督和确认，以避免加错、漏加、漏拆盲板等事故隐患。

④ 设备和管线内的物料倒空并加装盲板后，应该切断电源，并且在配电室悬挂“禁止合闸－正在检修”的警告牌，严禁对带电设备或正运转的设备进行检修。

⑤ 检修时，动火和喷漆、清洗和打砂等作业不能同时进行，否则会导致着火爆炸。

⑥ 动火前，设备及管线内的可燃物分析必须符合要求，分析合格方可允许动火，监火人必须密切监视好整个动火过程并能及时消除异常情况，确保动火安全。

⑦ 待检修的换热器在打开之前，应倒空、排净其中的物料，然后用氮气或蒸汽吹扫并与其他设备切断。开始检修作业前，换热器的管程和壳程要再用氮气或蒸汽吹扫一次，正在吹扫的换热器对面不能有人从事任何工作。

⑧ 检修机泵设备时，拆卸和组装工作要用起重和专用设备进行；零部件要仔细探伤检查；零件的修复要合格；零部件的装配要符合检修技术要求；检修后按规定试车和启动。

⑨ 检修储罐时，必须完全倒空罐内物料，切断与之相连的一切管线，装上盲板，清洗吹扫，在罐内有毒气体及氧气含量分析合格后才能进行检查或检修。

7.1.3.4　现场作业(受限空间作业)时的安全注意事项

“受限空间”是指所属管理区域内炉、塔、釜、罐、仓、槽车、管道、烟道、隧道、下水道、沟、井、池、涵洞、裙座等进出口受限，通风不良，存在有毒有害风险，可能对进入人员的身体健康和生命安全构成危害的封闭、半封闭设施及场所。

受限空间作业时的安全注意事项如下：

① 进入受限空间作业单位的安全负责人必须持施工任务单到受限空间所属单位办理相应等级的《进入受限空间作业许可证》，并做好受限空间的安全分析。

② 进入受限空间作业化验分析标准为：可燃气体爆炸下限大于4%时，其被测物浓度不大于0.5%为合格；爆炸下限小于4%时，其被测物浓度不大于0.2%为合格；氧气含量19.5%～23.5%为合格；有毒有害物质不超过国家规定的《工作场所有害因素职业接触限值　化学有害因素》(GBZ 2.1—2007)最高容许浓度指标。

③ 应对现场监护人和作业人员进行必要的安全教育，内容应包括所从事作业的安全知识、紧急情况下的处理和救护方法等。

④ 根据需要制定安全应急预案，内容包括作业人员紧急状况时的逃生路线和救护方法，监护人与作业人员约定联络信号，现场应配备的救生设施和灭火器材等。

⑤ 进入受限空间作业实行“三不进入”制度，受限空间状况改变时，作业人员应立即撤出现场，同时为防止人员误入，在受限空间入口处应设置“危险！严禁入内”警示牌或采取其他封闭措施。处理后必须重新办理《进入受限空间作业许可证》方可进入。

⑥ 在进入受限空间作业前，应将受限空间吹扫、蒸煮、置换合格，所有与其相连且可能存在的可燃可爆、有毒有害物料的管线、阀门必须加符合规定要求的盲板隔离，不得以关闭阀门代替安装盲板，盲板处应挂牌标示。

⑦ 为保证受限空间内空气流通和人员呼吸需要，可采用自然通风，必要时采取强制通风，严禁向内充氧气。进入受限空间内的作业人员每次工作时间不宜过长，应安排轮换作业

或休息。

⑧ 带有搅拌器等转动部件的设备，必须在停机后切断电源，摘除保险或挂接地线，采取可靠锁定措施，并在开关上挂“有人工作、严禁合闸”警示牌，必要时派专人监护。

⑨ 进入受限空间作业必须使用安全电压和安全行灯。

⑩ 进入受限空间作业，不得使用卷扬机、吊车等运送作业人员，作业人员所带的工具、材料必须进行登记，禁止与作业无关的人员和物品工具进入受限空间。

⑪ 在特殊情况下（如油罐清罐、氮气状态下），作业人员可戴长管面具、空气呼吸器等。使用供风式面具时，供风设备必须安排专人监护。

⑫ 进入受限空间作业期间，严禁同时进行各类与该受限空间作业有关的试车、试压或试验工作。

⑬ 发生有人中毒、窒息的紧急情况，抢救人员必须佩戴隔离式防护面具进入受限空间，并至少有1人在外部做联络工作。

⑭ 作业停工期间，应防止人员误进，在受限空间的入口处设置“危险！严禁入内”警示牌或采取其他封闭措施。作业结束后，应对受限空间进行全面检查，确认无误后，施工单位和生产单位双方签字验收。

⑮ 在作业期间发生异常变化，必须立即停止作业，待处理并达到安全作业条件后，方可再进入受限空间作业。

7.2 化学危险品的危害及防护

苯乙烯装置的有毒有害物质主要有苯、甲苯、乙苯、多乙苯、乙烯、残油、苯乙烯、脱氢催化剂、焦油、DNBP、TBC等，长期或者大量接触这些有害物质，会对人体造成不良影响。

7.2.1 化学品的使用

装置中的物料毒性均很强，其中苯属于剧毒物质，在空气中易挥发，对人的血液系统及神经均有毒害作用，是强致癌物。在操作过程中，应注意以下事项：

① 在日常的操作中，避免将苯类物质直接排放到环境中，在维修机泵及装置异常时，需将物料通过密闭系统排放和回收。

② 如果有物料泄漏到地面上，必须立即用大量的水冲洗干净，防止发生苯系物的扩散。

③ 在清理过滤器过程中，应戴好橡胶手套、防护口罩，防止物料与皮肤接触，接触后立即用大量的水冲洗，进入眼睛时，还应去医院治疗。

④ 苯类物质的蒸气与空气混合能够形成爆炸性混合气体，在发生泄漏时要防止发生爆炸事故。

在苯乙烯储存过程中使用的TBC具有很强的氧化性，如果溅到皮肤上，会造成皮肤灼伤，在配制及使用TBC的过程中，应穿戴好手套、护目镜等防护用品，如果溅到皮肤上，立即用流水或乙醇冲洗。

在苯乙烯精馏过程中使用的阻聚剂均具有很强的渗透性，如果沾到皮肤上，会在皮肤上形成斑痕，并且经过长时间才能消退。如果落到地面上，将会随污水进入污水处理场，极易发生环保事故。在阻聚剂配制及使用过程中，应穿戴好手套、护目镜等防护用品，阻聚剂配制区应加围堰保护，防止含阻聚剂的废水泄漏到其他的区域。

在脱氢过程中使用的脱氢催化剂具有碱性，如果接触到皮肤，会造成皮肤的灼伤，在催化剂的装填过程中，易生成粉尘。在催化剂的装填、卸出过程中，必须戴护目镜、防尘口罩，并且穿连体衣。

7.2.2 化学品的防护与急救

（1）苯

① 苯对人体健康的危害。苯侵入人体的主要途径是吸入、食入、经皮肤吸收。

高浓度苯对中枢神经系统有麻醉作用，引起急性中毒；长期接触苯对造血系统有损害，引起慢性中毒。

急性中毒：轻者有头痛、头晕、恶心、呕吐、轻度兴奋、步态蹒跚等酒醉状态；严重者发生昏迷、抽搐、血压下降，以致呼吸和血液循环系统衰竭。

慢性中毒：主要表现有神经衰弱综合征；造血系统改变；白细胞、血小板减少，重者出现再生障碍性贫血；少数病例在慢性中毒后可发生白血病。对皮肤的损害有脱脂、干燥、皲裂、皮炎等。

② 急救措施。

皮肤接触：脱去被污染的衣服，用肥皂水和清水彻底冲洗皮肤。

眼睛接触：提起眼睑，用流动清水或生理盐水冲洗，到医院做进一步处理。

吸入：迅速脱离现场至空气新鲜处。保持呼吸道通畅。如呼吸困难，应进行输氧。如呼吸停止，立即进行人工呼吸。

③ 预防(防护)措施。苯的短时间接触容许浓度为 $10mg/m^3$。生产过程要密闭，加强通风。提供安全淋浴和洗眼设备。

呼吸系统防护：空气中浓度超标时，佩戴自吸过滤式防毒面具(半面罩)。在紧急事故状态下抢救或撤离时，应该佩戴空气呼吸器或氧气呼吸器。

眼睛防护：戴化学安全防护眼镜。

身体防护：穿防毒物渗透工作服。

手防护：戴橡胶手套。

生产现场禁止吸烟、进食和饮水；工作完毕后，淋浴更衣；实行就业前和定期的体检。

④ 消防措施。苯易燃，其蒸气与空气可形成爆炸性混合物。遇明火、高热极易燃烧爆炸。与氧化剂能发生剧烈反应。易产生和聚集静电，有燃烧爆炸危险。其蒸气比空气重，能在较低处扩散到相当远的地方，遇明火会引燃。

灭火方法：喷水冷却容器，可能的话将容器从火场移至空旷处。处在火场中的容器若已变色或安全泄压装置中产生声音，必须马上撤离。

可用的灭火剂：泡沫、干粉、二氧化碳、砂土。

⑤ 泄漏(应急)处理。迅速撤离泄漏污染区的人员至安全区，并进行隔离，严格限制出入。切断火源。应急处理人员应佩戴自给正压式呼吸器，穿防毒服。尽可能切断泄漏源，防止进入下水道、排洪沟等限制性空间。

小量泄漏：用活性炭或其他惰性材料吸收。也可以用不燃性分散剂制成乳液刷洗，洗液稀释后排入废水系统。

大量泄漏：构筑围堤或挖坑收容；用泡沫覆盖，降低灾害。喷雾状水冷却和稀释苯蒸气，保护现场人员，把泄漏物稀释成不燃物。用防爆泵转移至槽车或专用收集器内，回收或运至废物处理场所处置。

⑥ 储运注意事项。储存于阴凉的储罐内，远离火种、热源，罐内温度不宜超过30℃，防止阳光直射，保持容器密封，应与氧化剂分开存放。配备相应品种和数量的消防器材，要有防火防爆技术措施，禁止使用易产生火花的机械设备和工具。灌装时应注意流速(不超过3m/s)，且有接地装置，防止静电积聚。搬运时要轻装轻卸，防止包装及容器损坏。

(2) 甲苯

① 甲苯对人体健康的危害。甲苯对环境有严重危害，对空气、水环境及水源可造成污染。甲苯侵入人体途径主要是吸入、食入、经皮肤吸收。甲苯对皮肤、黏膜有刺激性，对中枢神经系统有麻醉作用。

急性中毒：短时间内吸入较高浓度的甲苯可出现眼及上呼吸道明显的刺激症状、眼结膜及咽部充血、头晕、头痛、恶心、呕吐、胸闷、四肢无力、步态蹒跚、意识模糊。重症者可有躁动、抽搐、昏迷。

慢性中毒：长期接触可引发神经衰弱综合征、肝肿大、女工月经异常等。导致皮肤干燥、皲裂、皮炎等。

② 急救措施。

皮肤接触甲苯时要脱去被污染的衣服，用肥皂水和清水彻底冲洗皮肤。

眼睛接触甲苯时要提起眼睑，用流动清水或生理盐水冲洗。

吸入甲苯时要迅速脱离现场至空气新鲜处，保持呼吸道通畅。如呼吸困难，应进行输氧。如呼吸停止，立即进行人工呼吸。

误食入甲苯时要饮足量温水，催吐，就医。

③ 预防(防护)措施。甲苯的短时间接触容许浓度为100mg/m^3。生产过程要密闭，加强通风。

呼吸系统防护：空气中浓度超标时，佩戴自吸过滤式防毒面具(半面罩)，在紧急事故状态下抢救或撤离时，应该佩戴空气呼吸器或氧气呼吸器。

眼睛防护：戴化学安全防护眼镜。

身体防护：穿防毒物渗透工作服。

手防护：戴乳胶手套。

工作现场禁止吸烟、进食和饮水。工作完毕后，淋浴更衣，保持良好的卫生习惯。

④ 消防措施。甲苯易燃，其蒸气与空气可形成爆炸性混合物。遇明火、高热能引起燃烧爆炸。与氧化剂能发生强烈反应。流速过快，容易产生和积聚静电。其蒸气比空气重，能在较低处扩散到相当远的地方，遇明火会引燃。

灭火方法：喷水冷却容器，可能的话将容器从火场移至空旷处。处在火场中的容器若已变色或安全泄压装置中产生声音，必须马上撤离。

可用的灭火剂：泡沫、干粉、二氧化碳、砂土。

⑤ 泄漏(应急)处理。甲苯泄漏时，要迅速撤离泄漏污染区的人员至安全区，并进行隔离，严格限制出入，切断火源。建议应急处理人员戴自给正压式呼吸器，穿消防防护服。尽可能切断泄漏源，防止进入下水道、排洪沟等限制性空间。

小量泄漏：用活性炭或其他惰性材料吸收，也可以用不燃性分散剂制成的乳液刷洗，洗液稀释后排入废水系统。

大量泄漏：构筑围堤或挖坑收容；用泡沫覆盖，降低灾害。用防爆泵转移至槽车或专用收集器内，回收或运至废物处理场所处置。

⑥ 储运注意事项。甲苯储于阴凉的储罐内，远离火种、热源，罐内温度不宜超过30℃，防止阳光直射，保持容器密封。应与氧化剂分开存放，配备相应品种和数量的消防器材。要有防火防爆技术措施，禁止使用易产生火花的机械设备和工具。灌装时应注意流速(不超过3m/s)，且有接地装置，防止静电积聚。搬运时要轻装轻卸，防止包装及容器损坏。

(3) 苯乙烯

① 苯乙烯对人体健康的危害。苯乙烯易形成有催化聚合作用的过氧化物，热、光及强酸能促使其聚合。某些污染物能使苯乙烯以爆发性的速度聚合。苯乙烯对环境有严重危害，对水体、土壤和大气可造成污染。

苯乙烯侵入人体途径主要是吸入、食入和经皮肤吸收。苯乙烯对眼和上呼吸道黏膜有刺激和麻醉作用，它是可疑致癌物。

急性中毒：高浓度时，立即引起眼及上呼吸道黏膜的刺激，出现眼痛、流泪、流涕、打喷嚏、咽痛、咳嗽等，继之头痛、头晕、恶心、呕吐、全身乏力等；严重者可有眩晕、步态蹒跚等症状。眼部受苯乙烯液体污染时，可致灼伤。

慢性影响：常致神经衰弱综合征，有头痛、乏力、恶心、食欲减退、腹胀、忧郁、健忘、指颤等症状。对呼吸道有刺激作用，长期接触有时引起阻塞性肺部病变、皮肤粗糙、皲裂和增厚。

② 急救措施。皮肤接触苯乙烯后，要脱去污染的衣服，用肥皂水和清水彻底冲洗皮肤。

眼睛接触苯乙烯后，要立即提起眼睑，用大量流动清水或生理盐水彻底冲洗至少15min。

吸入苯乙烯后，要迅速脱离现场至空气新鲜处。保持呼吸道畅通。如呼吸困难，应进行输氧。

如呼吸停止，立即进行人工呼吸。

误食入本品后，要饮足量温水，催吐。

③ 预防(防护)措施。苯乙烯的短时间接触容许浓度为100mg/m^3。苯乙烯生产过程要密闭，加强通风。

呼吸系统防护：空气中浓度超标时，建议佩戴过滤式防毒面具(半面罩)。在紧急事故状态下抢救或撤离时，建议佩戴隔离式呼吸器。

眼睛防护：一般不需要特殊防护，高浓度接触时可戴化学安全防护眼镜。

身体防护：穿防毒物渗透工作服。

手防护：戴橡胶耐油手套。

其他防护：工作现场严禁吸烟、进食和饮水。工作完结，淋浴更衣，保持良好的卫生习惯。

操作中注意事项：操作人员必须经过专门培训，严格遵守操作规程；使用防爆型的设备；防止蒸气泄漏到工作场所空气中；避免与氧化剂、酸类接触。灌装时应控制流速，且有接地装置，防止静电积聚。搬运时要轻装轻卸，防止包装及容器损坏。配备相应品种和数量的消防器材及泄漏应急处理设备。

④ 消防措施。苯乙烯易燃，其蒸气与空气可形成爆炸性混合物，遇明火、高热或与氧化剂接触，有引起燃烧爆炸的危险。遇酸性催化剂如路易斯催化剂、齐格勒催化剂、硫酸、氯化铁、氯化铝等都能产生猛烈聚合，放出大量热量。其蒸气比空气重，能在较低处扩散到

相当远的地方，遇火源会着火。

灭火方法：尽可能将容器从火场移至空旷处。喷水将火场内的容器冷却降温，直至灭火结束。

可用的灭火剂：泡沫、干粉、二氧化碳、砂土。遇大火时，消防人员须在有防护的掩蔽处操作。

⑤ 泄漏(应急)处理。苯乙烯泄漏时，迅速撤离泄漏污染区的人员至安全区，并进行隔离，严格限制出入，切断火源。建议应急处理人员戴自给正压式呼吸器，穿防毒服。尽可能切断泄漏源。防止进入下水道、排洪沟等限制性空间。

小量泄漏：用活性炭或其他惰性材料吸收，也可以用不燃性分散剂制成的乳液刷洗，洗液稀释后排入废水系统。

大量泄漏：构筑围堤或挖坑收容，用泡沫覆盖，降低灾害。用防爆泵转移至槽车或专用收集器内，回收或运至废物处理场所处置。

⑥ 储运注意事项。苯乙烯商品通常加有阻聚剂，储存于阴凉、通风的库房。远离火种、热源。应与氧化剂、酸类分开存放，切忌混储，不宜大量储存或久存，配备相应品种和数量的消防器材。灌装时应注意流速(不超过3m/s)，且有接地装置，防止静电积聚。搬运时要轻装轻卸，防止包装及容器损坏。

运输车辆应配备相应品种和数量的消防器材及泄漏应急处理设备，夏季最好早、晚运输。运输时所用的槽(罐)车应有接地线，槽内可设隔板以减少因震荡产生的静电。严禁与氧化剂、酸类等混装混运。运输途中应防曝晒、雨淋，防高温。中途停留时应远离火种、热源、高温区。装运该物品的车辆排气管必须配备阻火装置，禁止使用易产生火花的机械设备和工具装卸。公路运输时要按规定路线行驶，勿在居民区和人口稠密区停留；铁路运输时要禁止溜放；严禁用木船、水泥船散装运输。

(4) 乙苯

① 乙苯对人体健康的危害。

侵入途径：吸入、食入、皮肤及眼睛接触。

健康危害：乙苯可导致肾病、肝病、慢性呼吸系统疾病、皮肤病；乙苯可刺激眼睛和黏膜，引起头痛、皮炎、麻醉、昏迷；乙苯是脱脂剂，可伤害肺功能，加重肺病。

② 急救措施。

眼接触：用大量清水冲洗。

皮肤接触：用大量清水冲洗患处。

吸入：立刻将患者移至新鲜空气处，进行人工呼吸。

食入：误服后，立刻就医。

③ 预防(防护)措施。乙苯的短时间接触容许浓度为150mg/m^3。穿适当防护服，戴护目镜；选用适当呼吸器；重点防护眼睛、上呼吸道、皮肤及中枢神经系统，并定期对其检查。

④ 消防措施。可用的灭火剂有干粉、泡沫或二氧化碳灭火剂；用水冷却容器，以免爆炸。

⑤ 泄漏(应急)处理。须穿戴防护用具进入现场；排除一切火情隐患；使用蛭石、干砂或其他吸附剂吸附泄漏物，然后铲起放入专用的容器内。

⑥ 储运注意事项。须贴“易燃液体”标签。

(5) 二乙基苯

① 二乙基苯对人体健康的危害。

侵入途径：吸入、食入、经皮肤吸收。

健康危害：蒸汽或雾对眼、黏膜和上呼吸道有刺激性。对皮肤有刺激性。动物实验观察到急性中毒有麻醉作用和神经肌肉兴奋性增强。

② 急救措施。

皮肤接触：脱去被污染的衣着，用肥皂水和清水彻底冲洗皮肤。

眼睛接触：提起眼睑，用流动清水或生理盐水冲洗。

吸入：迅速脱离现场至空气新鲜处，保持呼吸道通畅，如呼吸困难，应进行输氧。如呼吸停止，立即进行人工呼吸。

食入：饮足量温水，催吐，就医。

③ 预防措施。二乙苯的时间加权平均容许浓度为 $50mg/m^3$。

呼吸系统防护：空气中浓度超标时，佩戴过滤式防毒面具(半面罩)。在紧急事故状态下抢救或撤离时，建议佩戴自给式呼吸器。

眼睛防护：戴化学安全防护眼镜。

身体防护：穿防毒物渗透工作服。

手防护：戴橡胶手套。

其他：工作现场禁止吸烟、进食和饮水。工作完毕后，淋浴更衣，保持良好的卫生习惯。

④ 消防措施。

危险特性：易燃，遇明火、高热或与氧化剂接触，有引起燃烧爆炸的危险。

灭火方法：喷水冷却容器，如果可能，将容器从火场移至空旷处。

可用的灭火剂：泡沫、二氧化碳、干粉、砂土。

⑤ 泄漏应急处理。迅速撤离泄漏污染区的人员至安全区，并进行隔离，严格限制出入。切断火源。建议应急处理人员戴自给正压式呼吸器，穿消防防护服。不要直接接触泄漏物。尽可能切断泄漏源，防止进入下水道、排洪沟等限制性空间。

小量泄漏：用砂土或其他不燃材料吸附或吸收，也可以用不燃性分散剂制成的乳液刷洗，洗液稀释后排入废水系统。

大量泄漏：构筑围堤或挖坑收容；用泡沫覆盖，降低灾害。用防爆泵转移至槽车或专用收集器内，回收或运至废物处理场所处置。

⑥ 储运注意事项。储存于阴凉、通风仓库内、远离火种、热源，防止阳光直射；保持容器密封，应与氧化剂分开存放。配备相应品种和数量的消防器材，要有防火防爆技术措施。禁止使用易产生火花的机械设备和工具。灌装时应注意流速(不超过3m/s)，且有接地装置，防止静电积聚。搬运时要轻装轻卸，防止包装及容器损坏。

(6) 乙烯

① 对人体健康的危害。

乙烯侵入途径：主要是吸入，具有较强的麻醉作用。

急性中毒：吸入高浓度乙烯可立即引起意识丧失，无明显的兴奋期，但吸入新鲜空气后，可很快苏醒。对眼及呼吸道黏膜有轻微刺激性。液态乙烯可致皮肤冻伤。

慢性中毒：长期接触，可引起头昏、全身不适、乏力、思维不集中，个别人有胃肠道功能紊乱症状。

② 急救措施。皮肤和眼睛接触乙烯时，若有冻伤，就医治疗。一般情况下不需要特殊处理。

吸入乙烯时，迅速脱离现场至空气新鲜处，保持呼吸道通畅。如呼吸困难，应进行输氧。如呼吸停止，立即进行人工呼吸并就医。

③ 预防(防护)措施。我国未制定空气中乙烯的最高容许浓度。

呼吸系统防护：一般不需要特殊防护，高浓度接触时可佩戴自吸过滤式防毒面具。

眼睛防护：一般不需要特殊防护。必要时，戴化学安全防护眼镜。

身体防护：穿防静电工作服。

手防护：戴一般作业防护手套。

工作现场禁止吸烟，避免长期反复接触。进入罐、限制性空间或其他高浓度区作业，须有人监护。

④ 消防措施。乙烯易燃，与空气混合能形成爆炸性混合物；与明火、高热或氧化剂接触，有引起燃烧爆炸的危险；与氟、氯等接触会发生剧烈的化学反应。

灭火方法：切断气源。若不能立即切断气源，则不允许熄灭正在燃烧的气体。喷水冷却容器，如果可能，将容器从火场移至空旷处。

可用的灭火剂：雾状水、泡沫、二氧化碳、干粉。

⑤ 泄漏(应急)处理。乙烯泄漏时，要迅速撤离泄漏污染区人员至上风处，并进行隔离，严格限制出入，切断火源。建议应急处理人员戴自给正压式呼吸器，穿消防防护服，尽可能切断泄漏源，合理通风，加速扩散。

⑥ 储运注意事项。乙烯是易燃压缩气体，应与氧气、压缩空气、氧化剂等分开存放，配备相应品种和数量的消防器材。露天储罐夏季要有降温措施，禁止使用易产生火花的机械设备和工具。搬运时要轻装轻卸，防止钢瓶及附件损坏。

采用钢瓶运输时必须戴好钢瓶上的安全帽。钢瓶一般平放，并应将瓶口朝同一方向，不可交叉；高度不得超过车辆的防护拦板，并用三角木垫卡牢，防止滚动。夏季应早、晚运输，防止日光曝晒。中途停留时应远离火种、热源。公路运输时要按规定路线行驶，勿在居民区和人口稠密区停留。

(7) 2，4－二硝基苯酚

① 对人体健康的危害。2，4－二硝基苯酚属剧毒类，主要作用于能量代谢，刺激氧化过程，以致出现高热及代谢亢进，进一步可造成肝、肾及中枢神经系统损害和白内障。

中毒症状，轻度中毒能引起头痛、疲倦、出汗、耳鸣、舌发硬、呕吐、腹泻、食欲不振，体温能上升到38℃。中等程度中毒时会感到特别口渴，剧烈盗汗，因胸部痉挛而呼吸紧迫，脉搏加快，不安，神智不清，有时呼吸停止，体温能上升到39℃。严重时则口唇紫绀，脉搏120～130次，除体温上升到40℃以上外，还有瞳孔散大、恐怖感、痉挛、昏睡等症状。

② 急救和防护措施。立即脱离现场，转移至新鲜空气处，立即脱去被污染的衣物，用大量的清水冲洗皮肤。溅入眼内者，立即用生理盐水彻底冲洗至少15min。

接触人员应穿戴好防护用具，避免皮肤直接接触；溅到皮肤上应及时用肥皂水冲洗。现场应备有安全淋浴器和眼睛冲洗器，现场要保持通风良好。

7.3 环 保

7.3.1 废气处理

7.3.1.1 废气产生部位

在苯乙烯的生产过程中，由于工艺的需要，在装置的不同部位都会产生一定的废气，废气的主要来源有：脱非芳塔塔顶回流罐的不凝气；乙苯塔塔顶回流罐的不凝气；蒸汽过热炉烟道气；精馏塔真空泵密封罐尾气；乙苯回收塔回流罐尾气；苯/甲苯塔尾气；TBC 溶解罐和阻聚剂溶解罐的密封气。

在装置的开停车过程中，对装置内的设备进行倒空置换时都会产生大量废气，这些废气如果直接排入大气，会对环境造成严重的污染。

7.3.1.2 废气处理措施

对于苯乙烯装置内的废气，一般是通过直接燃烧法和回收法进行处理，主要的废气处理措施如下：

① 脱非芳塔塔顶回流罐中排出少量的甲烷、乙烷等不凝气，进入火炬系统。

② 乙苯塔塔顶回流罐排出的极少量含烃类物质的不凝气和密封氮气也进入火炬系统。

③ 蒸汽过热炉的燃料为燃料气，排放的烟气中所含大气污染物主要是 NO_x，采用烟囱高空排放的处理方法。装置规模不同，烟气的排放量也不相同，例如国内某 80kt/a 苯乙烯装置的烟气排放量为 15t/h，排放标准执行《GB 9078—1996 工业炉窑大气污染物排放标准》，三类区要求烟尘浓度小于 $300mg/m^3$。

④ 精馏塔真空系统的尾气通过密封罐后排到蒸汽过热炉作为燃料。

⑤ 乙苯回收塔、苯/甲苯塔尾气排至火炬烧掉。

⑥ 加强管理，减少因设备“跑、冒、滴、漏”而泄漏到大气中的挥发性气体。

7.3.2 废水处理

7.3.2.1 废水产生部位

在苯乙烯的生产过程中，由于工艺的需要，在装置的不同部位都会产生一定的废水，产生废水的主要部位如下：

① 装置回流罐分水包中排出的含苯污水；

② 储罐切水时，排出的含苯污水；

③ 尾气密封罐保证密封效果，有一定的溢流水；

④ 汽提塔及工艺水处理器出口过滤器的反冲洗水；

⑤ 废热锅炉的正常排污；

⑥ 设备及地面冲洗水；

⑦ 初期污染雨水。

7.3.2.2 废水处理措施

在苯乙烯装置废水的处理过程中，最重要的是控制装置内的污染源，少排或不排废水，降低废水处理系统的负荷。减少污染物的排放应该遵循改进工艺、回收利用、严格管理、精心操作的原则，减少装置内的跑、冒、滴、漏，减少废水对环境的影响。

对于装置产生的废水，应采取清浊分流、分类处理的治理原则。按运行中排出废水的性质，污水系统分为含油污水系统和生活污水系统。含油污水以重力流经含油污水管道系统，进入隔油池进行沉淀、分油处理后，送往污水汽提塔进行汽提处理，合格后排放到污水处理场。生产正常时，污水排放量一般很少，生产异常时，废水排放量较大。

国内某苯乙烯装置的废水排放标准见表 7－1。

表 7－1　国内某苯乙烯装置废水排放标准

项　目	标　准
pH	6～9
COD	≤700mg/L
油(红外法测定)	≤80 mg/L
悬浮物	≤250 mg/L

为减少废水排放量，在操作中，应注意以下事项：

① 装置内的含油污水经生产污水管道进入隔油池隔油后，送入污水汽提系统进行汽提处理，严禁随意乱排、污染环境。

② 稳定工艺冷凝液汽提系统的操作，工艺冷凝液汽提后有机物浓度小于 1 mg/L，达到了锅炉水质的要求，可以将这部分工艺冷凝液送入装置内的废热锅炉使用，或者将工艺冷凝液送到循环水场作为补充水使用。

③ 维持污水汽提系统的正常操作，污水经汽提合格后再外排，减少对污水处理场的冲击。由于污水中含有大量的尘土、泥沙，应定期清理污水汽提系统的换热器、过滤器、汽提塔、容器等设备，使之处于良好的备用状态。

④ 控制尾气密封罐的溢流水量，避免大流量溢流，既减少新鲜水的用量，又降低了污水量。

⑤ 回流罐内的含油水应排入脱氢液/工艺冷凝液分离罐，分离出物料后，进入工艺冷凝液汽提后回收利用，严禁就地排放。

⑥ 废热锅炉的排污水水质较好，可以进行回收利用。

⑦ 回用装置内的污水，如尾气密封罐对水质的要求不高，可以利用污水作为密封水源，减少新鲜水的用量。

7.3.3　固体废弃物处理

苯乙烯装置的固体废弃物主要是烷基化反应单元的催化剂、脱氢催化剂、白土、无烟煤、废瓷球、清理出的聚合物及池底的污泥。主要的处理措施如下：

① 烷基化和烷基转移反应催化剂均不含有毒、有害物质，约 6 年更换一次。在卸出前已用蒸汽和氮气在高温下吹扫置换数小时，已将其吸附的苯等有害物质除去，可以填埋，对环境基本无害。

② 白土处理器中的白土，需根据使用情况适时更换，卸出前经热氮气长时间吹扫，已将其吸附的苯等有害物质除去，也可填埋，对环境基本无害。

③ 废脱氢催化剂主要成分为氧化铁，经蒸汽吹扫后埋地处理。

④ 工艺水处理器的无烟煤主要成分为炭，可作为燃煤锅炉的燃料，或经蒸汽吹扫后填埋处理。

⑤ 聚合物及池底的污泥、废渣含有大量的有机物，严禁随意倾倒，必须送到废渣处理场进行焚烧处理。

国内某苯乙烯装置的固体废弃物量见表7-2。

表7-2　国内某苯乙烯装置固体废弃物量

项　目	数　量	处理周期
烷基化催化剂	25t	6年一次
烷基转移催化剂	25t	6年一次
白土	14t	1年一次
脱氢催化剂	220t	2年一次
无烟煤	39t	2年一次

7.4 节能降耗

7.4.1 苯乙烯装置的能量、水、物耗的分布

(1) 能量分布

苯乙烯装置使用的能源包括：蒸汽、氮气、脱盐水、电、循环水、新鲜水、工业风、仪表风、燃料气等，国内某装置的各种能源的组成比例见表7-3。

表7-3　苯乙烯装置能耗比例分布　%

项　目	高压蒸汽	中压蒸汽	燃料气	电	循环水	氮气	脱盐水	新鲜水	合计
比　例	53.15	22.02	10.4	9.03	4.26	1.1	0.029	0.002	100

由上表可以看出：苯乙烯装置能耗组成中蒸汽所占比例最大，高压蒸汽所占比例为53.1%，中压蒸汽所占比例为22.0%；其次是燃料气，所占比例为10.4%；电在能耗中所点的比例为9.0%；循环水在能耗中所占比例为4.3%；氮气、仪表风、工业风及新鲜水占比例较小。

根据乙苯/苯乙烯行业月报的统计数据，我国各苯乙烯装置的能耗数据差别较大，一般在267~462kg标油/t苯乙烯之间。

根据最新的数据，目前国外苯乙烯能耗最低可达到242kg标油/t苯乙烯。

(2) 水消耗

脱盐水在苯乙烯装置的主要用户为废热锅炉，当装置自产的蒸汽凝液不足以满足废热锅炉需要的量时，需要引入一定量的脱盐水。

新鲜水在装置中的主要用户为尾气密封罐，为了保证密封效果，需要不断地补充新鲜水。

苯乙烯装置的循环水主要用于装置内的冷却器，各单元均有循环水换热器，如尾气冷却器、苯乙烯塔塔顶冷凝器等。

(3) 物耗

苯乙烯装置物耗为生产单位质量的苯乙烯所消耗的原料量(苯+乙烯)。在乙苯的生产过程中，存在着少量的副反应，生成了四乙苯以上的残油；在乙苯脱氢的反应过程中，生成

了脱氢尾气、甲苯和焦油等副产物，由此可知，脱氢尾气、甲苯和残焦油的产量对苯乙烯装置的物耗有决定性的影响。

根据乙苯/苯乙烯行业月报的统计数据，我国各苯乙烯装置的物耗数据差别也较大，一般在1061～1107 kg/t苯乙烯之间。

根据最新的数据，目前苯乙烯物耗最低可达到1056.2kg/t苯乙烯，其中苯耗为775 kg/t苯乙烯，乙烯耗为281.2 kg/t苯乙烯。

7.4.2 苯乙烯装置的主要节能措施

（1）降低精馏塔的回流比

苯乙烯装置内有多台精馏塔，为达到各自的分离要求，精馏塔需在一定的回流比下操作。增大回流比，意味着分离精度的提高，但增大回流比是以增加能耗为代价的，既增大了塔底再沸器的热负荷，也增大了塔顶冷凝器的热负荷。所以在保证分离精度的前提下，应最大限度地减少精馏塔的回流比，降低装置的能耗。

以乙苯回收塔为例，设计回流比为16.54，经灵敏度分析，在保证分离要求的前提下，可以将回流比降低到14.97；同样通过对精苯乙烯塔的灵敏度分析，该塔的回流比可以由0.82(设计值)降低到0.53，装置能耗可以降低约4kg标油/t。

（2）改变空冷器控制方式

大部分苯乙烯装置脱氢单元的主冷器为空冷器，在冬季、夏季或白天、夜间，对主冷器需要频繁的调节以适应工艺的需要，传统的空冷器调节方式为调节百叶窗的角度或风机扇叶角度，造成了电能的浪费。如果将这部分电机改为变频调速，可使电机效率提高5%～10%。

另外，可根据气温变化调节空冷器的开启数量，冬季时，可以停用部分空冷器，达到节电的目的。

（3）提高加热炉热效率

加热炉的燃料消耗约占苯乙烯装置能耗的10%，因此，提高加热炉的热效率，对降低装置能耗具有十分重要的意义。提高加热炉热效率的措施主要有：

① 降低排烟温度。排烟损失在加热炉的热损失中占70%～80%，降低排烟损失的主要措施是降低排烟温度。如果对流室炉管的外表面积灰增加，排烟温度将迅速上升，使热效率下降，为了保证管式炉长期在高效率下运转，必须坚持用吹灰器定期消除积灰。

② 降低过剩空气系数。在实际操作中，如果过剩空气量增加，排烟时大量的过剩空气将热量带走排入大气，使排烟损失增加，热效率降低。过剩空气系数每增加0.1%，热效率将下降0.5%左右。

为了降低过剩空气系数，首先要选用性能良好的燃烧器，保证在较低的过剩空气系数下完全燃烧；其次是在操作中要控制好三门一板；最后是做好加热炉的堵漏，因为加热炉一般都在负压下操作，如果看火门、人孔门、弯头箱门等关闭不严或炉墙有泄漏之处，从这些地方漏入的空气一般都不参加燃烧而白白带走热量，造成能量的损失。

③ 减少散热损失。加热炉外壁以辐射和对流两种方式向大气散热，散热量与外壁温度、环境温度和风速有关，对于使用多年的加热炉，要及时修补损坏的炉墙，以减少散热损失。

④ 增加空气预热器。苯乙烯装置中部分工艺介质的余热没有被充分利用，如送到界外的蒸汽、蒸汽冷凝液、放空的低品位蒸汽等，造成了能量的浪费，如果利用这些余热将空气

加热后进入加热炉中，可以提高加热炉的热效率。国内的科研单位已开发出针对这些低温位热源的空气预热器，并已成功地应用于裂解炉上，加热炉的热效率平均提高约2%，有效地降低了燃料的消耗。

(4) 使用低水比脱氢催化剂

工业上普通采用的水/乙苯质量比(水比)为1.4~1.5，这部分蒸汽的能耗约占苯乙烯装置能耗的3/5左右。

国外已开发出了新型脱氢催化剂，水比最低可达1.0左右，并已在国内新引进的苯乙烯装置中采用。如果采用低水比催化剂，装置蒸汽单耗可降低0.7t/t，能耗约降低53kg标油/t。

(5) 优化蒸汽管网，减少蒸汽的放空

(6) 优化乙苯的比例，提高乙苯进料的温度

在脱氢单元，乙苯进料通常由三部分组成：乙苯精馏单元的乙苯、苯乙烯精馏单元的回收乙苯和罐区的乙苯。其中来自乙苯精馏单元和苯乙烯精馏单元的乙苯均是热乙苯，温度在100℃以上，而来自罐区的乙苯温度为常温。

应将乙苯精馏、苯乙烯精馏单元的热乙苯直接送到脱氢单元作为进料，减少罐区的冷乙苯流量，提高乙苯的温度，减少乙苯蒸发器的蒸汽用量。

7.4.3 节水

针对苯乙烯装置的工艺特点，主要的节水措施如下：

(1) 提高工艺冷凝液汽提塔的运行效果

汽提后的工艺冷凝液中有机物浓度可达到1mg/L以下，可以作为装置内的低压废热锅炉给水，从而减少盐水的消耗，剩余的工艺冷凝液可以作为循环水装置的补水，减少循环水装置的新鲜水用量。

(2) 控制尾气密封罐补水量

定期巡检和调节尾气密封罐的溢流水量，避免大流量长流的浪费现象。

(3) 减少装置停车检修期间的蒸煮、冲洗水的用量，节约装置的新鲜水

在装置停工和检修时，为了倒空、置换设备，需要用大量的新鲜水对设备、地面进行冲洗，产生了大量的废水，一方面造成了环境的污染，另一方面也会造成新鲜水的浪费。

在停工检修时，优化停车蒸煮、倒空方案，杜绝物料的乱排乱放现象，可以大大减少装置的新鲜水用量。

(4) 回用装置的污水

废热锅炉在正常运行过程中，需要有一定量的连续排污，直接排放到污水管网，不仅使废水量增加，同时也形成了浪费。这部分锅炉排污水的水质较好，可以作为循环水的补水使用。

(5) 控制循环水用量

如果装置内的循环水温度低，循环水的用量就可以相应减少，循环水的水温主要受季节变化的影响，在冬季可以降低装置内的循环水用量，达到节水的目的。

(6) 消除水系统的漏点

装置内水管线和用水设备的泄漏是引起装置水消耗上升的原因之一，因此及时发现和消除装置内水的泄漏也是降低装置内水消耗的方法之一。

(7) 提高换热器的冷却效果

提高装置内冷却器的冷却效果也可以降低装置的循环水用量。循环水中溶解有大量的钙、镁离子，这些离子所形成的碳酸盐和硫酸盐以及循环水中含有的其他杂质也会在冷却器上结垢，使冷却器冷却效果下降。如果冷却器发生结垢，应及时对冷却器进行清洗，提高冷却器的换热能力，减少装置内的循环水消耗，达到装置节水的目的。

(8) 优化换热网络，节约装置的循环水用量

在苯乙烯装置中，部分温位较高的工艺物流使用循环水进行降温(如多乙苯塔冷凝器)，既浪费了能量，又增加了循环水的用量。可以进行技术改造，将这部分能量进行回收利用，预热其他工艺物料，减少循环水的用量。

7.4.4 降低物耗

根据苯乙烯装置的工艺特点，降低苯乙烯装置物耗的主要措施有：

(1) 提高残油中多乙苯的提取率

多乙苯塔将多乙苯和残油分离开来，多乙苯返回到烷基转移反应器生成乙苯，而塔釜的残油则作为装置的副产品。如果塔底残油中多乙苯的含量增加，会使一部分多乙苯进入到残油中，使装置的物耗增加。

定期分析残油中的多乙苯含量，如果含量较高，可以采取减少塔釜采出量或提高再沸蒸汽用量的方法，提高塔釜温度，降低残油中的多乙苯量。

(2) 提高焦油中苯乙烯的回收率

为保证精苯乙烯塔的正常运转，精苯乙烯塔塔釜的焦油中苯乙烯含量为50%左右，其中大部分的苯乙烯需要通过薄膜蒸发器或焦油闪蒸系统回收，如果回收系统运转不稳定，势必会使大量的苯乙烯进入焦油中，使装置的物耗增加。

提高薄膜蒸发器的运行周期，优化闪蒸温度、焦油循环量等参数，减少焦油中的苯乙烯量，可以大大降低装置的物耗。

(3) 使用选择性好的催化剂

催化剂的选择性好，生产过程中发生的副反应少，副产物的生成量将下降。以脱氢催化剂为例，对于同一装置，选择性好的脱氢催化剂比普通脱氢催化剂少生成甲苯7～10kg/t苯乙烯。

(4) 选用先进的生产工艺

不同的生产工艺由于采用不同的工艺条件和催化剂，发生的副反应具有显著的区别，所以物耗也相差很大。例如在乙苯的生产过程中，气相分子筛工艺比液相分子筛工艺产生的残油量大；而在苯乙烯的生产过程中，氧化脱氢工艺由于反应深度较高，相应的副反应也较多，甲苯及焦油的产量也相对较高。

粗苯乙烯的操作压力对苯乙烯的聚合损失有着重要的影响，根据物料在乙苯/苯乙烯塔及塔釜管道中的停留时间、苯乙烯聚合速率和装置的实际操作可以得出：采用高真空低釜温工艺(塔压为12kPa)的苯乙烯装置的焦油产率(生产1t苯乙烯产生的焦油量)均低于低真空高釜温工艺(塔压为40kPa)。根据理论计算值，对于同等规模的苯乙烯装置，采用高真空低釜温工艺可以减少焦油约8kg/t苯乙烯，从而大幅度降低装置的物耗。

(5) 提高装置的管理水平，减少装置内的“跑、冒、滴、漏”

装置内的“跑、冒、滴、漏”是造成装置物耗高的原因之一，因此提高装置的设备管理

水平，及时消除装置设备和管线出现的泄漏，也可以减少装置的物耗。

(6) 提高分离塔的分离精度，减少物料损失

如果粗苯乙烯塔的分离效果不好，将造成回收乙苯中带有大量的苯乙烯，这部分苯乙烯将随乙苯一起作为乙苯脱氢单元的进料，造成脱氢单元乙苯进料中的苯乙烯含量增加，脱氢单元副反应增加，甲苯和焦油生成量增加，从而使苯乙烯物耗升高。同时，塔顶产物中苯乙烯含量增加，还可能造成填料及塔内件被苯乙烯聚合物堵塞，不仅影响产品质量，且使物耗、能耗升高。

因此，在正常生产中，要采取调节塔压、回流比、再沸器蒸汽流量、塔顶馏出物流量及塔釜馏出物流量等措施，使精馏塔塔顶馏出物、塔釜馏出物的产品质量在要求的范围内，减少物料的损失。

(7) 提高尾气洗涤塔的洗涤效果，减少尾气中的物料夹带量

脱氢单元的尾气含有一定量的苯、乙苯及苯乙烯，如果尾气洗涤塔洗涤效果不好，部分物料将随着尾气流失，造成物耗的增加。

因此，在生产中要通过调节汽提蒸汽流量、汽提塔压力及洗涤液流量等参数，提高洗涤塔的洗涤效果，减少尾气中的有机物夹带量，减少物料的损耗。

参 考 文 献

1 Ward&Roberts 著．苯乙烯．刘敬琨，祖耐 译．北京：科学出版社，1958

2 陈敏恒，丛德滋，方图南．化工原理(下册)．北京：化学工业出版社，1986，81～82

3 吴指南．基本有机化工工艺学．北京：化学工业出版社，1990

4 GB 3915—1998《工业用苯乙烯》

5 王天普，迟荣辉．齐鲁苯乙烯装置案例剖析．上海：华东理工大学出版社，1999

6 SH/T 3110—2001《石油化工设计能量消耗计算方法》

7 《工业催化剂手册》编委会．工业催化剂手册．北京：化学工业出版社，2004

8 金杏妹．工业应用催化剂．上海：华东理工大学出版社，2004

9 GBZ 2.1—2007《工作场所有害因素职业接触限值 化学有害因素》

10 GB/T 50441—2007《石油化工设计能耗计算标准》